高等院校机械类应用型本科"十二五"创新规划系列教材

顾问●张 策　张福润　赵敖生

# 机械制图

主　编　眭满仓　耿家源　刘丽梅
副主编　梁汉优　胡珍珍　刘怀海　史振灵
　　　　孙　娜　杨　琳　范　毅
参　编　张香云　肖　雪　罗金妮　李鹏祥

JIXIE ZHITU

华中科技大学出版社
http://www.hustp.com
中国·武汉

# 内 容 简 介

本书是一本适用于机类和近机类各专业的工程制图教材,其内容符合高等学校工科制图课程教学指导委员会制订的《画法几何及机械制图课程教学基本要求》。本书是作者在总结多年教学改革实践经验的基础上,结合多位教师的研究成果和机械及非机械类学生综合制图基础能力现状编写的,它包含了空间思维与想象和形体表达的基本理论与方法,融入了三维模型,帮助学生建立从二维到三维及从三维到二维的转换,也涉及工程机械设计制图内容,并结合最新国家制图标准。本书在计算机绘图内容的编写上有其突出之处,加入了三维 CAD 造型内容,全书编写格式也有一定创新。

本书具有思路清晰、内容先进、分类合理、适应专业方面宽等特点,可以作为培养应用型人才教育的各类高校教材使用,适用学时为 40~96 学时,也可以供其他各类学校有关师生和相关工程技术人员参考。

**图书在版编目(CIP)数据**

机械制图/眭满仓,耿家源,刘丽梅主编. —武汉:华中科技大学出版社,2015.6(2024.7 重印)
高等院校机械类应用型本科"十二五"创新规划系列教材
ISBN 978-7-5680-1014-6

Ⅰ.①机… Ⅱ.①眭… ②耿… ③刘… Ⅲ.①机械制图-高等学校-教材 Ⅳ.①TH126

中国版本图书馆 CIP 数据核字(2015)第 148202 号

---

机械制图      眭满仓   耿家源   刘丽梅   主编

策划编辑:俞道凯
责任编辑:吴　晗
封面设计:陈　静
责任校对:张　琳
责任监印:张正林
出版发行:华中科技大学出版社(中国·武汉)
　　　　　武昌喻家山　邮编:430074　电话:(027)81321913
录　排:武汉市洪山区佳年华文印部
印　刷:武汉科源印刷设计有限公司
开　本:787mm×1092mm　1/16
印　张:20.75
字　数:500 千字
版　次:2024 年 7 月第 1 版第 7 次印刷
定　价:48.00 元

本书若有印装质量问题,请向出版社营销中心调换
全国免费服务热线:400-6679-118　竭诚为您服务
版权所有　侵权必究

# 高等院校机械类应用型本科"十二五"创新规划系列教材

## 编审委员会

**顾　问：**　张　策　　天津大学仁爱学院
　　　　　　张福润　　华中科技大学文华学院
　　　　　　赵敖生　　三江学院

**主　任：**　吴昌林　　华中科技大学

**副主任：**（排名不分先后）
　　　　　　潘毓学　　长春大学光华学院　　　　　李杞仪　　华南理工大学广州学院
　　　　　　王宏甫　　北京理工大学珠海学院　　　王龙山　　浙江大学宁波理工学院
　　　　　　魏生民　　西北工业大学明德学院

**编　委：**（排名不分先后）

| | | | |
|---|---|---|---|
| 陈秉均 | 华南理工大学广州学院 | 邓　乐 | 河南理工大学万方科技学院 |
| 王进野 | 山东科技大学泰山科技学院 | 卢文雄 | 贵州大学明德学院 |
| 石宝山 | 北京理工大学珠海学院 | 王连弟 | 华中科技大学出版社 |
| 孙立鹏 | 华中科技大学武昌分校 | 刘跃峰 | 桂林电子科技大学信息科技学院 |
| 宋小春 | 湖北工业大学工程技术学院 | 孙树礼 | 浙江大学城市学院 |
| 陈凤英 | 大连装备制造职业技术学院 | 吴小平 | 南京理工大学紫金学院 |
| 沈萌红 | 浙江大学宁波理工学院 | 张胜利 | 湖北工业大学商贸学院 |
| 邹景超 | 黄河科技学院工学院 | 陈富林 | 南京航空航天大学金城学院 |
| 郑　文 | 温州大学瓯江学院 | 张景耀 | 沈阳理工大学应用技术学院 |
| 陆　爽 | 浙江师范大学行知学院 | 范孝良 | 华北电力大学科技学院 |
| 顾晓勤 | 电子科技大学中山学院 | 胡夏夏 | 浙江工业大学之江学院 |
| 黄华养 | 广东工业大学华立学院 | 盛光英 | 烟台南山学院 |
| 诸文俊 | 西安交通大学城市学院 | 黄健求 | 东莞理工学院城市学院 |
| 侯志刚 | 烟台大学文经学院 | 曲尔光 | 运城学院 |
| 神会存 | 中原工学院信息商务学院 | 范扬波 | 福州大学至诚学院 |
| 林育兹 | 厦门大学嘉庚学院 | 胡国军 | 绍兴文理学院元培学院 |
| 睢满仓 | 长江大学工程技术学院 | 容一鸣 | 武汉理工大学华夏学院 |
| 刘向阳 | 吉林大学珠海学院 | 宋继良 | 黑龙江东方学院 |
| 吕海霆 | 大连科技学院 | 李家伟 | 武昌工学院 |
| 于慧力 | 哈尔滨石油学院 | 张万奎 | 湖南理工学院南湖学院 |
| 殷劲松 | 南京理工大学泰州科技学院 | 李连进 | 北京交通大学海滨学院 |
| 胡义华 | 广西工学院鹿山学院 | 张洪兴 | 上海师范大学天华学院 |

**秘　书**　　俞道凯　　华中科技大学出版社

高等院校机械类应用型本科"十二五"创新规划系列教材

# 总　　序

《国家中长期教育改革和发展规划纲要》(2010—2020)颁布以来,胡锦涛总书记指出:教育是民族振兴、社会进步的基石,是提高国民素质、促进人的全面发展的根本途径。温家宝总理在2010年全国教育工作会议上的讲话中指出:民办教育是我国教育的重要组成部分。发展民办教育,是满足人民群众多样化教育需求、增强教育发展活力的必然要求。目前,我国高等教育发展正进入一个以注重质量、优化结构、深化改革为特征的新时期,从1998年到2010年,我国民办高校从21所发展到了676所,在校生从1.2万人增长为477万人。独立学院和民办本科学校在拓展高等教育资源,扩大高校办学规模,尤其是在培养应用型人才等方面发挥了积极作用。

当前我国机械行业发展迅猛,急需大量的机械类应用型人才。全国应用型高校中设有机械专业的学校众多,但这些学校使用的教材中,既符合当前改革形势又适用于目前教学形式的优秀教材却很少。针对这种现状,急需推出一系列切合当前教育改革需要的高质量优秀专业教材,以推动应用型本科教育办学体制和运行机制的改革,提高教育的整体水平,加快改进应用型本科的办学模式、课程体系和教学方式,形成具有多元化特色的教育体系。现阶段,组织应用型本科教材的编写是独立学院和民办普通本科院校内涵提升的需要,是独立学院和民办普通本科院校教学建设的需要,也是市场的需要。

为了贯彻落实教育规划纲要,满足各高校的高素质应用型人才培养要求,2011年7月,华中科技大学出版社在教育部高等学校机械学科教学指导委员会的指导下,召开了高等院校机械类应用型本科"十二五"创新规划系列教材编写会议。本套教材以"符合人才培养需求,体现教育改革成果,确保教材质量,形式新颖创新"为指导思想,内容上体现思想性、科学性、先进性和实用性,把握行业岗位要求,突出应用型本科院校教育特色。在独立学院、民办普通本科院校教育改革逐步推进的大背景下,本套教材特色鲜明,教材编写参与面广泛,具有代表性,适合独立学院、民办普通本科院校等机械类专业教学的需要。

本套教材邀请有省级以上精品课程建设经验的教学团队引领教材的建设,邀请本专业领域内德高望重的教授张策、张福润、赵敖生等担任学术顾问,邀请国家级教学名师、教育部机械基础学科教学指导委员会副主任委员、华中科技大学机械学院博士生导师吴昌林教授担任总主编,并成立编审委员会对教材质量进行把关。

我们希望本套教材的出版,能有助于培养适应社会发展需要的、素质全面的新型机械工程建设人才,我们也相信本套教材能达到这个目标,从形式到内容都成为精品,真正成为高等院校机械类应用型本科教材中的全国性品牌。

高等院校机械类应用型本科"十二五"创新规划系列教材

编审委员会

2012-5-1

# 前　言

近年来，应用型人才的培养成了普通高校热名词，高校教育越来越重视培养学生的实际动手能力和独立解决问题的能力，因此，在教学内容上也做了相应的调整，即弱化理论教学、增强实践教学。机械类工程制图课程教学也不例外地加入了改革的行列，表现为理论学时减少、内容压缩，但质量要求不降低，并随着计算机技术的发展，CAD在制图教学中的分量越来越大，因此，课程教学难度越来越大。编写一本适用于课堂教学与自学的教材就是本书的初衷。本书的编写理念：在大的原则方面，以增强工程制图课程在人才培养方面的作用，努力使工程图学教育从知识、技能、方法的孤立教学，向能力、素质的综合培养转化，全面落实原国家教委1995年修订的《高等学校工科本科画法几何及机械制图教学基本要求》，以及教育部工程图学教学指导委员会2004年提出的《普通高等院校工程图学课程教学基本要求》；在小的细节方面，尽量满足教学与自学两个方面的需求，增强易读性，并在关键点上安排教师指导性提示或注意语，让读者有教师亲身指导的感觉。

本书是一本专业适应性较强的工程制图教材，内容通俗易懂，突出了现代制图技术的介绍。本书特点可归纳如下。

（1）突出教学重点，删减次要内容。

本书在内容编排上，弱化了画法几何，增强了机械制图。在保证工程制图基本内容的基础上，重点保证立体投影理论与制图的内容，包括第2、3、5、6章都是比较完整保留机械类制图教材的基本内容。根据目前制图技术发展迫切需要，增加了"CAD三维造型"，使本书更加"现代"化。

（2）基本内容完整，案例典型精练。

本书虽然在多处进行了删减，但从总体内容上看，依然是基本内容齐全与完整的。在有限的篇幅内，各位编写教师精心选择案例，以保证每个例题都具有典型性。

（3）采用最新制图标准。

全书采用了最新的国家质量监督检验检疫总局颁布的《技术制图》、《机械制图》等标准，根据课程内容的需要，分别选择并编排在正文、插图或附录中，以增强贯彻最新国家标准的意识，培养学生查阅国家标准的能力。

本书由长江大学工程技术学院眭满仓、耿家源，宁夏理工学院刘丽梅任主编，参加编写的还有：黄河科技学院杨琳，长江大学工程技术学院张香云、梁汉优、胡珍珍、史振灵、刘怀海、肖雪，长江大学文理学院范毅，宁夏理工学院罗金妮、李鹏祥、孙娜。全书由眭满仓统稿把关。本书编写过程中得到杜镰、刘世禄、孙良臣、杨勤的许多宝贵建议和支持，在此表示感谢。

书中参考了国内一些同类教材和文献，在此一并向出版者和著作者表示衷心的感谢！

由于作者水平所限，书中难免存在一些不妥之处，恳请广大读者批评指正。

编　者

2015年4月

# 目　　录

**第 1 章　制图的基本知识和基本技能** ……………………………………………… (1)
　1.1　国家标准《技术制图》和《机械制图》简介 …………………………………… (1)
　1.2　常用绘图工具及仪器的使用方法 ……………………………………………… (12)
　1.3　几何制图 ………………………………………………………………………… (15)
　1.4　平面图形的分析及画图方法 …………………………………………………… (20)
　1.5　绘图的方法和步骤 ……………………………………………………………… (22)

**第 2 章　正投影法基础** ……………………………………………………………… (24)
　2.1　投影方法概述 …………………………………………………………………… (24)
　2.2　三视图的形成及其投影关系 …………………………………………………… (26)
　2.3　点的投影 ………………………………………………………………………… (29)
　2.4　直线的投影 ……………………………………………………………………… (34)
　2.5　平面的投影 ……………………………………………………………………… (43)
　2.6　投影变换简介 …………………………………………………………………… (48)
　本章小结 ……………………………………………………………………………… (55)
　思考题 ………………………………………………………………………………… (55)

**第 3 章　立体的投影** ………………………………………………………………… (57)
　3.1　平面立体投影 …………………………………………………………………… (57)
　3.2　平面与平面立体相交 …………………………………………………………… (61)
　3.3　曲面立体投影 …………………………………………………………………… (68)
　3.4　平面与曲面立体相交 …………………………………………………………… (74)
　3.5　立体和立体相交 ………………………………………………………………… (84)
　本章小结 ……………………………………………………………………………… (93)
　思考题 ………………………………………………………………………………… (94)

**第 4 章　组合体** ……………………………………………………………………… (95)
　4.1　组合体的形成和表面连接关系 ………………………………………………… (95)
　4.2　组合体视图的绘制 ……………………………………………………………… (97)
　4.3　组合体视图的阅读 ……………………………………………………………… (101)
　本章小结 ……………………………………………………………………………… (113)
　思考题 ………………………………………………………………………………… (113)

**第 5 章　轴测图** ……………………………………………………………………… (114)
　5.1　轴测图的基本知识 ……………………………………………………………… (114)
　5.2　正等测图的画法 ………………………………………………………………… (116)
　5.3　斜二测图的画法 ………………………………………………………………… (120)

本章小结 ……………………………………………………………………… (122)
　　思考题 ………………………………………………………………………… (122)
**第 6 章　机件形状的表达方法** ……………………………………………… (123)
　6.1　视图 ……………………………………………………………………… (123)
　6.2　剖视图 …………………………………………………………………… (126)
　6.3　断面图 …………………………………………………………………… (133)
　6.4　局部放大 ………………………………………………………………… (136)
　6.5　简化画法及其他规定画法 ……………………………………………… (138)
　　本章小结 ……………………………………………………………………… (141)
　　思考题 ………………………………………………………………………… (141)
**第 7 章　标准件及常用件** …………………………………………………… (143)
　7.1　螺纹及螺纹紧固件 ……………………………………………………… (143)
　7.2　键与销 …………………………………………………………………… (157)
　7.3　齿轮 ……………………………………………………………………… (161)
　7.4　滚动轴承 ………………………………………………………………… (166)
　7.5　弹簧 ……………………………………………………………………… (169)
　　本章小结 ……………………………………………………………………… (174)
　　思考题 ………………………………………………………………………… (174)
**第 8 章　零件图** ……………………………………………………………… (175)
　8.1　零件图的作用、内容和画图步骤 ……………………………………… (175)
　8.2　零件上的常见结构与尺寸 ……………………………………………… (177)
　8.3　零件的视图选择 ………………………………………………………… (183)
　8.4　零件图上的技术要求 …………………………………………………… (193)
　8.5　看零件图 ………………………………………………………………… (208)
　　本章小结 ……………………………………………………………………… (214)
　　思考题 ………………………………………………………………………… (214)
**第 9 章　装配图** ……………………………………………………………… (215)
　9.1　装配图的作用和内容 …………………………………………………… (215)
　9.2　装配图的表达方法及合理结构 ………………………………………… (217)
　9.3　装配图的尺寸标注及技术要求 ………………………………………… (222)
　9.4　装配图的零(部)件序号和明细栏 ……………………………………… (223)
　9.5　画装配图的方法和步骤 ………………………………………………… (224)
　9.6　读装配图及拆画零件图 ………………………………………………… (228)
　　本章小结 ……………………………………………………………………… (236)
　　思考题 ………………………………………………………………………… (237)
**第 10 章　计算机二维绘图基础** …………………………………………… (238)
　10.1　AutoCAD 基础知识 …………………………………………………… (238)
　10.2　绘图与编辑 …………………………………………………………… (251)

10.3　标注 ································································································ (260)
　　10.4　图形输出 ························································································ (270)
**第 11 章　CAD 三维造型** ············································································ (273)
　　11.1　CAD 三维造型技术的发展 ································································· (273)
　　11.2　常用三维软件概述 ············································································ (275)
　　11.3　SolidWorks 三维建模基础 ·································································· (276)
**附录** ········································································································· (297)
　　附录 A　极限与配合 ················································································ (297)
　　附录 B　常用材料的牌号及性能 ································································· (300)
　　附录 C　常用热处理和表面处理 ································································· (302)
　　附录 D　螺纹 ························································································· (304)
　　附录 E　常用螺纹紧固件 ·········································································· (305)
　　附录 F　键 ····························································································· (312)
　　附录 G　销 ····························································································· (313)
　　附录 H　轴承 ························································································· (315)
　　附录 I　零件倒圆、倒角与砂轮越程槽 ························································ (318)
**参考文献** ·································································································· (320)

# 第 1 章  制图的基本知识和基本技能

工程图样是现代工业生产中的主要技术文件之一,用来指导生产和进行技术交流,具有严格的规范性。为了方便交流,图样的画法已经标准化。掌握制图的基础知识,可为以后读图、绘图打好坚实的基础。为了正确地绘制和阅读机械图样,必须了解有关机械制图的规定。本章重点对国家标准《技术制图》和《机械制图》中的基本规定,如图纸规格、图样常用的比例、图线及其含义等进行介绍,还对绘图工具和仪器的使用方法、几何作图、尺寸注法和线段分析、平面图形的画法等内容进行简要介绍。

## 1.1  国家标准《技术制图》和《机械制图》简介

图样是"工程界的语言",为了便于生产和进行技术交流,必须对图样的内容、格式、画法、尺寸注法,以及所采用的符号等建立一个统一的标准。由国家标准化主管机构批准并颁布的国内统一标准就称为国家标准(简称国标),代号为"GB",推荐性标准代号加"/T"。《技术制图》与《机械制图》国家标准起到了统一工程语言的作用。每一个工程技术人员,都必须树立标准化的概念,严格遵守,认真贯彻执行。

### 1.1.1  图纸幅面和格式(GB/T 14689—2008)

**1. 图纸幅面**

图纸幅面是指图纸宽度与长度组成的尺寸范围,其幅面代号为:A0、A1、A2、A3、A4。在绘制图样时,应优先采用表 1-1 所规定的基本幅面。必要时,可按规定加长幅面,其尺寸是由基本幅面的短边成整数倍增加后得出的。

表 1-1  基本幅面及边框尺寸 (单位:mm)

| 幅面代号 | A0 | A1 | A2 | A3 | A4 |
| --- | --- | --- | --- | --- | --- |
| $B×L$ | 841×1189 | 594×841 | 420×594 | 297×420 | 210×297 |
| $e$ | 20 | | | 10 | |
| $c$ | 10 | | | 5 | |
| $a$ | 25 | | | | |

**2. 图框格式**

在图纸上,根据规格尺寸绘制的用于限定绘图区域的线框称为图框。图框必须用粗实线画出,图框内画图。图框有两种格式的画法,即:不留装订边(见图 1-1)和留装订边(见图 1-2)。图边界线与图框线之间有一个边界区间,称为周边,周边内是不能画图的。同一产品的图样只能采用一种格式。装订时可采用 A4 幅面竖放或 A3 幅面横放。另外,若较大图纸画完后需要折叠,折叠后的图纸幅面一般应为 A4 或 A3 规格的幅面。

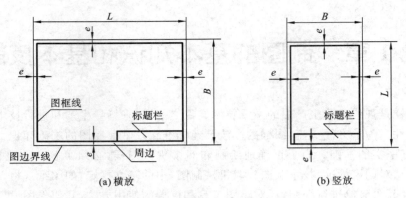

(a)横放　　　　　　　　　　(b)竖放

图 1-1　不留装订边的图框格式

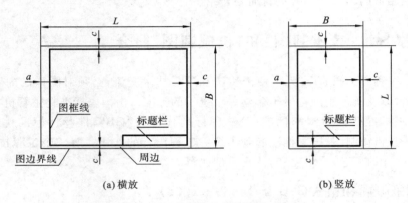

(a)横放　　　　　　　　　　(b)竖放

图 1-2　留装订边的图框格式

### 3. 标题栏

为了绘制出的图样便于管理及查阅,每张图都必须添加标题栏。标题栏的格式和尺寸应按 GB/T 10609.1—2008 的规定。标题栏一般位于图纸的右下角。标题栏中的文字方向通常为看图方向。可根据需要增减标题栏和明细栏的内容。《技术制图　标题栏》规定了两种标题栏的格式,前一种为推荐使用的国家标准规定的标题栏及明细栏,如图 1-3 所示,一

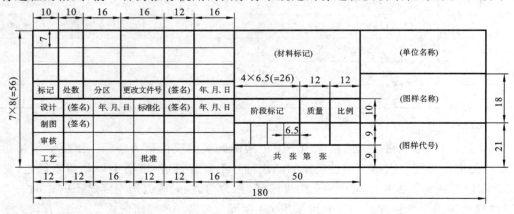

图 1-3　标准标题栏

一般学校制图作业建议用简化的标题栏(见图 1-4 和图 1-5)。

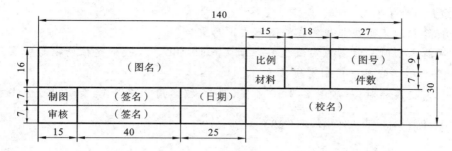

图 1-4　简化的零件图标题栏

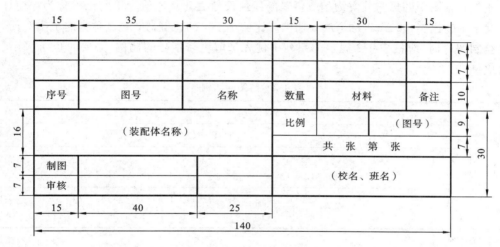

图 1-5　简化的装配图标题栏

根据视图的布置需要,图纸可以横放或竖放。如图 1-6 所示,可使用两种附加符号:一个符号是方向符号——细实线的等边三角形,用于预先印制的水平放图纸垂直使用或将垂直放图纸水平使用,方向符号画在图框下边的中间位置,明确看图方向;另一个符号是对中符号,用于图样复制和微缩时定位,应在图纸各边长的中点处,分别用粗实线画出,线宽不小于 0.5 mm,长度从图纸边界开始至伸入图框内约 5 mm 处。

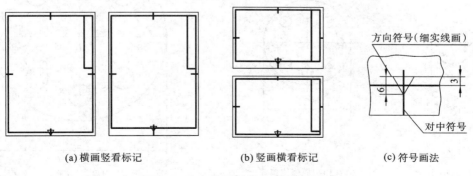

图 1-6　方向符号与对中符号的使用

两种符号可以分开使用,也可以在一起使用。

**【注意】**

(1) 标题栏右下角应与粗实线的图框右下角重合。

(2) 画标题栏时应注意规定线框的粗细实线的变化。一般标题栏外框为粗实线,不要将标题栏全用粗实线或全用细实线画出。

(3) 填写标题栏时,一般图名用 10 号字,图号、校名用 7 号字,其余都用 5 号字书写。

### 1.1.2 比例(GB/T 14690—1993)

**1. 比例分类**

比例是指图中图形与其实物相应要素的线性尺寸之比。比值为 1 的比例称为原值比例。比值大于 1 的比例,如 2∶1 称为放大比例。比例小于 1 的比例,如 1∶2 称为缩小比例。

绘制图样时,应按表 1-2 规定的系列中优先选取不带括号的比例,必要时也可采用带括号的比例。

表 1-2  绘图的比例

| 种 类 | 比  例 | | | | | |
|---|---|---|---|---|---|---|
| 原值比例 | 1∶1 | | | | | |
| 放大比例 | 2∶1<br>2×$10^n$∶1 | (2.5∶1)<br>(2.5×$10^n$∶1) | (4∶1)<br>(4×$10^n$∶1) | 5∶1<br>5×$10^n$∶1 | 10∶1<br>1×$10^n$∶1 | |
| 缩小比例 | (1∶1.5)<br>(1∶1.5×$10^n$) | 1∶2<br>1∶2×$10^n$ | (1∶2.5)<br>(1∶2.5×$10^n$) | (1∶3)<br>(1∶3×$10^n$) | (1∶4)<br>(1∶4×$10^n$) | 1∶5    (1∶6)    1∶10<br>1∶5×$10^n$  (1∶6×$10^n$)  1∶10×$10^n$ |

注:$n$ 为正整数。

为了方便读图,建议尽可能按工程形体的实际大小 1∶1 画图,如机件太大或太小,则采用缩小或放大比例。不管采用哪种比例,图中的尺寸均应按照实际大小进行标注,与图形大小无关,图 1-7 所示的为不同比例绘图的效果。

(a) 1∶2 缩小比例

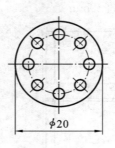
(b) 1∶1 原值比例

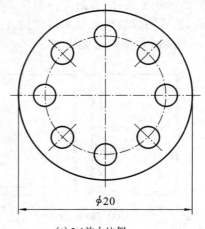
(c) 2∶1 放大比例

图 1-7  不同比例绘制的图形尺寸数值不变

## 【注意】

绘图是不允许采用非标准比例的。如放大比例 3∶1 在表 1-2 中没有列出,则认为是非标准比例,不能在标准工程图样中使用。

**2. 比例标注方法**

比例一般应标注在标题栏的比例栏内。必要时,可在视图名称的下方或右侧标注比例,如:$\dfrac{I}{2∶1}$、$\dfrac{A}{1∶100}$、$\dfrac{B-B}{2.5∶1}$、$\dfrac{墙板位置图}{1∶200}$、平面图、1∶100。

### 1.1.3 字体(BG/T 14691—1993)

字体是技术制图中的一个重要组成部分。国家标准规定了图样上汉字、字母、数字的书写规范。书写字体的基本要求与原则是:字体工整,笔画清楚,间隔均匀,排列整齐。

**1. 字高**

字体的高度($h$)代表了字体的号数,其公称尺寸系列有:1.8 mm、2.5 mm、3.5 mm、5 mm、7 mm、10 mm、14 mm、20 mm。如果需要更大,其字体高度按 $\sqrt{2}$ 的比率递增。

**2. 汉字**

汉字应写成长仿宋体,并采用国家正式公布的简化字。汉字高度不应小于 3.5 mm,其字宽一般为 $h/\sqrt{2}$。汉字示例如图 1-8 所示。

字体工整 笔画清楚
间隔均匀 排列整齐
横平竖直注意起落结构均匀填满方格
技术制图机械长江大学工程技术学院

图 1-8 长仿宋汉字示例

**3. 字母和数字**

字母和数字可写成直体与斜体两种。斜体字头向右倾斜,与水平线成 75°,分 A 型(笔画宽为 $h/14$)和 B 型(笔画宽为 $h/10$)等两种。A 型字体用于机器书写,B 型字体用于手工书写。在同一图样上只允许选用一种形式的字体。其书写字体的示例如图 1-9 所示。

ABCDEFGHIJILMNOPQRSTUVWXYZ
abcdefghijklmnopqrstuvwxyz
1234567890 Ⅰ Ⅱ Ⅲ Ⅳ Ⅴ Ⅵ Ⅶ Ⅷ Ⅸ Ⅹ Ⅺ Ⅻ $10^3$ $S^{-1}$ $D_1$ $T_d$
$\phi$40 R30 2×45° Q235 HT200 M20-6H $\phi20^{+0.010}_{-0.023}$ $\tfrac{3}{5}$

图 1-9 B 型斜体字母、数字及字体示例

## 【注意】

"$\phi$"常用来表示直径,如 $\phi$40 表示直径为 40 mm。同理,"$R$"用来表示半径,如 $R$30 表示

半径为 30 mm。用做指数、分数、注脚等的数字及字母应采用小一号的字体。

### 1.1.4 图线(GB/T 17450—1998 和 GB/T 4457.4—2002)

**1. 基本线型**

绘制机械工程图样常使用八种图线,即:粗实线、虚线、细实线、波浪线、细点画线、双点画线、双折线、粗点画线(见表 1-3)。

表 1-3 图线及其应用

| 图线名称 | 图线形式 | 线宽 | 线素 | 长度 | 一般应用 |
|---|---|---|---|---|---|
| 粗实线 |  | $d$ | 画 | 不限 | 可见轮廓线<br>可见过渡线 |
| 虚线 |  |  | 画<br>短间隔 | $12d$<br>$3d$ | 不可见轮廓线<br>不可见过渡线 |
| 细实线 |  |  | 画 | 不限 | 尺寸及尺寸界线<br>剖面线、引出线<br>重合剖面的轮廓线 |
| 波浪线 |  |  |  |  | 断裂处的边界线<br>视图和剖视的分界线 |
| 细点画线 |  | $d/2$ | 点<br>短间隔<br>长画 | $\leqslant 0.5d$<br>$3d$<br>$24d$ | 轴线、对称中心线、轨迹 |
| 双点画线 |  |  | 点<br>短间隔<br>长画 | $\leqslant 0.5d$<br>$3d$<br>$24d$ | 相邻辅助零件的轮廓线<br>运动机件在极限位置的轮廓线和轨迹线<br>假想投影轮廓线、中断线 |
| 双折线 |  |  |  |  | 断裂处的边界线 |
| 粗点画线 |  | $d$ | 点<br>短间隔<br>长画 | $\leqslant 0.5d$<br>$3d$<br>$24d$ | 有特殊要求的线<br>表面的表示线 |

注:表中所注线型、线素的计算式为手工绘图时使用,在 GB/T 14665—2012 中规定。这些公式也便于使用 CAD 系统绘制的各种图样。

**2. 图线的宽度**

机械工程图样采用两种图线宽度,分别称为粗线与细线。粗线的宽度为 $d$,细线的宽度约为 $d/2$,线宽 $d$ 的尺寸系列为 0.13 mm、0.18 mm、0.25 mm、0.35 mm、0.5 mm、0.7 mm、1 mm、1.4 mm、2 mm,在同一图样中,同类图线的宽度应一致。本书优先采用 0.5 mm 或 0.7 mm 两种线宽。

**3. 图线的应用**

图 1-10 所示的为图线的应用举例。

第1章 制图的基本知识和基本技能

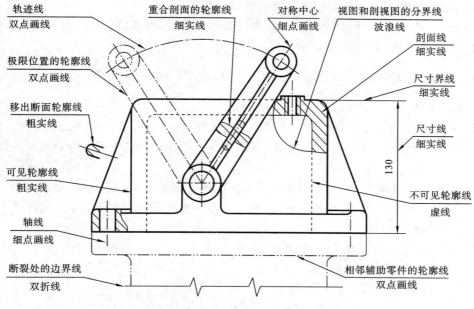

图 1-10 图线应用示例

**4. 图线画法**(见图 1-11)

(1) 画图线要做到：清晰整齐、均匀一致、粗细分明、交接正确。

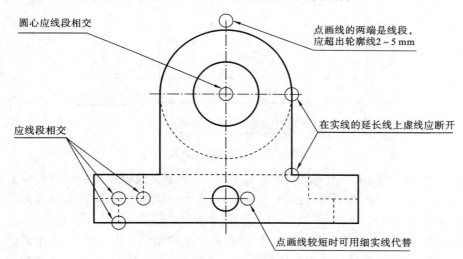

图 1-11 图线画法

(2) 除非有特殊规定,两条平行线之间的最小间隙不得小于 0.7 mm。

(3) 在同一图样中,同类线段宽度应一致。同一条虚线、点画线、双点画线中的短画、短间隔、长画和点的长度应各自大致相同。

(4) 点画线、双点画线首末两端应是长画,并超出轮廓线 2～5 mm；当该图线较短时,可用细实线代替。

(5) 画圆的中心线时,圆心应为点画线的线段与线段的交点。

(6) 虚线、点画线与其他图线相交时,都应交到线段处,当虚线在实线的延长线上时,虚线与粗实线的分界点处,虚线应留出间隙。

### 1.1.5 尺寸注法(GB/T 4458.4—2003 和 GB/T 16675.2—2012)

**1. 基本规则**

(1) 机件的真实大小应以图样上所注尺寸为依据,与绘图比例及绘图的准确度无关。

(2) 图样中的尺寸,以 mm 为单位时,不需标注计量单位的代号或名称。若采用其他单位,则必须注明相应计量单位的代码或名称。

(3) 图样中所注的尺寸,为该图样所示机件的最后完工尺寸,否则应另加说明。

(4) 机件的每一个尺寸,一般只标注一次,应标注在反应该结构最清晰的图形上。

**2. 尺寸的组成要素**

组成尺寸的要素有尺寸界线、尺寸线、尺寸终端、尺寸数字,如图 1-12 所示。

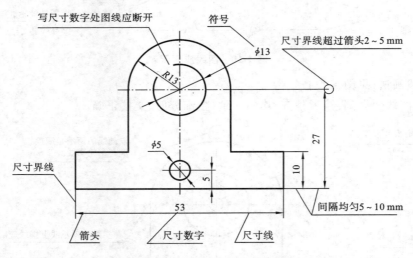

图 1-12 尺寸的组成要素

(1) 尺寸界线　尺寸界线表明尺寸标注的范围,用细实线绘制。尺寸界线应由图形的轮廓线、轴线或对称中心线引出,也可利用轮廓线、轴线或对称中心线作为尺寸界线。尺寸界线一般应与尺寸线垂直,必要时允许倾斜。尺寸界线超过箭头 2~5 mm。

(2) 尺寸线　尺寸线表明尺寸度量的方向,必须单独用细实线画出,不能用其他图线代替。标注线性尺寸时,尺寸线必须与所标注的线段平行。同一图样中,尺寸线与轮廓线以及尺寸线与尺寸线之间的距离应大致相同,一般为 5~10 mm。

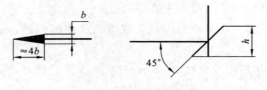

图 1-13　尺寸线终端形式

(3) 尺寸线终端　尺寸线的终端可用两种形式表示,如图 1-13 所示。机械图一般用箭头表示终端,其尖端应与尺寸界线接触;土建图一般用斜线表示终端。

（4）尺寸数字　尺寸数字表明尺寸的大小，应按国家标准规定的字体形式书写，且不能被任何图线通过，否则要将图线断开。同一张图中字高要一致。国家标准还规定了一些注写在尺寸数字旁边的标注尺寸的符号，如表 1-4 所示。

表 1-4　标注尺寸的符号及缩写词

| 名　　称 | 符号或缩写词 |
| --- | --- |
| 直径 | $\phi$ |
| 半径 | R |
| 球直径 | $S\phi$ |
| 球半径 | SR |
| 厚度 | t |
| 正方形 | □ |
| 45°倒角 | C |
| 深度 | ↓ |
| 沉孔或锪平 | ⊔ |
| 埋头孔 | ∨ |
| 均布 | EQS |
| 弧长 | ⌒ |
| 斜度 | ∠ |
| 锥度 | ◁ |

## 3. 基本尺寸注法

### 1）线性尺寸数字注法

线性尺寸的数字应注写在尺寸线的上方，也允许注写在尺寸线的中断处，如图 1-14（a）所示，并尽可能避免在图示 30°范围内标注尺寸。当无法避免时，可按图 1-14（b）所示的形式标注。图 1-14（c）、（d）所示的为尺寸数字注写的正、误对比。

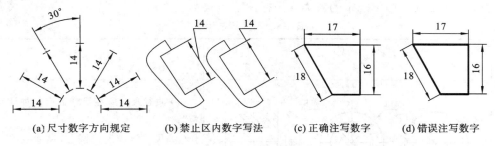

(a) 尺寸数字方向规定　　(b) 禁止区内数字写法　　(c) 正确注写数字　　(d) 错误注写数字

图 1-14　尺寸数字的注法

### 2）尺寸线的注法

如图 1-15 所示的是标注尺寸线的正误对比。标注尺寸线时，必须与所标注的线段平行。尺寸线不能用其他线段代替，也不能与其他图线重合。

# 10 机械制图

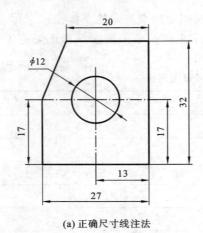
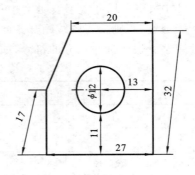

(a) 正确尺寸线注法　　　　　　　　(b) 错误尺寸线注法

图 1-15　尺寸线注法

### 3) 角度的注法

如图 1-16 所示,角度尺寸界线应沿径向引出;角度的尺寸线画成圆弧,圆心是该角顶点;角度尺寸数字一律写成水平方向。

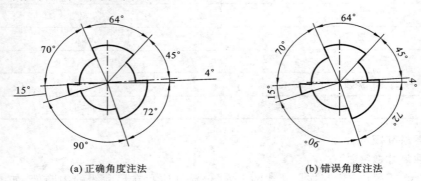

(a) 正确角度注法　　　　　　　　(b) 错误角度注法

图 1-16　角度的注法

### 4. 标注示例

表 1-5 所示的是国标规定的各类常用标注范例。

表 1-5　尺寸标注示例

| 标注内容 | 图　例 | 说　明 |
|---|---|---|
| 圆的直径 | $\phi$18　$\phi$12　$\phi$18　$\phi$8 | (1) 直径尺寸应在尺寸数字前加注符号"$\phi$";<br>(2) 尺寸线应通过圆心,尺寸线终端画成箭头;<br>(3) 整圆或大于半圆注直径 |

第 1 章　制图的基本知识和基本技能

续表

| 标注内容 | 图例 | 说明 |
| --- | --- | --- |
| 大圆弧 | 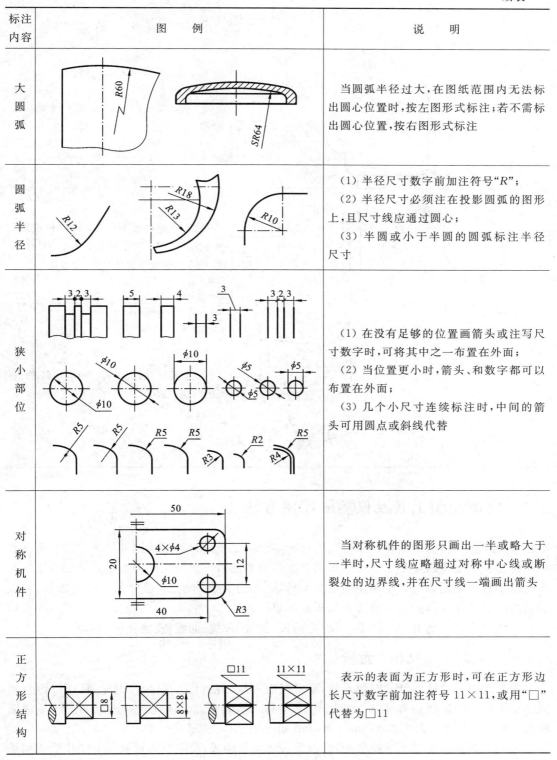 | 当圆弧半径过大，在图纸范围内无法标出圆心位置时，按左图形式标注；若不需标出圆心位置，按右图形式标注 |
| 圆弧半径 | | (1) 半径尺寸数字前加注符号"R"；<br>(2) 半径尺寸必须注在投影圆弧的图形上，且尺寸线应通过圆心；<br>(3) 半圆或小于半圆的圆弧标注半径尺寸 |
| 狭小部位 | | (1) 在没有足够的位置画箭头或注写尺寸数字时，可将其中之一布置在外面；<br>(2) 当位置更小时，箭头、和数字都可以布置在外面；<br>(3) 几个小尺寸连续标注时，中间的箭头可用圆点或斜线代替 |
| 对称机件 | | 当对称机件的图形只画出一半或略大于一半时，尺寸线应略超过对称中心线或断裂处的边界线，并在尺寸线一端画出箭头 |
| 正方形结构 | | 表示的表面为正方形时，可在正方形边长尺寸数字前加注符号11×11，或用"□"代替为□11 |

续表

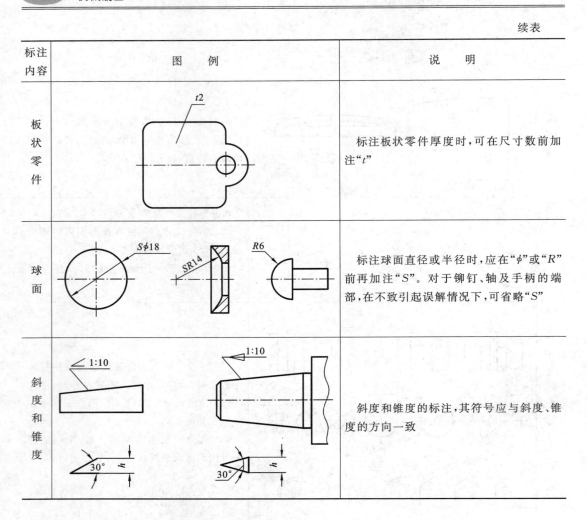

## 1.2 常用绘图工具及仪器的使用方法

  尺规绘图是指借助图板、丁字尺、三角板等绘图工具进行手工绘图的一种方法。熟练掌握用尺规绘制工程图样是工程技术人员必备的基本能力。尺规绘图的关键是掌握常用的一些绘图工具的使用方法。正确使用绘图工具,既能提高绘图速度,也能保证绘图质量,所以掌握绘图工具及仪器的正确使用方法很有必要。

  常用的绘图工具有:图板、丁字尺、三角板、圆规、分规、曲线板、绘图铅笔等。

### 1.2.1 图板、丁字尺和三角板

  图板是用来铺放图纸的矩形木板,要求表面平坦光洁,因左右两边为导边,所以图板的边必须平直。图板规格有♯00、♯01、♯02、♯03等,其幅面大小比对应图纸 A0～A3 幅面略大一些,♯02 图板大小为 45 cm×60 cm,如图 1-17(a)所示。

  丁字尺是用来绘制水平线段的,它由尺头和尺身构成,尺头的内侧和尺身工作边必须垂

第 1 章　制图的基本知识和基本技能

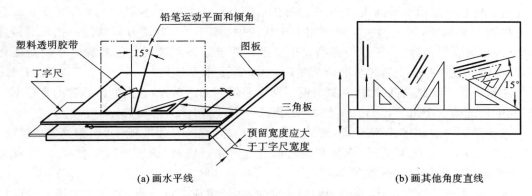

(a) 画水平线　　　　　　　　　　(b) 画其他角度直线

图 1-17　图板、丁字尺、三角板的配合使用

直。画图时,尺头应始终紧靠图板左侧的导边,上下移动可画出一组水平线。画水平线必须自左向右画。

三角板一套有两个,可用于画直线,也可与丁字尺配合画出与水平线成 90°、60°、45°、30°、15°、75°的直线,如图 1-17(b)所示。

## 1.2.2　铅笔

铅笔是绘制图线的主要工具。根据铅芯软硬程度不同,分为 B～6B、HB 和 H～6H 共 13 种规格。绘图时,建议:B 或 2B 铅笔用于画粗实线,用 2H 或 H 铅笔画细线或打底稿,用 HB 铅笔写字、加深尺寸等,画圆的铅芯应比画线的铅芯软一号。

削铅笔时应削没有标号的一端,铅笔常用的削制形状有圆锥形和矩形,圆锥形用于写字和画细实线,矩形用于画粗实线,如图 1-18 所示。画粗实线时,使用笔尖为矩形的窄端面画线。

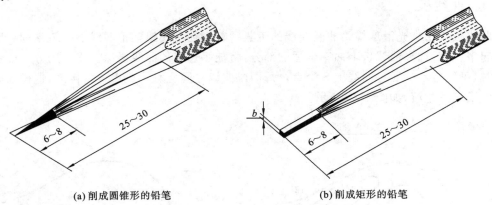

(a) 削成圆锥形的铅笔　　　　　　　(b) 削成矩形的铅笔

图 1-18　铅笔的削制形状

## 1.2.3　圆规和分规

圆规是工程图样中画圆和圆弧的主要手工工具。圆规主要结构包括铅芯脚、针脚及旋转手柄三个部分。针脚在画圆时起支点作用,针脚尖的方向是可调的,其针尖的两端也是不

一样的。针状一端用于画细线,另一端的针尖后面有一个小平台,使针尖扎入图板 1 mm 后就不能再扎更深了,用于画粗实线等用力画线的中心定位,不然用力画时针尖扎入图板过深,会改变圆弧半径,从而所画的圆会发生变形。一般绘图用圆规的铅芯脚的下段是活动杆,既可以通过弯曲改变铅芯与纸面的角度,也可拆下来更换铅芯。注意 B 铅芯比 H、HB 的铅芯粗一些。因此,有的圆规购买时配了两个装铅芯的活动杆,它们的铅芯管的直径不一样,其中较细的一个用于装 H、HB 铅芯,较粗的一个可装 B、2B 等铅芯。

在使用圆规前,应先调整针脚,使针尖略长于铅芯,圆规的铅芯画细线时最好磨成铲状,如图 1-19(a)所示。画圆弧时,应将圆规向前进方向稍微倾斜;画较大圆弧时,可加上延长杆,应使圆规两脚都与纸面垂直,如图 1-19(b)所示。

分规的两腿均装有钢针,当分规两脚合拢时,两针尖应合成一点,分规主要用于量取尺寸和截取线段,有时也用做等分线段,如图 1-19(c)所示。

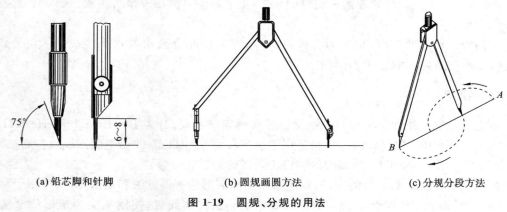

(a) 铅芯脚和针脚　　　　(b) 圆规画圆方法　　　　(c) 分规分段方法

图 1-19　圆规、分规的用法

### 1.2.4　曲线板

曲线板是用来光滑地描绘非圆曲线的工具。首先徒手用铅笔把曲线上的一系列点顺次连接起来,然后选择曲线板上曲率合适的部分,将徒手连接的曲线描深。当采用分几段逐步描深时,每段应至少通过曲线上 3 个点。每两段曲线之间应有一段重合搭接区,这样才能使所画曲线光滑过渡,如图 1-20 所示。

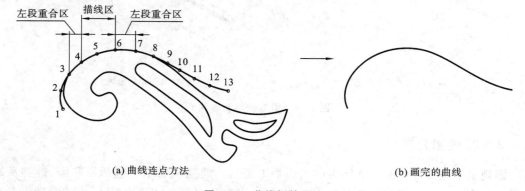

(a) 曲线连点方法　　　　　　　　　　(b) 画完的曲线

图 1-20　曲线板的用法

### 1.2.5 其他必备用品

绘图模板是由很薄的硬透明塑料板制成的。它是一种快速绘图工具,如图 1-21 所示。它上面带有镂空的常用图形、符号或字体等。使用时笔尖应紧靠模板快速画出整齐图形,如箭头、表面粗糙度符号等。另外,绘图模板还可以当做擦图片使用,可用来擦去多余图线。

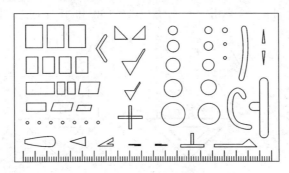

图 1-21　绘图模板

量角器用来测量角度。绘图中使用次数不算多,最好选用量角器与三角板合在一起的,这可以减少携带绘图工具的数量。

砂纸是用来磨铅笔的。常用 P400 或 P200 型砂纸,P400 砂纸,就是 400 目砂纸,P200 砂纸就是 200 目砂纸,有时候也用 ♯120 或是 ♯180 来表示,都表示砂粒的粗细。P400 比 P200 更细一些。绘图时准备一小块就可以了。若将一小块长方形砂纸固定在一块小平板上,磨铅笔更平整,效果更好。

绘图橡皮是用于擦去绘图线的主要工具。选择绘图橡皮时应以能较快擦干净图面的为准。应注意,橡皮可分擦铅笔线的和擦钢笔线的两个种类。绘图时,擦钢笔的橡皮是不能用的,通常使用专用的绘图橡皮或美术用橡皮。

塑料透明胶带纸是将图纸固定在图板上的必用品。准备一小卷就可以了,每次绘图只用一点。贴图时应注意,胶带不要太贴进图面范围,只要将图纸四角贴住就可以了,最好将胶带贴在图纸周边内,不要影响图框线内的图形。

削笔刀对它没有什么特殊要求,只要能削铅笔就行。为了携带方便,削笔刀小一些带着方便。

工程上使用的绘图纸质量要求很高,其规格单位是 $g/m^2$,常用图纸越厚、越致密越好,通常选用 150 $g/m^2$ 左右的绘图纸。使用时应注意图纸有正反面之分,正面纹路较致密、较光滑。若绘图时,擦图次数较多,纸的反面容易出现易脏、起毛等问题。判断图纸正反面的一般方法是,在图纸的两面都用铅笔画一小段线再擦去,观察两个面的变化情况,平整、干净的一面一般就是正面。

## 1.3 几何制图

在绘制工程图样时,常会遇上作正多边形、圆弧连接、画椭圆、作斜度和锥度等几何作图问题。因此,熟练掌握这些几何图形的作图方法,是提高绘图速度,保证图面质量的基本条件之一。

## 1.3.1 画圆内接正多边形

**1. 正六边形**

方法一:已知外接圆直径,使用一套三角板(30°/60°和45°)配合作图,如图1-22所示。

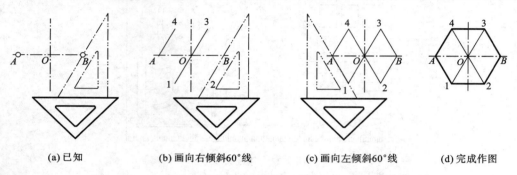

(a) 已知　　(b) 画向右倾斜60°线　　(c) 画向左倾斜60°线　　(d) 完成作图

图 1-22　用三角板画正六边形

方法二:已知外接圆直径,使用圆规和直尺配合作图,如图1-23所示,以半径等分圆周。

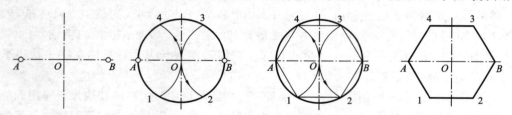

图 1-23　用圆规和直尺画正六边形

**2. 正五边形**

已知外接圆直径,使用圆规和直尺配合作图,如图1-24所示,作水平半径 $OB$ 的中点 $E$,以 $E$ 为圆心、$EC$ 为半径作圆弧得点 $F$,以 $CF$ 为边长即可作出圆内接正五边形。

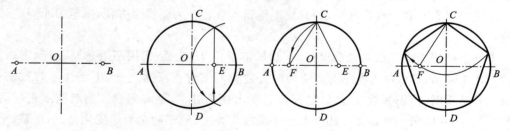

图 1-24　画正五边形

**3. 任意正边多边形**

已知外接圆直径,使用圆规和直尺配合作正多边形。设边数为 $n$。

如图1-25所示,当 $n=7$ 时,七等分铅垂直径段 $CD$,以 $D$ 为圆心、$DC$ 为半径作圆弧交 $AB$ 延长线得点 $E$,连接点 $E$ 与等分偶数点(注:$n$ 为奇数时连接偶数点,若 $n$ 为偶数连奇数点),并延长得正七边形右半边圆周上顶点 $F$、$G$、$H$,再画出对称左边圆周上各顶点并连线,完成圆内接正七边形。

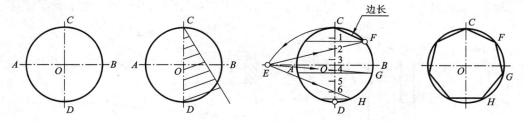

图 1-25　画圆内接正 $n$ 边形(七边形)

### 1.3.2　斜度与锥度

**1. 斜度**

斜度是指一直线或平面对另一直线或平面的倾斜程度,其大小一般用倾斜角的正切来表示,如图 1-26(a)所示,即

$$\tan\alpha = \frac{H}{L}$$

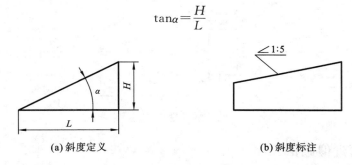

(a) 斜度定义　　　　　　　　(b) 斜度标注

图 1-26　斜度定义、标注

通常在图样上都是将比例化成 1∶$n$ 的形式加以标注,如图 1-26(b)所示,并在其前面加上斜度符号"∠",图中 $H$ 为字体高度,且符号斜线的方向应与斜度方向一致。画法如图 1-27 所示。

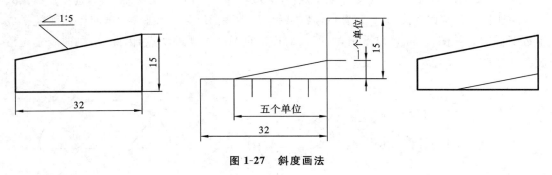

图 1-27　斜度画法

**2. 锥度**

锥度是正圆锥体底圆直径与高度之比。如果是圆台,则是底圆直径和顶圆直径之差与高度之比,如图 1-28(a)所示,即

$$锥度 = \frac{D}{L} = \frac{D-d}{l}$$

通常，锥度也可以 1：$n$ 的形式加以标注，如图 1-28(b) 所示，并在前面加上锥度符号。

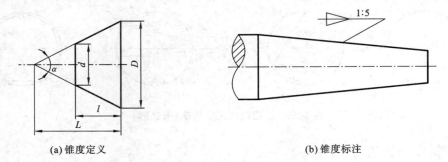

(a) 锥度定义　　　　　　　　　　　(b) 锥度标注

图 1-28　锥度定义、标注

图 1-29 所示的为锥度 1：5 的画法。先用单位等分法作出锥度为 1：5 的小圆锥，再过右上角已知点作直线平行于小圆锥对应边，最后以尺寸 32 截取。

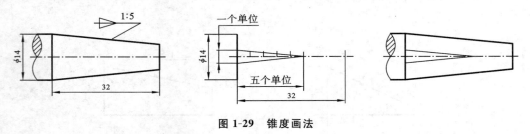

图 1-29　锥度画法

### 1.3.3　椭圆的近似画法

椭圆为常见的非圆曲线，用直尺和圆规无法精确画出椭圆。工程上常采用近似画法。这里介绍一种在已知长、短轴的条件下的椭圆四心圆法。

如图 1-30 所示，连长短轴端点 $A$、$C$，取 $EO=AO$。以点 $C$ 为圆心，以 $CE$ 为半径画弧交 $CA$ 边于点 $F$，作 $AF$ 的中垂线交长轴于点 3，交短轴于点 1，找出对称点 4、2，连 13、14、23、24，并延长。分别以 1、2、3、4 为圆心，以 $3A=4B$，$1C=2D$ 为半径画弧，这四段圆弧就拼成了近似椭圆。从图 1-30 可以看出，这四段的连接点为各圆弧的切点，因此，四段曲线是光滑过渡连接的。

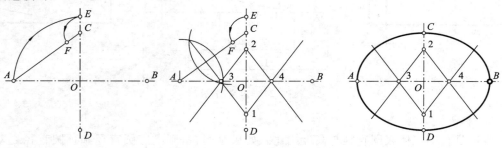

图 1-30　用四心圆弧法画近似椭圆

## 1.3.4 圆弧连接

在平面图形中,将已知圆弧与直线、圆弧相切的作图称为圆弧连接。圆弧连接在机械零件的外形轮廓中常常见到。圆弧连接的要求是光滑连接。因此,作图时根据已知条件,准确地定出连接弧的圆心和连接点(切点)。

**1. 圆弧连接的基本作图原理**

(1) 与已知直线相切,半径为 $R$ 的圆弧,其圆心轨迹是与已知直线平行且距离等于 $R$ 的平行直线,其切点是选定的圆心向已知直线所作垂线的垂足,如图1-31(a)所示。

(2) 与已知圆弧(圆心 $O_1$、半径 $R_1$)外切(或内切)的半径为 $R$ 的圆弧,其圆心轨迹是以 $O_1$ 为圆心、以 $R_1+R$(或 $R_1-R$)为半径的已知圆弧的同心圆。切点是选定圆心 $O$ 与 $O_1$ 的连心线(或其延长线)与已知圆弧的交点,如图1-31(b)、(c)所示。

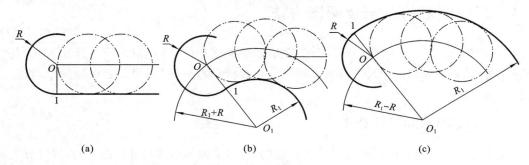

图 1-31 圆弧连接的作图原理

**2. 圆弧连接的作图方法**

各种圆弧连接的方法如表1-6所示。

表 1-6 圆弧连接

| 要求 | 作图方法 | 说明 |
|---|---|---|
| 连接相交两直线 | | (1) 分别作两直线平行线求连接圆弧圆心 $O$,过圆心作垂线得切点1,2;<br>(2) 以 $O$ 为圆心、$R$ 为半径画圆弧 |
| 外接两圆弧 | | (1) 两外接圆半径分别与已知圆弧半径相加画弧求连接圆弧的圆心 $O$,连线两已知圆心,得切点1,2;<br>(2) 以 $O$ 为圆心、$O_1$ 为半径画连接圆弧 |

续表

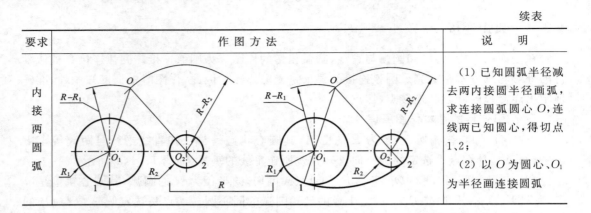

| 要求 | 作图方法 | 说明 |
|---|---|---|
| 内接两圆弧 | | （1）已知圆弧半径减去两内接圆半径画弧，求连接圆弧圆心 $O$，连线两已知圆心，得切点 1、2；<br>（2）以 $O$ 为圆心、$O_1$ 为半径画连接圆弧 |

## 1.4 平面图形的分析及画图方法

平面图形通常由很多线段连接而成，在绘制平面图形时，需要根据尺寸标注，画出各个部分。所以，画图前要进行尺寸分析和线段分析，以便确定平面图形是否可以画出，以及确定画图的先后顺序。

### 1.4.1 平面图形的尺寸分析

尺寸是用来确定平面图形的形状和位置的，根据平面图形的尺寸作用不同，尺寸分为定形尺寸和定位尺寸等两种。

**1. 定形尺寸**

它是确定组成平面图形中各部分形状大小的尺寸，如图 1-32 中 $R7$、$R40$、$\phi14$、$\phi30$。

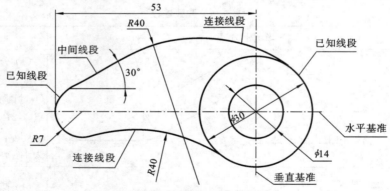

图 1-32 平面图形的尺寸与基准

**2. 定位尺寸**

它是确定平面图形中各部分之间相对位置的尺寸，如图 1-32 中 53 和 30°。

**3. 尺寸基准**

标注定位尺寸的起点称为基准。一般以图形的对称中心线、较大圆弧的对称中心线、较大圆的圆心或图形中的主要直线作为基准，如图 1-32 所示。一般情况下，一个简单的平面图形需要两个方向上的定位尺寸。如果某一图形的对称中心线，在某一方向与全图的基准线重合,此时图形在该方向的定位尺寸为零,不进行标注。如 $\phi14$ 和 $\phi30$ 的定位尺寸为零。

### 1.4.2 平面图形的线段分析

平面图形是根据给定的尺寸绘成的。图形中线段的类型与给定的尺寸密切相关,根据给出其定位尺寸的完整与否,可分为三大类。

**1. 已知线段**

定形尺寸和定位尺寸齐全,可独立画出的线段称为已知线段,如图 1-32 中 $R7$、$\phi30$ 和 $\phi14$。

**2. 中间线段**

给出定形尺寸,而定位尺寸不全,但可根据与其他线段的连接关系画出的线段,称为中间线段,如图 1-32 中 30°的斜线。

**3. 连接线段**

只给出定形尺寸,没有定位尺寸,只能在其他线段画出后,根据连接关系最后才能画出的线段称为连接线段,如图 1-32 中两段 $R40$ 的连接弧。

### 1.4.3 平面图形的画图步骤

现以图 1-32 所示图形为例,说明平面图形的画图方法。

(1) 分析构成平面图形的各线段的类型,确定画图的正确顺序,并画出基准线,画出各已知线段如图 1-33(a)所示。

(2) 画出中间线段,如图 1-33(b)所示。

(3) 画出连接线段,如图 1-33(c)所示。

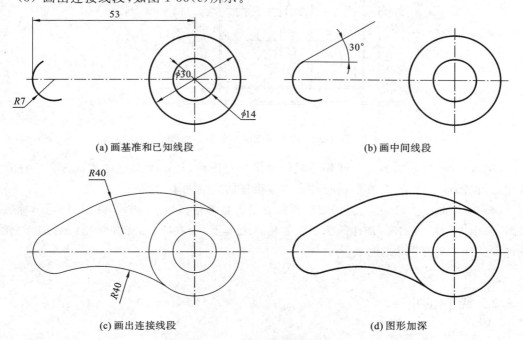

(a) 画基准和已知线段　　(b) 画中间线段

(c) 画出连接线段　　(d) 图形加深

图 1-33　平面图形的画图步骤

(4) 如图 1-33(d)所示,实线加深,完成作图。

## 1.5 绘图的方法和步骤

绘图的方法有手工绘图和计算机绘图之分,本节将介绍手工绘图的两种方法:尺规绘图和徒手绘图。

### 1.5.1 尺规绘图的方法及步骤

(1) 绘图前的准备工作　准备好绘图用的图板、丁字尺、三角板并擦干净,将铅笔及圆规铅芯按型号削好。

(2) 固定图纸　确定要绘制的图样以后,按其大小和比例,选择图纸幅面。如图 1-34 所示,图纸正面向上,将丁字尺移至图板下边,使丁字尺上边与图纸下边对齐,用三角板和丁字尺对准图纸的水平边与竖直边,然后用胶带纸固定 4 个角。

(3) 画图框和标题栏。

(4) 布置图形位置　如图 1-34 所示,布置图形要考虑所画图形之间及与边框间的间隔要均匀,还要注意留有标注尺寸的位置。然后才能在确定画图区画出图形的基准线、定位线。

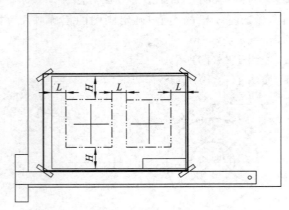

图 1-34　固定图纸和布置图形位置

(5) 画底稿图　用 H 或 2H 铅笔轻轻画出全部图形,切记不要边画边描深。应注意画线用力,以图线看得清,并在画错时擦去不留痕迹的力量大小为准。

(6) 检查加深　加深前,应仔细检查图形是否有画错、漏画的图线,并及时修正,擦去多余线,确定无误后再加深,加深的顺序一般是自上而下,由左向右,先加深粗线后加深细线,先加深曲线后加深直线。

(7) 填写标题栏。

### 1.5.2 徒手绘图

**1. 徒手绘图的概念**

以目测来估测图形与实物的比例,不使用绘图工具或部分使用绘图工具来进行绘图称为徒手绘图,绘制的图形叫徒手图(或草图),这种图主要用于初步设计阶段,如现场测绘、设计方案讨论或技术交流。工程技术人员必须具备徒手绘图的能力。

**2. 徒手绘图的要求与方法**

徒手绘图的要求为:画线要稳,图线要清晰;目测尺寸比较准,各部分比例匀称;绘图速度要快;尺寸标注无误,字体要工整。

**1) 直线的画法**

画较短的直线时,手腕运笔。画较长线段时,眼睛要看着线段终点,小手指及手腕不宜紧贴纸面,以手臂动作,如图 1-35 所示。

画水平线时,图纸微微左倾,自左向右画线。画铅垂线时,应由下往上运笔画线。斜线一般不好画,可转动图纸,使图线正好处于顺手方向,在初学时可采用坐标格纸进行练习。

画 30°、45°、60°的特殊角度的斜线时,可按直角三角形的近似比例定出端点后连成直线的角度,如图 1-35 所示。

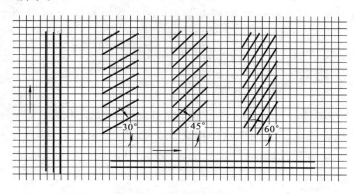

图 1-35 徒手画直线方法

**2) 圆的画法**

画圆时首先过圆心画出水平、垂直中心线,按半径大小在中心线上定出四点,然后过四点画圆,如图 1-36(a)所示。画较大圆时,可通过轻轻加两条 45°斜线,在斜线上再定四点,然后过八点画圆,如图 1-36(b)所示。

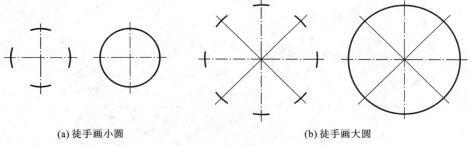

(a) 徒手画小圆　　　　　　　　(b) 徒手画大圆

图 1-36 徒手画图

画草图步骤基本上与用尺规绘图的相同。但草图的标题栏中不能填比例,绘图时,也不应固定图纸。完成的草图图形必须基本上保持物体各部分的比例关系,各种线型粗细分明,字体工整,图面整洁。

# 第 2 章　正投影法基础

学习目的与要求：理解和掌握投影法的分类、概念及第一角投影体系的建立，重点掌握正投影法的投影原理、投影特性及第一角投影的画法规定。牢固掌握正投影理论，学会用正投影法画图与识图。

学习内容：主要学习投影法的概念术语、分类及各种投影法的投影特点及其应用；正投影法在工程上的应用；正投影法的投影原理、三面投影图与空间物体间的对应关系及投影规律。

重点与难点：重点是正投影法的投影原理、投影规律、基本投影特性、三面投影图与空间物体间的对应关系、三面投影的位置与标注；难点是对投影规律中的"宽相等"的彻底理解。

## 2.1　投影方法概述

投影现象存在于日常生活中的各个方面，当光线照射物体时，物体就会在地面或墙面上产生影子，这就是投影现象。人们把这一物理现象归纳、抽象出来，建立了一种用投影图表达空间物体的方法，这就是投影法。

### 2.1.1　投影法的概念

如图 2-1 所示，把光源抽象为一点 $S$，称为投射中心，平面 $P$ 是得到投影的投影面。空间点 $A$ 位于光源 $S$ 和投影面 $P$ 之间，点 $A$ 在平面 $P$ 上的投影为 $a$，是点 $S$ 和点 $A$ 连线的延长线与投影面 $P$ 的交点。

同理，如图 2-2 所示，有一个 $\triangle ABC$（物体），由 $S$ 分别向 $A$、$B$、$C$ 作直线（投射线），在 $P$ 平面上得到图形 $\triangle abc$，$\triangle abc$ 则称为物体 $ABC$ 的投影图，简称投影。

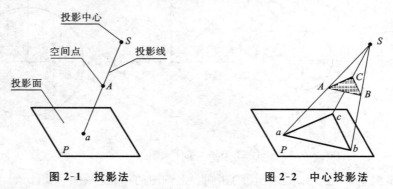

图 2-1　投影法　　　　　图 2-2　中心投影法

所谓投影法，就是光源发出投射线通过物体，向选定的平面进行投射，并在该面上得到投影的方法。

## 2.1.2 投影法的分类

根据投射线是否平行,投影法可分为中心投影法和平行投影法等两类。

**1. 中心投影法**

投射线交汇于一点的投影法称为中心投影法,如图 2-2 所示,中心投影法所得投影 △abc 的大小会随投射中心 S 距空间 △ABC 的远近,或者 △ABC 离投影面的远近而变化。因此,中心投影法不能反映该物体的真实形状和大小,但它接近于视觉映像,直观性强,常用于绘制建筑物的透视图。

**2. 平行投影法**

如图 2-3 所示,如果将投射中心移至无穷远处,则投射线可近似看成平行线,这种互相平行的投射线在投影面上得到物体投影的方法称为平行投影法。

在平行投影法中,根据投射线与投影面的倾角不同又分为两种投影方法。投射线与投影面倾斜的平行投影法称为斜投影法,如图 2-3(a)所示。投射线与投影面垂直的平行投影法称为正投影法,如图 2-3(b)所示。

正投影法能完整、真实地表达物体的形状和大小,度量性好,作图简便,因此,机械图样主要是采用正投影法绘制的。

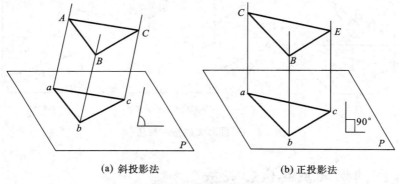

(a) 斜投影法    (b) 正投影法

图 2-3  平行投影法

## 2.1.3 正投影法的基本性质

**1. 真实性**

若空间直线或平面与投影面平行,则其投影反映线段的实长或者平面的实形(见图 2-4(a))。

**2. 积聚性**

若空间直线或平面与投影面垂直,则其投影积聚为一点或一条直线(见图 2-4(b))。

**3. 类似性**

若空间直线或平面倾斜于投影面,则直线的投影为比实长缩短的直线,平面的投影为其类似形(见图 2-4(c))。

**4. 从属性**

若空间点属于直线或平面,则点的投影也属于此直线或平面的同面投影(见图 2-5(a))。

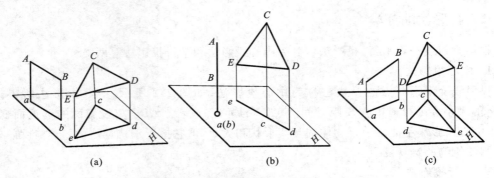

图 2-4 正投影法的基本性质(1)

**5. 平行性**

若两空间直线平行,则其同面投影也相互平行(见图 2-5(b))。

**6. 定比性**

若空间点在直线上,则该点分空间线段之比等于其投影之比(见图 2-5(c))。

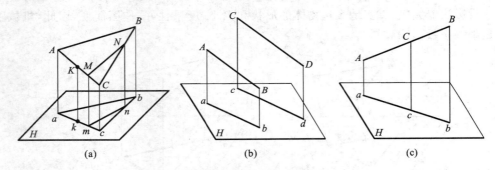

图 2-5 正投影法的基本性质(2)

## 2.2 三视图的形成及其投影关系

用正投影法,将物体向投影面投射所得的图形,称为视图。如图 2-6 所示,三个形状不同的物体,它们在同一投影面上的投影都相同,这说明一个视图不能确定物体的形状。因此,要反映物体的完整形状,必须增加由不同投影方向所得到的几个视图,这就需要引入三

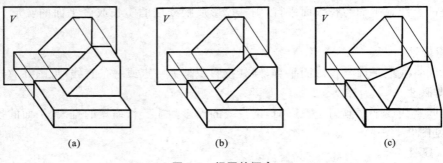

图 2-6 视图的概念

面投影体系。

## 2.2.1 三视图的形成

**1. 三面投影体系的建立**

如图 2-7 所示,通常选用三个互相垂直的投影面,构成三面投影体系。正立放置的投影面称为正立投影面,简称正面,用 $V$ 表示,水平放置的投影面称为水平投影面,简称水平面,用 $H$ 表示,与 $V$ 和 $H$ 面都垂直的投影面称为侧立投影面,简称侧面,用 $W$ 表示。

三个投影面的交线称为投影轴,分别为

$H$ 面和 $V$ 面的交线,用 $OX$ 表示,简称 $X$ 轴;

$H$ 面和 $W$ 面的交线,用 $OY$ 表示,简称 $Y$ 轴;

$V$ 面和 $W$ 面的交线,用 $OZ$ 表示,简称 $Z$ 轴。

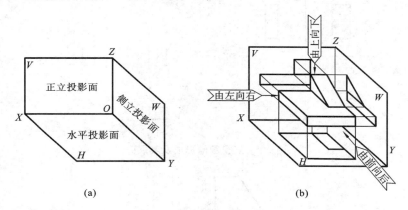

图 2-7 三面投影体系

**2. 三视图的形成和名称**

如图 2-8 所示,将物体置于三面投影体系中,用正投影法分别向三个投影面投射,由前向后投射在正面上所得的视图称为主视图,由上向下投射在水平面上所得的视图称为俯视图,由左向右投射在侧面上所得的视图称为左视图。

**3. 三面投影体系的展开**

要将空间几何体的三面投影的实际大小在二维图纸上表达出来,就必须把三个互相垂直的投影面展开在一个平面内。如图 2-8 所示,展开的方法是:$V$ 面保持不动,$H$ 面绕 $X$ 轴向下旋转 90°,$W$ 面绕 $Z$ 轴向右旋转 90°,也与 $V$ 面成一个平面。在这里应特别注意:同一条 $OY$ 轴旋转之后分成了两根轴,一个随着 $H$ 面旋转到 $OYH$ 的位置,另一个随着 $W$ 面旋转到 $OYW$ 的位置。

## 2.2.2 三视图的投影关系

**1. 三视图的位置关系**

以主视图为准,俯视图在主视图正下方,左视图在主视图的正右方。从图 2-9 可以看出,主视图反映物体的长和高,俯视图反映物体的长和宽,左视图反映物体的宽和高。由此,三视图之间存在下述投影关系:

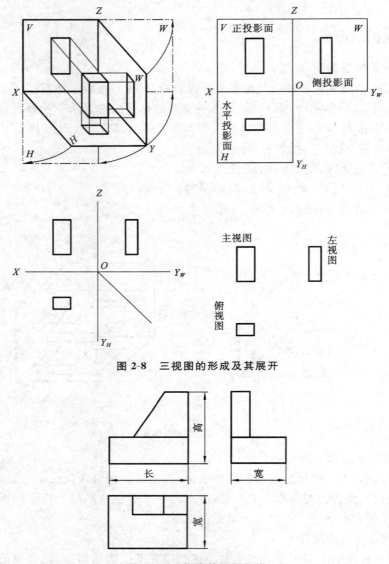

图 2-8 三视图的形成及其展开

图 2-9 三视图的投影规律

主、俯视图长对正；

主、左视图高平齐；

俯、左视图宽相等。

三视图的投影规律，"长对正、高平齐、宽相等"不仅适用于整个物体的投影，物体的每一部分形状的投影也符合这一规律。

**2. 三视图与物体的空间方位关系**

物体有上、下、左、右、前和后六个空间方位，三视图中的主视图反映了物体的上、下和左、右位置关系，俯视图反映了物体的左、右和前、后位置关系，左视图反映了物体的上、下和前、后位置关系，如图 2-10 所示。

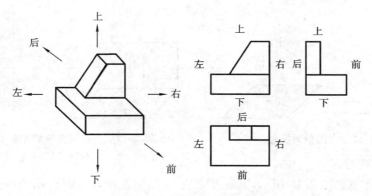

图 2-10 三视图的方位关系

六个视图关系中,尤其要注意俯视图和左视图中的前、后关系,可以以主视图为中心,远离主视图的一边为物体的前面,靠近主视图的一边为物体的后面。

## 2.3 点的投影

任何物体都是由点、线、面等几何元素构成的,因此研究几何元素的投影规律和特征,是正确的阅读和绘制形体投影的基础。我国国家标准中规定采用第一分角画法,本书重点讨论第一分角画法。

### 2.3.1 点在三面体系中的投影

**1. 符号规定**

空间点用大写字母表示,如 $A$、$B$、$C$ 等。

水平投影用同名的小写字母表示,如 $a$、$b$、$c$ 等。

正面投影用小写字母加一撇表示,如 $a'$、$b'$、$c'$ 等。

侧面投影用小写字母加两撇表示,如 $a''$、$b''$、$c''$ 等。

**2. 点的两面投影**

如图 2-11 所示,用正投影法将空间点 $A$ 投射到投影面 $H$ 上,得到唯一一个投影点 $a$ 与之对应。反之,如果已知一点在 $H$ 面上的投影为点 $b$,这不能确定该点的空间位置。所以,点的一个投影不能确定该点的空间位置。为此,需要增加新的投影面。

如图 2-12 所示,由空间点 $A$ 分别向 $V$ 面、$H$ 面作投射线,分别于 $V$ 面、$H$ 面相交,得点 $A$ 的正面投影 $a'$ 和水平投影 $a$。由于平面 $Aa'a$ 同时垂直于 $V$ 面、$H$ 面,且平面 $Aa'a \perp OX$ 轴并交于 $a_X$ 点,因此,$a'a_X \perp OX$ 轴,$aa_X \perp OX$ 轴,平面 $Aa'a_X a$ 为矩形,根据矩形对边平行且相等的性质,有 $a'a_X = Aa$,$aa_X = Aa'$。

由此可知,点的两面投影特性如下。

(1) 点的投影连线垂直于投影轴,即 $a'a \perp OX$。

(2) 点的投影与投影轴的距离反映空间点与投影面的距离,即 $a'a_X$ 反映空间点 $A$ 到 $H$ 面的距离,$aa_X$ 反映空间点 $A$ 到 $V$ 面的距离。

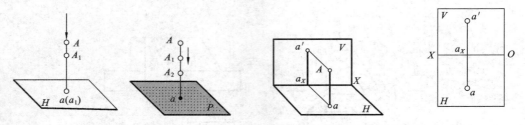

图 2-11 点的单面投影　　　　图 2-12 点在两面投影体系中的投影

### 3. 点的三面投影

三面投影体系如图 2-13 所示,其展开方法是,$V$ 面不动,$H$ 面绕 $OX$ 轴向下旋转 $90°$,$W$ 面绕 $OZ$ 轴向右旋转 $90°$,与 $V$ 面重合,$OY$ 轴分为两个分量,即 $H$ 面上的 $OY_H$ 轴和 $W$ 面上的 $OY_W$ 轴。

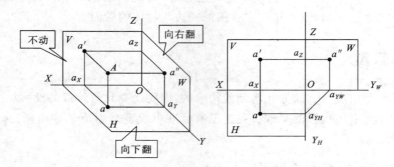

图 2-13 点的三面投影

从图 2-13 可看出,由空间点 $A$ 分别作垂直于 $V$ 面、$H$ 面和 $W$ 面的投射线,交得点 $A$ 的正面投影 $a'$、水平投影 $a$ 和侧面投影 $a''$。投射线 $Aa'$、$Aa$、$Aa''$ 每两条线可决定一个平面,共形成三个平面,分别与相应的投影轴垂直相交,得交点为 $a_X$、$a_Y$、$a_Z$。则由点 $A$、$a'$、$a$、$a''$、$a_X$、$a_Y$、$a_Z$、$O$ 构成一个长方体,故有如下结论。

① 点在各投影面的投影的连线垂直于相应的投影轴,即 $a'a \perp OX$,$a'a'' \perp OZ$(展开投影表现为 $aa_{YH} \perp OY_H$,$a''a_{YW} \perp OY_W$)。

② 点的投影与投影轴的距离反映空间点到投影面的距离。即 $Aa' = aa_X = a''a_Z = Oa_Y$ = 点 $A$ 到 $V$ 面的距离,$Aa'' = a'a_Z = aa_Y = Oa_X$ = 点 $A$ 到 $W$ 面的距离,$Aa = a'a_X = a''a_Y = Oa_Z$ = 点 $A$ 到 $H$ 面的距离。

综上所述,点的三面投影规律如下。

(1) 点的正面投影和水平投影连线垂直于 $OX$ 轴,即 $a'a \perp OX$。

(2) 点的正面投影和侧面投影连线垂直于 $OZ$ 轴,即 $a'a'' \perp OZ$。

(3) 点的水平投影到 $OX$ 轴的距离等于侧面投影到 $OZ$ 轴的距离,即 $aa_X = a''a_Z$。

**例 2-1** 已知点 $A$ 的投影 $a'$ 和 $a''$(见图 2-14(a)),求作第三面投影 $a$。

**解** 作图步骤如图 2-14(b)、(c)所示。

(1) 过点 $O$ 作 $45°$ 辅助线。

(2) 过 $a'$ 作 $OX$ 轴的垂线。

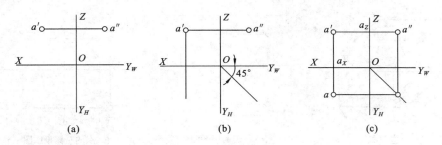

图 2-14　求点的第三面投影(1)

(3) 过 $a''$ 作 $OY_W$ 轴的垂线,交 45°辅助线,由交点作 $OY_H$ 轴的垂线,与(2)所作垂线交于一点,即为所求水平投影 $a$。

**例 2-2**　已知点 $A$、$B$、$C$、$D$ 的两面投影(见图 2-15(a)),求作第三面投影。

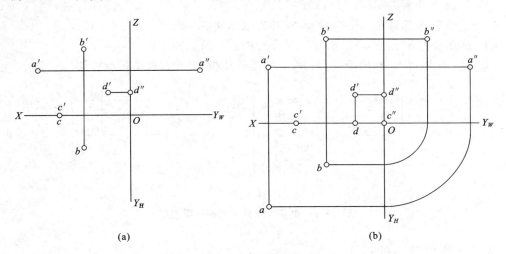

图 2-15　求点的第三面投影(2)

**解**　作图步骤如图 2-15(b)所示,根据点的三面投影特性,分别过点的投影作相应坐标轴的垂线,点的水平投影到 $X$ 轴的距离与侧面投影到 $Z$ 轴的距离可以借助 45°辅助线(见上例),也可以借助四分之一圆弧由圆规作图建立对应关系。

**4. 点的投影与直角坐标的关系**

如图 2-16 所示,三面投影体系可以看做是一个空间直角坐标系,则投影轴、投影面、$O$ 点可以看做是坐标轴、坐标面、原点。空间点 $A(X_A,Y_A,Z_A)$ 的投影与点的坐标有以下关系。

点 $A$ 到 $W$ 面的距离 $=Oa_X=a'a_Z=aa_{YH}=X_A$。

点 $A$ 到 $V$ 面的距离 $=Oa_Y=aa_X=a''a_Z=Y_A$。

点 $A$ 到 $H$ 面的距离 $=Oa_Z=a'a_X=a''a_{YW}=Z_A$。

由图 2-16(b)可知,坐标 $X$ 和 $Z$ 决定点 $A$ 的正面投影 $a'$,坐标 $X$ 和 $Y$ 决定点 $A$ 的水平投影 $a$,坐标 $Y$ 和 $Z$ 决定点 $A$ 的侧面投影 $a''$。点的一个投影可以反映空间点的两个坐标,因此,当空间点 $A(X_A,Y_A,Z_A)$ 有两个投影已知,就可以确定三个坐标,进而作出点 $A$ 的三面投影。

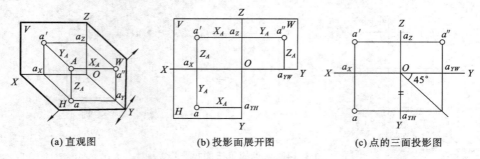

(a) 直观图　　　　(b) 投影面展开图　　　　(c) 点的三面投影图

图 2-16　点的三面投影与直角坐标

**例 2-3**　已知点 $A$ 的坐标为 (15,10,12)，求作点的三面投影。

**解**　作图步骤如图 2-17(a)、(b)、(c) 所示。

(1) 根据 $X$ 坐标，确定 $a_X$ 的位置。

(2) 根据 $Y$ 坐标确定水平投影 $a$，根据 $Z$ 坐标确定正面投影 $a'$。

(3) 过点 $a$ 作 $aa_{YH} \perp OY_H$ 轴，经 45°线转折，交 $OY_W$ 轴于 $a_{YW}$。

(4) 过 $a_{YW}$ 作 $OY_W$ 轴的垂线，与 $a'a_Z$ 的延长线相交，交点即为侧面投影 $a''$。

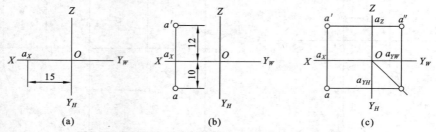

(a)　　　　(b)　　　　(c)

图 2-17　由点的坐标作点的三面投影

### 2.3.2　特殊位置点的投影

**1. 投影面上的点**

点的三个坐标有一个为零时，该点必定在投影面上。如图 2-18 所示，点 $B$ 在所在投影面上的投影与此点重合，其他两个投影分别落在相应的投影轴上。点 $C$ 亦属于此类投影面上的点。

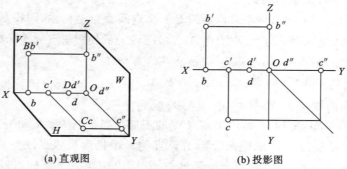

(a) 直观图　　　　(b) 投影图

图 2-18　特殊位置点的投影

## 2. 投影轴上的点

点的三个坐标中有两个坐标为零时,该点必定在坐标值不为零的投影轴上。如图 2-18 所示,点 $D$ 的 $Y$、$Z$ 坐标为零,而 $X$ 坐标不为零,则点 $D$ 必在 $X$ 轴上。点在包含这条投影轴的两个投影面上的投影均与空间点重合,另一投影落在原点。

## 3. 坐标原点

点的三个坐标均为零,此点只有一个,即为坐标原点 $O$,其三个投影与空间点均重合。

### 2.3.3 点的相对位置和重影点

#### 1. 两点的相对位置

空间两点的相对位置是指两点的上下、前后及上下之间的关系,一般由 $X$、$Y$、$Z$ 三个方向上的坐标来判断,$X$ 坐标值大的点在左,$Y$ 坐标值大的点在前,$Z$ 坐标值大的点在上。

如图 2-19 所示,因为 $X_A < X_B, Y_A > Y_B, Z_A > Z_B$,所以,点 $A$ 在点 $B$ 的右、前、上方,而点 $B$ 在点 $A$ 的左、后、下方。

需要注意的是:对于水平投影而言,沿 $OY_H$ 轴向下移动代表向前,而对于侧面投影而言,沿 $OY_W$ 轴向右移动也代表向前。

综上所述,空间两点 $A$、$B$ 的相对位置如下。

(1) 距离 $W$ 面更远者在左($X$ 坐标值大),更近者在右($X$ 坐标值小)。

(2) 距离 $V$ 面更远者在前($Y$ 坐标值大),更近者在后($Y$ 坐标值小)。

(3) 距离 $H$ 面更远者在上($Z$ 坐标值大),更近者在下($Z$ 坐标值小)。

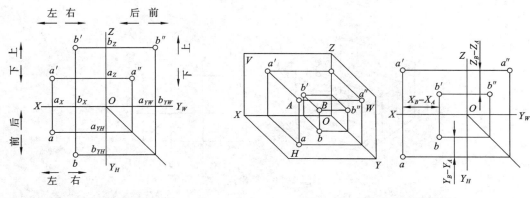

图 2-19 两点的相对位置(1)　　　图 2-20 两点的相对位置(2)

**例 2-4**　如图 2-20 所示,若已知空间两点的投影,试判断两点的相对位置。

**解**　已知点 $A$ 的三个投影 $a$、$a'$、$a''$ 和点 $B$ 的三个投影 $b$、$b'$、$b''$,用 $A$、$B$ 两点同面投影坐标差就可判别 $A$、$B$ 两点的相对位置。

以 $A$ 点为基准,由于 $X_A > X_B$,表示 $B$ 点在 $A$ 点右方;$Y_A > Y_B$,表示 $B$ 点在 $A$ 点后方;$Z_A > Z_B$,表示 $B$ 点在 $A$ 点的下方。总结来讲,$B$ 点在 $A$ 点的右、后、下方。

#### 2. 重影点

若空间两点在某个投影面上的投影重合,则这两点称为对该投影面的重影点。此时,空间两点的某两个坐标相同,位于垂直于该投影面的同一条投射线上。

如图 2-21 所示，点 $A$、$B$ 对 $V$ 面重影，正面投影为 $a'(b')$；点 $A$、$B$ 对 $H$ 面重影，水平投影为 $c(d)$；点 $A$、$B$ 对 $W$ 面重影，侧面投影为 $a''(b'')$。

当两点的投影重合时，就需要判别其可见性。根据不相等的那个坐标来判断，即坐标值大的可见，小的不可见，分别应是前遮后、上遮下、左遮右。应注意：对 $H$ 面的重影点，从上向下观察，$Z$ 坐标值大者可见；对 $W$ 面的重影点，从左向右观察，$X$ 坐标值大者可见；对 $V$ 面的重影点，从前向后观察，$Y$ 坐标值大者可见。

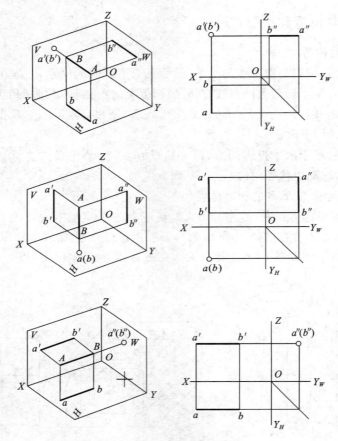

图 2-21 重影点

## 2.4 直线的投影

空间两点决定一条直线，两点在同一平面上的投影连线即为直线在该平面上的投影。直线是无限长的，在两定点之间的部分称为线段，本书中所讲直线一般用线段表示。

### 2.4.1 直线的投影

如图 2-22 所示，空间直线 $AB$，求作它的三面投影图时，可分别作出 $A$、$B$ 两点的三面投影，再将其同面投影相连即可得到直线 $AB$ 的三面投影。

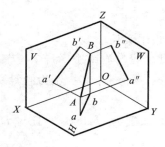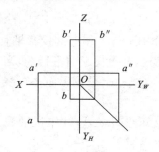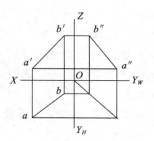

图 2-22 直线的投影

## 2.4.2 各种位置直线的投影特性

位于三面投影体系中的直线,与投影面的相对位置有三种情况:平行、倾斜、垂直。根据直线在三面投影体系中的位置可分为投影面平行线、投影面垂直线和一般位置直线,前两类又称为特殊位置直线。

**1. 投影面平行线**

与一个投影面平行,同时倾斜于另外两个投影面的直线,称为投影面平行线。平行于 $V$ 面的称为正平线;平行于 $H$ 面的称为水平线;平行于 $W$ 面的称为侧平线。

以表 2-1 所示的水平线为例,$AB//H$ 面而与 $V$、$W$ 面倾斜,$H$ 面投影反映直线 $AB$ 的实长,即 $ab=AB$,$ab$ 与 $OX$ 轴的夹角反映直线 $AB$ 与 $V$ 面的倾角 $\beta$,$ab$ 与 $OY_H$ 轴的夹角反映直线 $AB$ 与 $W$ 面的倾角 $\gamma$,其余两个投影 $a'b'//OX$ 轴,$a''b''//OY_W$ 轴,且均小于实长。

同理,可以分析正平线、侧平线的投影特性。

表 2-1 投影面平行线

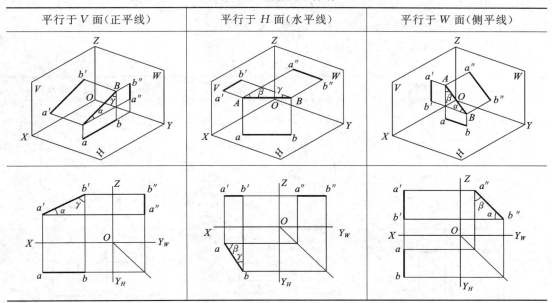

由上述分析可知,投影面平行线的投影特性如下。

(1) 在所平行的投影面上的投影倾斜于投影轴且反映实长,投影与两投影轴之间的夹角反映直线对于另外两个投影面的真实倾角。

(2) 直线的另外两个投影分别平行于相应的投影轴且都小于实长。

根据此投影特性可判断直线是否为投影面平行线,当直线的投影有两个平行于投影轴,第三个投影与投影轴倾斜时,该直线一定是投影面平行线,且一定平行于其投影为倾斜线的那个投影面。

**例 2-5** 如图 2-23 所示,已知空间点 $A$,试作正平线 $AB$,长度为 15 mm,并且与 $H$ 面的倾角 $\alpha=30°$。

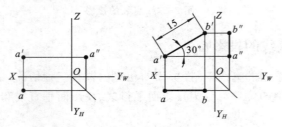

图 2-23 过点作直线

**解** 如图 2-23 所示,由正平线的投影特性可知,直线的正面投影倾斜于坐标轴且等于实长 15 mm,并且正面投影与 $OX$ 轴的夹角为直线 $AB$ 和水平面的倾角 $\alpha$。作图步骤如下。

(1) 过正面投影 $a'$ 作一条与 $OX$ 轴成 30° 角的射线,截取长度 15 mm,即为点 $B$ 的正面投影 $b'$,有四解。

(2) 其余两投影均平行于相应的投影轴,由点的投影特性可以依据 $b'$ 求出 $b$ 和 $b''$。

**2. 投影面垂直线**

与一个投影面垂直,且同时平行于另外两个投影面的直线,称为投影面垂直线。其中,垂直于 $V$ 面的称为正垂线;垂直于 $H$ 面的称为铅垂线;垂直于 $W$ 面的称为侧垂线。

以表 2-2 所示的铅垂线为例,分析如下。

表 2-2 投影面垂直线

| 垂直于 $V$ 面(正垂线) | 垂直于 $H$ 面(铅垂线) | 垂直于 $W$ 面(侧垂线) |
| --- | --- | --- |
| | | |
| | | |

直线 $AB \perp H$ 面,其水平投影 $ab$ 积聚为一点;又因 $AB /\!/ V$ 面,有正面投影 $a'b' = AB$,且 $a'b' /\!/ OZ$ 轴;同理因 $AB /\!/ W$ 面,有 $a''b'' /\!/ OZ$ 轴。

同理,可分析正垂线、侧垂线的投影特性。

由上述分析可知,投影面垂直线的投影特性如下。

(1) 在所垂直的投影面上的投影积聚成一点。

(2) 直线的另外两个投影分别垂直于相应的投影轴且都等于实长。

根据此投影特性可判断直线是否为投影面垂直线,若在投影图中的三个投影中有一个投影积聚成一点,则它一定是该投影面的垂直线。

**3. 一般位置直线**

与三个投影面既不平行也不垂直均处于倾斜位置的直线称为一般位置直线。

如图 2-24 所示,直线 $AB$ 与 $H$、$V$、$W$ 面都处于倾斜位置,直线两端点 $A$、$B$ 的各同面投影连线 $ab$、$a'b'$、$a''b''$ 分别为直线 $AB$ 的水平投影、正面投影和侧面投影。直线与投影面 $H$、$V$、$W$ 的倾角分别为 $\alpha$、$\beta$、$\gamma$。且 $ab = AB\cos\alpha < AB$, $a'b' = AB\cos\beta < AB$, $a''b'' = AB\cos\gamma < AB$。由图可知,直线 $AB$ 的投影与投影轴的夹角,并不等于直线 $AB$ 对投影面的夹角。

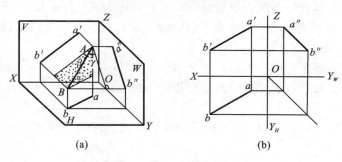

图 2-24 一般位置直线

一般位置直线的投影特性可归纳如下。

(1) 直线的三个投影都倾斜于投影轴,且小于实长。

(2) 直线的三个投影和投影轴的夹角不反映空间直线与对应投影面的真实倾角。

利用上述投影特征,如果直线的三个投影与坐标轴都倾斜,则可判定该直线为一般位置直线。

## 2.4.3 一般位置直线的实长及其对投影面的倾角

一般位置直线的三个投影均不反映实长,也不反映直线对投影面的倾角。但在工程实践中,经常遇到求一般位置直线的实长和倾角问题,常采用的求解方法有直角三角形法、换面法和旋转法。本章介绍前两种方法,第三种方法在后面章节进行介绍。

如图 2-25 所示,$AB$ 为一般位置直线,过点 $A$ 作 $AB_0 /\!/ ab$ 交 $Bb$ 于 $B_0$,此时,$\triangle BAB_0$ 为直角三角形,一直角边 $AB_0 = ab$,另一直角边 $BB_0$ 为 $A$、$B$ 两点的 $Z$ 坐标之差,斜边 $AB$ 就是空间线段 $AB$ 的实长,$\angle BAB_0 = \alpha$(直线 $AB$ 对 $H$ 面的倾角)。由此可见,根据直线 $AB$ 的两面投影,求其实长和倾角时,可归结为求直角 $\triangle BAB_0$ 的实形。作图过程如下。

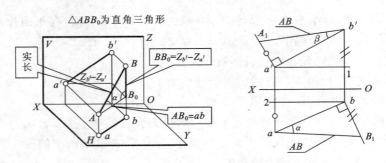

图 2-25　直角三角形法求一般位置直线的实长和倾角

(1) 过点 $b$ 作 $bB_1 \perp ab$，并使 $bB_1 = Z_B - Z_A = \Delta Z_{BA}$。

(2) 连接 $aB_1$，则 $aB_1 = AB$，$\angle baB_1 = \alpha$。

同样，可以利用正面投影、$Y$ 坐标差来求线段实长和倾角 $\beta$。利用侧面投影、$X$ 坐标差来求线段实长和倾角 $\gamma$。由此可知，一般位置直线的投影中可作出三个直角三角形，如图 2-25 所示。

经分析可知：根据投影作图所得直角三角形的斜边为直线的实长，一直角边为 $Z$（或 $X$、$Y$）方向的坐标差，另一直角边为直线水平（或侧面、正面）投影；实长与某投影的夹角即为直线与该投影面的倾角。

需要注意的是，一个直角三角形只能求出直线实长和直线对于一个投影面的倾角，利用直角三角形法，只要知道投影、坐标差、实长和倾角四个要素中的两个要素，就可以求出其他两个未知要素。

**例 2-6**　如图 2-26(a)所示，已知直线 $AB$ 的实长 $L$ 和水平投影 $ab$，试求 $AB$ 的正面投影。

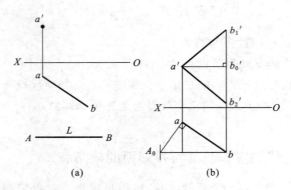

图 2-26　由线段的实长求直线的投影

**解**　如图 2-26(b)所示，依据 $AB$ 的水平投影和实长 $L$，可求出 $A$、$B$ 两点的 $Z$ 坐标差，依据点的投影规律求出 $b'$，即可得到 $AB$ 的正面投影，有两解。

(1) 由点 $a'$ 作 $X$ 轴的平行线，交过点 $b$ 所作的 $X$ 轴的垂线于 $b'_0$。

(2) 过点 $a$ 作 $ab$ 的垂线，并以点 $b$ 为圆心，以 $AB$ 的实长 $L$ 为半径作圆弧，与 $ab$ 的垂线交于 $A_0$，得一直角三角形 $abA_0$，其直角边 $aA_0$ 为 $A$、$B$ 两点的 $Z$ 坐标差 $\Delta Z_{AB}$。

(3) 以 $b'_0$ 为基准量取 $b'_0 b'_1 = \Delta Z_{AB}$，$b'_0 b'_2 = \Delta Z_{AB}$，连接 $a'b'_1$、$a'b'_2$ 即为所求。

## 2.4.4 点与直线、直线与直线的相对位置

**1. 点与直线**

如图 2-27 所示,直线与直线上的点有如下关系。

① 若点 $C$ 在直线 $AB$ 上,则该点的投影 $c$、$c'$、$c''$ 一定分别在直线 $AB$ 的三个同面投影上。

② 若点 $C$ 分线段 $AB$ 成定比,则该点的投影也分割线段的同面投影成相同之比。即 $ac:cb=a'c':c'b'=a''c'':c''b''=AC:CB$。

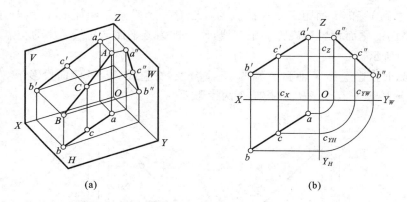

图 2-27 直线上的点

**1) 判断点是否在直线上**

判断点是否在直线上,一般只需察看两个投影面上的投影即可。如图 2-27 所示,可以判断出点 $C$ 在直线 $AB$ 上。但是当直线为投影面平行线时,必须察看与之平行的那个投影面上的投影才能正确判断点是否在直线上,或者用点分线段成比例的方法来判断。

**例 2-7** 如图 2-28 所示,已知侧平线 $AB$ 以及点 $K$ 的 $V$、$H$ 投影,判断点 $K$ 是否在直线 $AB$ 上。

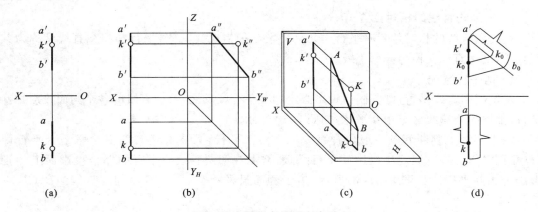

图 2-28 判断点是否在直线上

**解** 作图步骤如下。

(1) 求出侧面投影,如图 2-28(b)所示,由于 $k''$ 不在 $a''b''$ 上,故点 $K$ 不在直线 $AB$ 上;空

间点位置如图 2-28(c)所示。

(2)用点分线段成比例的方法,也可以判断,如图 2-28(d)所示,根据等比的性质,将水平投影的长度截取到正面投影上,构造相似图形,使 $a'k_0 : a'b' = ak : ab$,如果 $k_0$ 与 $k'$ 重合,则点 $K$ 分线段 $AB$ 成比例,点 $K$ 在直线 $AB$ 上,否则点 $K$ 不在 $AB$ 上,由作图知点 $K$ 不在 $AB$ 上。

**2)求直线上点的投影**

**例 2-8**　如图 2-29 所示,已知直线 $AB$ 的三面投影,试在直线上取一点 $K$,使点 $K$ 到 $V$ 和 $H$ 面距离相等。

**解**　由于到 $V$ 和 $H$ 面距离相等的点的集合是一个垂直于侧面的 $V$ 和 $H$ 投影面的角平分面,该平面的侧面投影积聚为一条直线,$K$ 点即为该平面与直线 $AB$ 的交点。作图步骤如图 2-29(b)所示。

(1)在侧面投影上作 $Z$ 轴和 $Y$ 轴的 45°平分线,交直线 $AB$ 的侧面投影于 $k''$。

(2)由点 $K$ 属于直线 $AB$,寻找其余两投影。

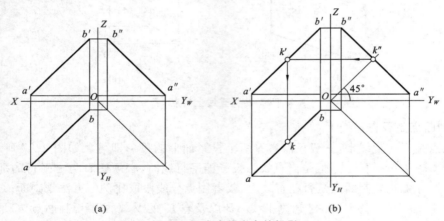

图 2-29　求直线上点的投影

### 2. 直线与直线的相对位置

空间两直线的相对位置有平行、相交、交叉三种情况。其中,平行和相交直线又称为共面直线,交叉直线又称为异面直线。

**1)两平行直线**

若空间两直线平行,则其同面投影必定相互平行。反之,若两直线的各个同面投影相互平行,则空间两直线必定相互平行,如图 2-30 所示。

在投影图上判断两条一般位置直线是否相互平行,只要看任意两面投影是否平行即可(见图 2-31(a));但对于投影面平行线,通常需观察两直线所平行的那个投影面上的投影是否相互平行。如图 2-31(b)所示,由于侧面投影相交,所以可以判定直线 $AB$、$CD$ 不平行。

**2)两相交直线**

若空间两直线相交,则其同面投影必定相交,且交点符合点的投影规律,反之亦然,如图 2-32 所示。

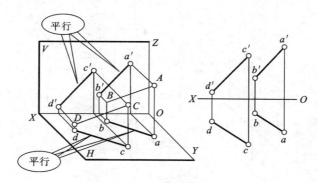

图 2-30 两平行直线

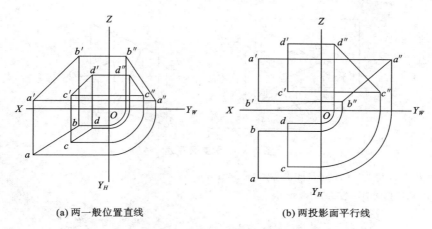

(a) 两一般位置直线　　　　　(b) 两投影面平行线

图 2-31 判断两直线是否平行

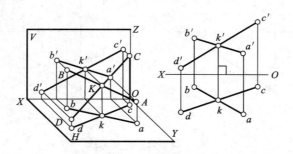

图 2-32 两相交直线

要判断两空间直线是否相交，则要找出两直线各个同面投影的交点是否符合点的投影规律。对于一般位置直线，只需观察任意两面投影即可；当两直线中有一条为投影面平行线时，通常需察看直线所平行的那个投影面上的投影（见图 2-33）。

**3) 两交叉直线**

既不平行也不相交的空间两直线称为交叉直线。两交叉直线的同面投影可能相交，也可能不相交，各同面投影的交点不符合点的投影规律，如图 2-34 所示。

**例 2-9**　如图 2-35(a)所示，已知点 $A$ 和直线 $CD$ 的两面投影，试过点 $A$ 作直线 $AB$ 与

## 42 机械制图

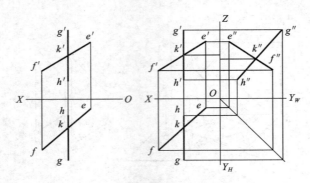

图 2-33 判断两直线是否相交

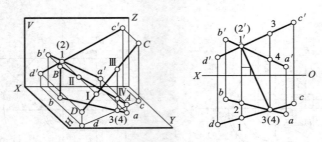

图 2-34 两交叉直线

$CD$ 相交于 $K$ 点,且点 $K$ 到 $H$ 面距离为 12 mm。

**解** 作图步骤如图 2-35(b)所示。

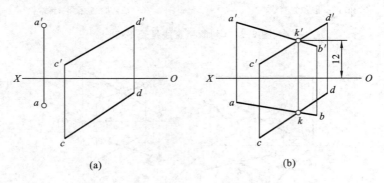

图 2-35 过定点作直线

(1) 在 $V$ 投影面上作与 $X$ 轴平行且间距为 12 mm 的辅助直线交直线 $CD$ 与 $k'$。

(2) 由点 $K$ 属于 $CD$ 求出水平投影后,连接 $AK$ 的同面投影,延长至 $B$ 点,即为所求直线。

### 2.4.5 直角投影定理

两直线垂直是相交、交叉直线中的特殊情况。

**直角投影定理**:空间两直线相互垂直,如果其中一条直线平行于某一投影面,则此两直线在该投影面上的投影必定相互垂直。反之,若空间两直线其中一条是投影面平行线,且两直线在该投影面上的投影相互垂直,则空间两直线必定相互垂直。

如图 2-36 所示,$AB \perp BC$,因为 $BC /\!/ H$ 面,所以在投影图中,水平投影 $ab \perp bc$。

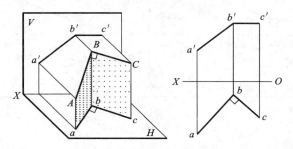

图 2-36　直角投影定理

直角投影定理是在投影图上解决有关垂直问题以及求距离问题的作图依据,适用于空间两直线垂直相交和垂直交叉的情况。

**例 2-10**　如图 2-37 所示,试过点 $A$ 作直线 $AD$ 与直线 $BC$ 垂直相交。

**解**　分析　根据直角投影定理,由 $BC$ 为正平线,因此与 $BC$ 垂直的直线 $AD$ 必在正面投影中反映垂直关系,故作图如下。

(1) 过点 $A$ 的正面投影作 $a'd' \perp b'c'$。

(2) 由 $d'$ 向下作 $X$ 轴的垂线,交 $bc$ 于 $d$,连接 $ad$。

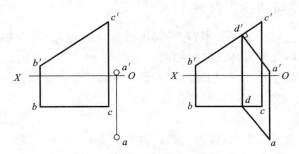

图 2-37　过点作已知直线的垂线

## 2.5　平面的投影

### 2.5.1　平面的投影表示法

不属于同一条直线的三点可以确定一个平面,此三点可以转换为直线及直线外一点、两相交直线、两平行直线,以及任意平面图形等。因此,平面的投影可由上述点、直线或几何图形的投影来表示,如图 2-38 所示。

此外,平面的投影也可以用迹线来表示。所谓迹线是指空间平面与投影面的交线。由于空间平面与三个投影面都可能有交线,因此用表示平面的字母 $P$ 加上表示投影面的字母 $V$、$H$、$W$ 来分别表示正面迹线 $P_V$、水平迹线 $P_H$、侧面迹线 $P_W$,如图 2-39 所示。

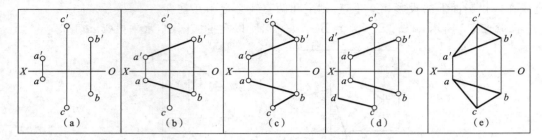

图 2-38 用几何元素表示平面

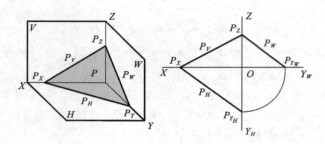

图 2-39 用迹线表示平面

## 2.5.2 各种位置平面的投影特性

根据平面相对于投影面的位置不同,平面可分为三种:一般位置平面、投影面平行面和投影面垂直面。后两种统称为特殊位置平面。平面与 $H$、$V$、$W$ 面的二面角,分别是该平面对于 $H$、$V$、$W$ 投影面的倾角,分别用 $\alpha$、$\beta$、$\gamma$ 表示。平面平行于投影面,对该投影面的倾角为零;平面垂直于投影面,对该投影面的倾角为 90°。

**1. 一般位置平面**

与三个投影面都倾斜的平面,称为一般位置平面,如图 2-40 所示。图中用 △ABC 来表示平面,投影图得到三个三角形的投影,均为封闭线框,与 △ABC 类似,但不反映 △ABC 的实形,面积均比 △ABC 小,这样的图形称为平面图形的类似形。

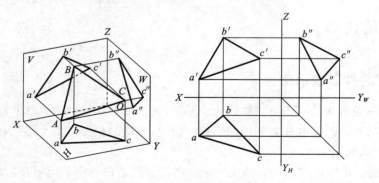

图 2-40 一般位置平面

一般位置平面的投影特性:三个投影面上的投影都具有类似性,都是平面图形的类似形,且投影面积缩小。

**2. 投影面平行面**

平行于一个投影面,垂直于另外两个投影面的平面称为投影面平行面。将平行于 $H$ 面的平面称为水平面,平行于 $V$ 面的平面称为正平面,平行于 $W$ 面的称为侧平面。其投影特性如表 2-3 所示。投影面平行面投影特性小结如下。

(1) 在所平行的投影面上的投影反映实形。

(2) 另外两个投影面上的投影均积聚成直线,且平行于相应的投影轴。

表 2-3　投影面平行面

| 名称 | 立 体 图 | 投 影 图 | 投 影 特 性 |
|---|---|---|---|
| 水平面<br>($//H$) | | | (1) $H$ 投影反映实形;<br>(2) $V$、$W$ 投影分别为平行 $OX$、$OY_W$ 轴的直线段,有积聚性 |
| 正平面<br>($//V$) | | | (1) $V$ 投影反映实形;<br>(2) $H$、$W$ 投影分别为平行 $OX$、$OZ$ 轴的直线段,有积聚性 |
| 侧平面<br>($//W$) | | | (1) $W$ 投影反映实形;<br>(2) $V$、$H$ 投影分别为平行 $OZ$、$OY_H$ 轴的直线段,有积聚性 |

**3. 投影面垂直面**

垂直于一个投影面,倾斜于另外两个投影面的平面称为投影面垂直面。将垂直于 $H$ 面的平面称为铅垂面,垂直于 $V$ 面的平面称为正垂面,垂直于 $W$ 面的平面称为侧垂面。其投影特性如表 2-4 所示。投影面垂直面投影特性小结如下。

(1) 在所垂直的投影面上的投影积聚成与投影轴倾斜的直线,该投影与坐标轴的夹角分别反映平面对另外两个投影面的真实倾角。

(2) 在另外两个投影面上的投影为空间平面图形和类似形,且面积缩小。

表 2-4 投影面垂直面的投影特性

| 名称 | 铅垂面 (⊥H 面,对 V,W 面倾斜) | 正垂面 (⊥V 面,对 H,W 面倾斜) | 侧垂面 (⊥W 面,对 H,V 面倾斜) |
|---|---|---|---|
| 投影图 | 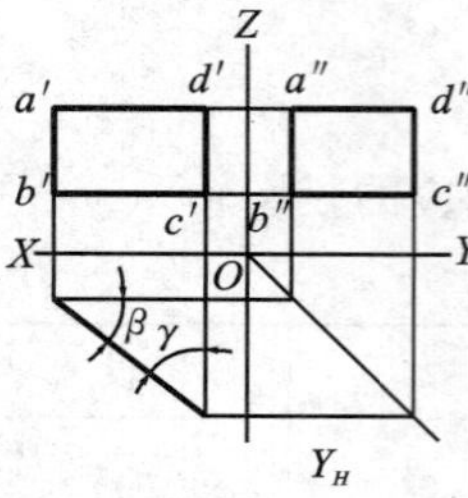 | 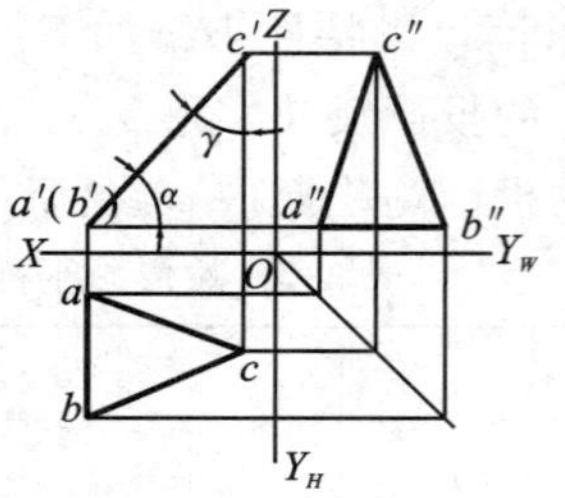 | 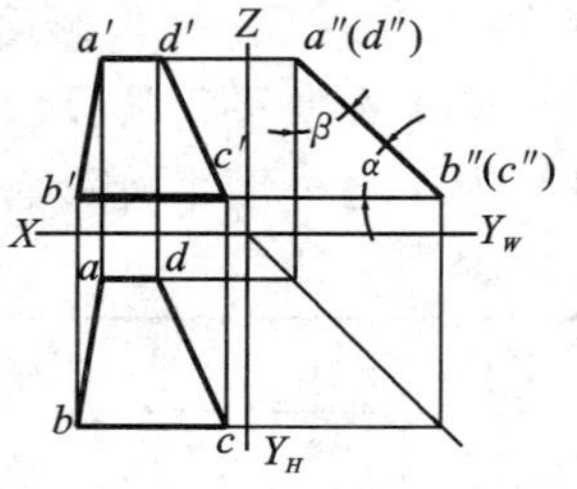 |
| 轴测图 | 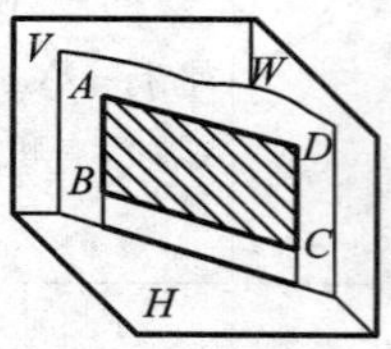 | 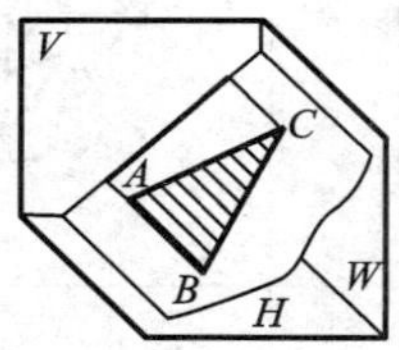 | 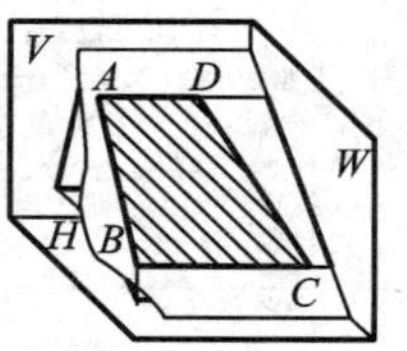 |
| 投影特性 | (1) 水平投影为倾斜于 OX 轴的直线,有积聚性,它与 OX、$OY_H$ 轴的夹角分别为 $\beta,\gamma$; (2) 正面投影和侧面投影均为类似形 | (1) 正面投影为倾斜于 OX 轴的直线,有积聚性,它与 OX、OZ 轴的夹角分别为 $\alpha,\gamma$; (2) 水平投影和侧面投影均为类似形 | (1) 侧面投影为倾斜于 OZ 轴的直线,有积聚性,它与 $OY_W$、OZ 轴的夹角分别为 $\alpha,\beta$; (2) 水平投影和正面投影均为类似形 |
| 小结: | (1) 在所垂直的投影面上的投影为倾斜于相应投影轴的直线,有积聚性,它与相应投影轴的夹角,即为平面对相应投影面的倾角。 (2) 平面多边形的其余投影均为类似形 | | |

## 2.5.3 平面上的点和直线

点和直线在平面内的几何条件如下。

(1) 如果点在平面内的一条直线上,则该点属于这个平面。如图 2-41 所示,AD 是平面 ABC 内一条直线,点 K 在直线 AD 上,则点 K 必在平面 ABC 内。

(2) 如果直线通过平面内的已知两点,则该直线属于这个平面。如图 2-41 所示,点 A、D 是平面 ABC 内的点,则过 A、D 所作的直线 AD 必在平面 ABC 内。

(3) 如果直线过平面内一点,且与平面内另一已知直线平行,则该直线属于这个平面。

**例 2-11** 如图 2-42 所示,已知平面 ABC 的投影和点 D 的投影,判断点 D 是否属于平面 ABC。

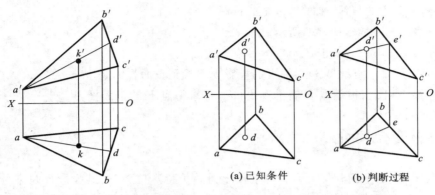

图 2-41 平面上的点和直线　　　　图 2-42 判断点是否属于平面

**解　分析**　根据点在平面内一条直线上的条件,判断点 $D$ 是否属于平面内的一条直线,借以判断点是否属于平面。

作图步骤如下。

(1) 连接 $ad$ 和 $a'd'$ 并延长交 $BC$ 的两面投影于 $e$ 和 $e'$。

(2) 根据点的投影规律,$e$ 与 $e'$ 的投影连线垂直于 $OX$ 轴,点 $E$ 属于直线 $BC$,直线 $AE$ 属于平面 $ABC$,点 $D$ 属于直线 $AE$,因此点 $D$ 在平面 $ABC$ 内。

**例 2-12**　如图 2-43 所示,点 $E$ 在平面 $ABC$ 内,已知点 $E$ 的水平投影,求作其正面投影。

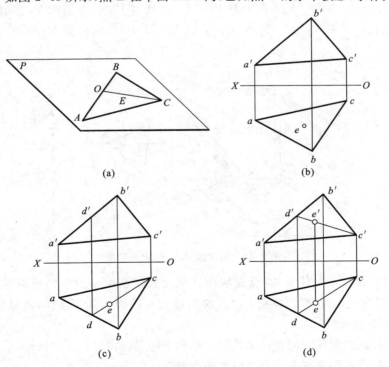

图 2-43 补全平面内点的投影

**解 分析** 已知点 $E$ 在平面 $ABC$ 内，则点 $E$ 必属于平面内的一条直线上。通过构造包含 $E$ 点的平面内的直线，来求得未知的投影。

作图步骤如图 2-43(c)、(d)所示。

(1) 连接 $ce$ 延长交 $ab$ 于 $d$。

(2) 由 $D$ 点属于直线 $AB$，根据点的投影规律找到正面投影 $d'$。

(3) 连接 $c'$ 和 $d'$，根据点 $E$ 属于直线 $CD$，可求得点 $E$ 的正面投影 $e'$。

## 2.6 投影变换简介

由前述可知，当空间几何元素相对于投影面处于特殊位置时，其投影反映某种特性，如实长、实形和大小等，可方便地解决某些度量和定位问题。投影变换通常是指研究如何改变空间几何元素相对于投影面的位置的方法。常用的投影变换方法有换面法和旋转法，此处介绍换面法。

### 2.6.1 换面法的基本概念

换面法是保持空间几何元素位置不动，用新的投影面代替原来的投影面，使空间几何元素在新投影面中处于有利于解题位置的方法。

如图 2-44 所示，铅垂面 $\triangle ABC$ 在 $V$ 和 $H$ 面的投影都不反映实形。为了求出 $\triangle ABC$ 的实形，取一平行于 $\triangle ABC$ 且垂直于 $H$ 面的 $V_1$ 面代替 $V$ 面，则新的 $V_1$ 面和原 $H$ 面构成一个新的两面投影体系 $V_1/H$。此时 $\triangle ABC$ 在 $V_1/H$ 中 $V_1$ 面的投影 $\triangle a_1'b_1'c_1'$ 就反映三角形的实形。

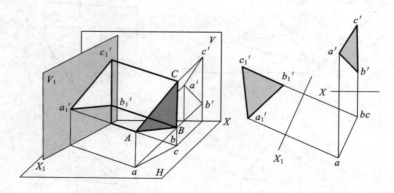

图 2-44 铅垂面 $ABC$ 的投影变换

新投影面的设置不是任意的，首先应使几何元素在新投影面上的投影有利于解题，同时，根据正投影原理，新投影面体系 $V_1/H$ 必须是直角投影体系。这样，新投影面的选择应遵循以下两个设立原则。

(1) 新投影面必须使空间几何元素处于有利于解题的位置。

(2) 新投影面必须垂直于一个被保留的投影面。

## 2.6.2 点的投影变换规律

点是构成几何体最基本的元素,掌握点的换面规律,是进行其他几何元素换面的基础。

**1. 点的一次换面**

如图 2-45 所示,点 $A$ 在 $V/H$ 体系中的投影分别为 $a'$ 和 $a$。若使 $H$ 面不变,用新投影面 $V_1$ 替换原投影面 $V$,并使 $V_1 \perp H$,则 $V_1/H$ 组成新投影面体系,$V_1$ 和 $H$ 面的交线 $X_1$ 轴称为新投影轴。将空间点 $A$ 向新投影面 $V_1$ 投射,得到点 $A$ 在 $V_1$ 面的正投影 $a_1'$。这样,新的投影体系 $V_1/H$ 就可代替原有的投影体系 $V/H$,点 $A$ 在新投影体系和原投影体系中的投影分别为 $(a_1', a)$ 和 $(a', a)$。其中 $a_1'$ 为新投影,$a'$ 为被替换投影,$a$ 为保留投影。在正投影图中,将 $V_1$ 面绕 $X_1$ 轴旋转与 $H$ 面重合,得到新的两面投影图,其中,$aa_1'$ 必定垂直于 $X_1$ 轴。又由于新旧两投影体系具有公共的水平投影面 $H$,因此空间点 $A$ 在这两个体系中到 $H$ 面的距离没有变化。

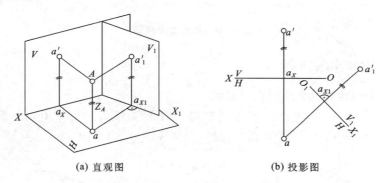

(a) 直观图  (b) 投影图

**图 2-45 点的一次换面**

根据分析,得出点的投影变换规律如下。

(1) 点的新投影和保留投影的连线垂直于新投影轴,即 $aa_1' \perp X_1$。

(2) 点的新投影到新投影轴的距离,等于被替换投影到旧投影轴的距离,即 $a_1'a_{X_1} = a'a_X$。

根据上述投影变换规律,只要定出新投影轴 $X_1$ 的位置,由 $V/H$ 体系中的投影 $(a', a)$ 便可求出 $V_1/H$ 体系中的投影 $(a_1', a)$。

作图步骤如下。

(1) 根据新投影面必须有利于解题的原则,确定新投影轴 $X_1$ 的方向。

(2) 过点 $A$ 的保留投影 $a$ 作新投影轴的垂线 $aa_1' \perp X_1$。

(3) 在垂线过轴 $X_1$ 之后截取 $a_1'a_{X_1} = a'a_X$,则 $a_1'$ 为所求的新投影。

**2. 点的二次换面**

在运用换面法解题时,有时变换一次投影面不能满足解题需要,从而需要变换两次或多次投影面才能达到解题目的。如图 2-46 所示的为顺次变换两次投影面求点的新投影的方法,其原理与变换一次投影面的相同。

必须注意:在更换多次投影面时,新投影面的选择除了必须符合前述的设面规则外,还必须是在一个投影面更换完以后,在新的投影面体系中更换另一个投影面,即两次换面不能更换同一个投影面。如图 2-46 所示,先更换 $V$ 面为 $V_1$ 面,构成新体系 $V_1/H$,再更换 $H$ 面为 $H_2$ 面,构成新体系 $V_1/H_2$。

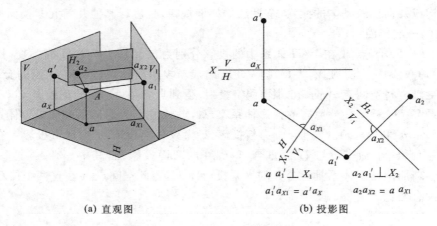

(a) 直观图　　　　　　　　(b) 投影图

图 2-46　点的二次换面

### 2.6.3　四个基本作图问题

**1. 一般位置直线变换为投影面平行线**

如图 2-47 所示,为了求出 $AB$ 的实长和对于 $H$ 面的倾角 $\alpha$,可以用一个既垂直于 $H$ 面又平行于直线 $AB$ 的 $V_1$ 面代替 $V$ 面,通过一次变换即可达到目的。

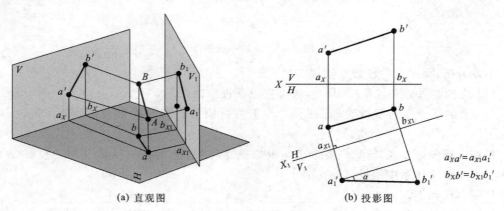

(a) 直观图　　　　　　　　(b) 投影图

图 2-47　求直线的实长和倾角

作图步骤如下。

(1) 作新投影轴 $X_1 // ab$。

(2) 作出两点 $A$、$B$ 在 $V_1$ 面的新投影 $a_1'$ 和 $b_1'$。

(3) 连接 $a_1'$ 和 $b_1'$,其连线 $a_1'b_1'$ 即为直线 $AB$ 的实长,$a_1'b_1'$ 与 $X_1$ 轴的夹角即为直线 $AB$ 对 $H$ 面的倾角 $\alpha$。

如果求直线 $AB$ 对于 $V$ 面的倾角 $\beta$,则需要变换 $H$ 面,可设 $H_1$ 面 $//AB$,构成 $V/H_1$ 新投影体系,可求出直线 $AB$ 在 $H_1$ 面内的新投影(直线实长)以及直线对于 $V$ 面的倾角 $\beta$。

**2. 投影面平行线变换为投影面垂直线**

投影面平行线一次可变换为投影面垂直线,直线投影积聚为一点,可以解决与直线有关的度量问题(如求两直线的间距)和定位问题(如求线面交点等)。

选择变换哪一个投影面,要根据给出的直线位置确定。若给出正平线,则应变换 $H$ 面,使正平线在新投影体系中成为铅垂线;若给出的是水平线,则应变换 $V$ 面,使水平线在新投影体系中成为正垂线。

如图 2-48 所示,将正平线 $AB$ 变换为投影面垂直线,需要变换 $H$ 面为 $H_1$ 面,才能使新投影面 $H_1$ 既垂直于直线 $AB$,又垂直于 $V$ 面。

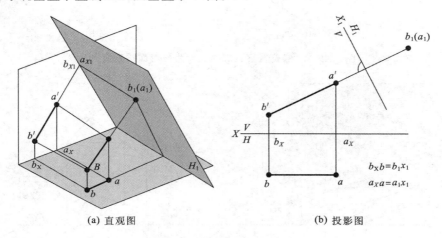

(a) 直观图    (b) 投影图

图 2-48 正平线变换为铅垂线

作图步骤如下。

(1) 作新投影轴 $X_1 \perp a'b'$。

(2) 按点的换面规律,作出 $AB$ 新投影 $a_1b_1$($a_1$ 与 $b_1$ 重合)。

若要把一般位置直线变换为投影面垂直线,只经过一次换面是无法实现的。因为垂直于一般位置直线的平面也是一般位置平面,它与原有投影体系中任一投影面都不垂直,因此不能构成正投影体系。这需要经过两次换面,第一次将一般位置直线变换为投影面平行线,第二次变换为投影面垂直线,如图 2-49 所示。

**3. 一般位置平面变换为投影面垂直面**

通过一次换面,可以将一般位置平面变换为投影面垂直面,新投影面应该与平面上平行于被保留投影面的直线垂直。

如图 2-50 所示,将一般位置平面△$ABC$ 变换为投影面垂直面。需在平面△$ABC$ 上任取一条投影面平行线,例如 $CK$,将新投影面 $V_1$ 放在同时与投影面平行线 $CK$ 和投影面 $H$ 面垂直的位置,就可以将直线 $CK$ 一次变换为投影面垂直线,从而包含直线 $CK$ 的平面△$ABC$ 就变成了投影面垂直面。

作图步骤如下。

(1) 作平面内的水平线 $CK$,其两面投影分别为 $ck$ 和 $c'k'$。

(2) 作新轴 $X_1 \perp ck$。

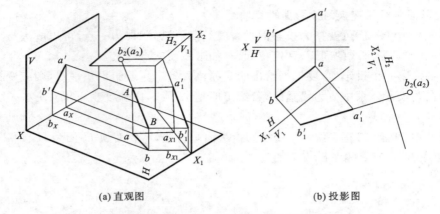

(a) 直观图　　　　　　　　　　　　(b) 投影图

图 2-49　一般位置直线二次变换为投影面垂直线

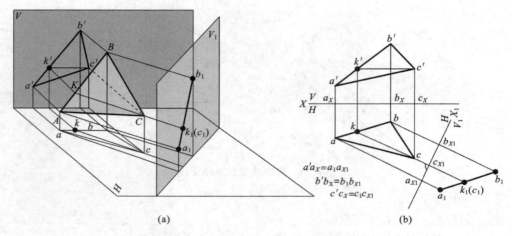

(a)　　　　　　　　　　　　(b)

图 2-50　将一般位置平面变换为投影面垂直面

(3) $\triangle ABC$ 在 $V_1$ 面上的投影积聚为一条直线,其积聚性投影与 $X_1$ 轴的夹角即为平面 $\triangle ABC$ 对 $H$ 面的倾角 $\alpha$。

如需求平面 $\triangle ABC$ 对 $V$ 面的倾角 $\beta$,应在平面内取正平线,新投影面 $H_1$ 垂直于这条正平线的正面投影,将 $\triangle ABC$ 变换成新投影体系 $V/H_1$ 中的铅垂面,其积聚性投影与 $X_1$ 轴之间的夹角即为 $\triangle ABC$ 对 $V$ 面的倾角 $\beta$。

**4. 投影面垂直面变换为投影面平行面**

通过一次换面,可以将投影面垂直面变换成投影面平行面。在投影图中,新投影轴应平行于这个平面在原投影体系中的积聚性投影。

如图 2-51 所示,$\triangle ABC$ 为铅垂面,新设 $V_1$ 面与 $\triangle ABC$ 平行,在投影图上 $\triangle ABC$ 的积聚性投影与新投影轴 $X_1$ 平行,在新投影体系 $V_1/H$ 中就可以反映 $\triangle ABC$ 的实形。

作图步骤如下。

(1) 作 $X_1 // abc$。

(2) 求出新投影 $a'_1$、$b'_1$、$c'_1$。

(3) 连成三角形 $\triangle a'_1 b'_1 c'_1$,即为 $\triangle ABC$ 的实形。

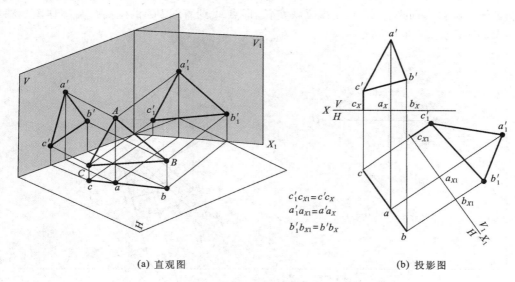

(a) 直观图  (b) 投影图

**图 2-51　将投影面垂直面变换为投影面平行面**

若要把一般位置平面变换为投影面平行面，则只经过一次换面是无法实现的。因为平行于一般位置平面的平面也是一般位置平面，它与原有投影体系中任一投影面都不垂直，因此不能构成正投影体系。这需要经过两次换面，第一次将一般位置平面变换为投影面垂直面，第二次变换为投影面平行面，如图 2-52 所示。需要强调的是，第二次换面只能在第一次变换的基础上进行，第二次换面时被保留的投影面，必定是第一次换面中新设立的投影面。

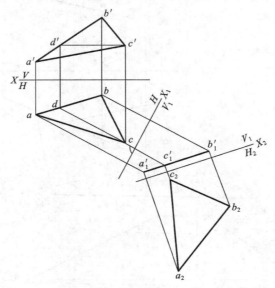

**图 2-52　一般位置平面两次变换为投影面平行面**

**例 2-13**　如图 2-53(a)所示，求点 $A$ 到直线 $BC$ 的距离。

**解**　**分析**　点到直线的距离，即过点向直线作垂线，垂线段的长度即为点到直线的距离。根据题意，将直线 $BC$ 两次变换为投影面垂直线，则过点 $A$ 向直线 $BC$ 所作的垂线即为新投影体系的投影面平行线,其投影反映实长,即点 A 到直线 BC 的距离。具体作图步骤如图 2-53(b)所示。

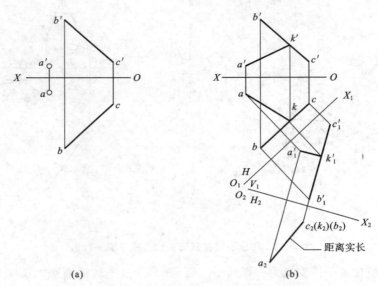

图 2-53 求点到直线的距离

**例 2-14** 如图 2-54 所示,求两交叉直线 AB、CD 之间的最短距离。

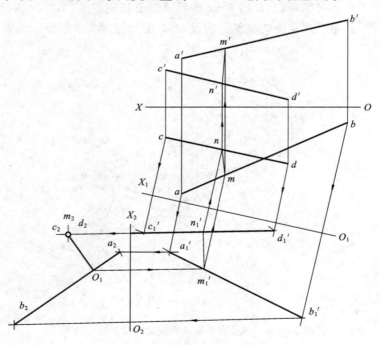

图 2-54 求两交叉直线间的最短距离

**解 分析** 两交叉直线间的最短距离,即其公垂线段的长度,欲求其公垂线段的实长,应使其为投影面平行线。有两种方法可以完成:一种方法是将直线 AB 或者 CD 变换为投影面垂直线,则公垂线变为投影面平行线,其投影反映实长,如图2-54所示。

另一种方法是包含一条直线作另一直线的平行平面,将该平面变换成投影面垂直面,则公垂线变为投影面平行线,其投影反映实长。

作图步骤如下。

(1) 将直线 $CD$ 经两次投影变换,变成新投影体系中的投影面垂直线 $c_2d_2$($c_2$ 与 $d_2$ 重合),直线 $AB$ 随着两次变换得到新投影 $a_2b_2$。

(2) 求公垂线段 $MN$,由于直线 $CD$ 的投影积聚为一点,故公垂线上的一点 $M$ 投影 $m_2$ 也落在直线的积聚性上,过该点作 $a_2b_2$ 的垂线,垂足为 $n_2$,则 $m_2n_2$ 反映直线 $AB$、$CD$ 之间距离的实长。

(3) 求公垂线 $MN$ 的原投影 $mn$、$m'n'$。

**例 2-15**  如图 2-55 所示,求两平面△$ABC$ 和△$ABD$ 所成二面角的大小。

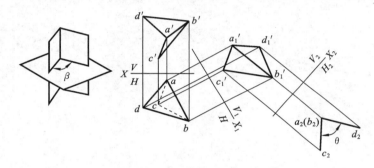

**图 2-55  求两平面的二面角**

**解  分析**  两平面△$ABC$ 和△$ABD$ 有共同的边 $AB$,如果将共有边 $AB$ 变换为投影面垂直线,则两平面均变换为投影面垂直面,其积聚性投影的夹角即为两平面的二面角真实大小。作图步骤如图 2-55 所示。

## 本章小结

本章主要介绍投影法的基本原理,平行投影的基本性质,点、直线、平面的投影,直线与平面的相对位置及其投影,投影变换的方法等。

平行投影法的基本性质是绘制正投影图的基础,因此要重点掌握。

点、直线、平面的投影特性及相关的求解作图方法是本章的核心。应重点掌握点的投影规律、点的投影与坐标之间的关系、两点的相对位置及重影点;熟练掌握各种位置直线的投影特性、直线的相对位置关系,会求解线段的实长和倾角、直线上的点和直角投影问题;熟练掌握各种位置平面的投影特性,能求解点、直线和平面的共面问题。

掌握通过投影面的正投影变换,来解决空间几何元素的定位问题和度量问题的方法。

## 思考题

1. 什么是正投影?正投影有哪些基本性质?

2. 点的投影规律是什么？
3. 投影面平行线和投影面垂直线的投影特性有何异同？
4. 相交两直线和交叉两直线的投影不同在哪里？
5. 投影面垂直面和投影面平行面的投影特性有何异同？
6. 求解点、直线、平面的共面问题的基本思路是什么？
7. 换面法中，点的换面必须遵守哪些规律？
8. 在两次或者多次换面时，为什么 $V$、$H$ 面必须要交替进行变换？
9. 将一般位置平面变换成投影面垂直面时，为什么要任意做一条平面内的投影面平行线？

# 第3章 立体的投影

在生活中常见到各式各样的立体,不管其结构和形状多么复杂,一般都可以看做由一些基本的立体按一定方式组合而成。因此说,组成立体的最基本单元体就是基本的立体,简称基本立体或基本体。基本体又分为平面立体和曲面立体等两种。外表面都是平面多边形围成的立体称为平面立体,常见的平面立体,分为棱柱和棱锥等两类。外表面均为曲面或平面与曲面围成的立体称为曲面立体,常见的曲面立体有圆柱、圆锥、圆球、圆环等。本章主要介绍平面立体和曲面立体的投影、平面与立体相交的截交线的投影、立体与立体相交的相贯线投影及画法。

## 3.1 平面立体投影

### 3.1.1 基本概念与原则

不管是由实物模型还是由立体图画立体的三面投影图(简称投影图或投影),应该掌握以下几点。

**1. 投影图与三视图的区别**

由立体画出其三面投影,得到的图形可以称投影图,也可以称为三视图。若重点研究立体投影上的点、线、面关系,则应该称为投影图更准确。若只是需要表达立体的形状,不需标注立体投影上的点、线、面位置,则其投影应称为三视图。本章主要研究立体投影及其表面的点、线、面关系,立体的投影根据需要有时称为三面投影图,有时也称为三视图,读者要注意区分概念上的差异。

**2. 画投影图时的三项优先原则**

(1)优先将立体在三投影面体系中"放正",使立体表面较多的面处于特殊位置即较多表面与投影面平行或垂直。

(2)选择立体的正面投影方向时,优先选择能反映立体的主要特征形状的方向,另外两个投影也应尽可能减少虚线产生。

(3)画三面投影时,应优先画积聚性几何元素最多的那个投影;画一个投影时也要优先画那些有积聚性的几何元素。

**3. 投影线的处理方法**

由于立体本身具有长、宽、高三维空间,立体与投影面距离变化在投影图中对立体投影形状无影响。因此,从本节开始,只要是画立体三面投影图或三视图,都不再画投影轴和投影线了。三个投影之间的关系按"长对正、高平齐、宽相等"处理,即正面投影与水平投影长对正,正面投影与侧投影高平齐,水平投影与侧投影宽相等。

#### 4. 平面立体表面交线的画法规定

绘制平面立体的投影,可以归纳为绘制它的所有多边形表面的投影,也就是绘制这些多边形边的投影。由于每个多边形的边都是两个平面的交线,正确画出这些交线是完成平面立体投影作图的关键。因此规定:对于可见的交线,其投影以粗实线表示,不可见的交线,则以虚线表示;在投影图中,当多种图线发生重叠时,应以粗实线、虚线、点画线等顺序优先绘制。

### 3.1.2 棱柱的投影

棱柱是最常见的平面立体,它是按棱线的数量取名定义的,如三棱柱、四棱柱等。棱柱形状特点有:外表面由顶面、底面和几个侧棱面围成,棱面与棱面的交线称为棱线,棱线之间相互平行。图 3-1 所示为一个正五棱柱的立体图和投影图。我们需要解决的问题是:正五棱柱的投影图怎么画?如何在五棱柱表面取点?下面分别进行讨论。

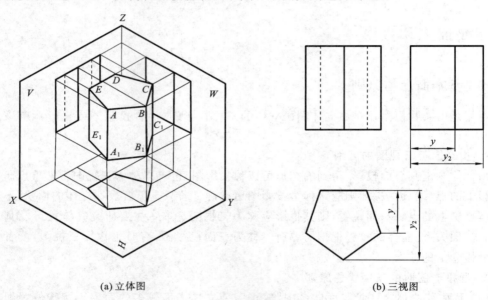

(a) 立体图　　　　　　　　　　　(b) 三视图

图 3-1　正五棱柱的投影

#### 1. 五棱柱的三视图画法

根据画立体投影图原则,将五棱柱"放正"在三面投影体系中,正面投影尽可能反映五棱柱特征。如图 3-1(a)所示,五棱柱的上、下两个底面应平行于 $H$ 面,后侧面平行于 $V$ 面,这样,其余四个侧面均为铅垂面。上下底面的五条边分别是四条水平线和一条侧垂线,五条棱线均是铅垂线。

作图步骤如下。

(1) 如图 3-1(b)所示,从有积聚性线段最多的投影图入手,先画上顶面与下底面的水平投影,即在水平面上为反映实形的正五边形,也是其棱面的积聚线;然后画出该面在正面和侧面的投影,即上、下两条平行线,反映五棱柱的高度。

(2) 分析五条棱线位置,根据水平投影积聚点,按投影规则完成五棱柱的正面和侧面棱线的投影。

(3) 判断分析棱面和棱线的可见性。

(4) 擦去多余作图线,可见棱线加深为粗实线,不可见棱线画为虚线。

**【注意】**

水平投影和侧面投影之间必须符合宽度相等和前后对应的关系。如图 3-1(b)所示,左右棱线与后棱面之间的宽度 $y$,前棱线与后棱面之间的宽度 $y_2$,水平投影和侧面投影必须一致,且前棱线和左右线应该在后棱面之前。作图时可直接用分规量取,也可添加 45°平分线。

**2. 五棱柱表面上取点**

已知正五棱柱的三面投影和表面上的点 $A$ 的水平投影点 $a$,以及点 $B$、$C$ 的正面投影点 $b'$、$c'$,求作它们的另外两个投影,如图 3-2(a)所示。

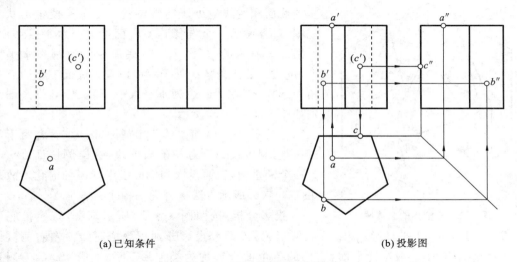

(a) 已知条件　　　　　　　　　　　(b) 投影图

图 3-2　正五棱柱表面上取点

分析:由于棱柱的表面均为平面,故棱柱表面上取点和平面上取点的方法相同,注意,点必须在立体的表面上。

分析点在哪个面上:判断点所在平面的投影特性,确定该面是投影面垂直面、投影面平行面或一般位置平面,思考可否利用具有特殊性质的投影。

点是否可见:若点所在的平面的投影可见,点的投影也可见;若平面的投影积聚成直线,点的投影也可见。

作图步骤如下。

根据投影规律完成点的三面投影。

(1) 点 $A$ 的水平投影 $a$ 可见,故点 $A$ 在五棱柱的顶底面,该面是一个水平面,水平投影反映实形,正面投影和侧面投影积聚成直线,根据投影规则 $a'$ 和 $a''$ 均可见。

(2) 点 $B$ 的正面投影可见,故点 $B$ 在立体的左前侧面上,该面为铅垂面,水平投影积聚成一条直线,另外两个投影具有类似性,由 $b'$ 作投影连线,直接求得 $b$,再根据 45°平分线求得 $b''$,$b''$ 也是可见的。

（3）点 $C$ 的正面投影不可见，故点 $C$ 在后侧面上，该面为正平面，正面投影反映实形，水平投影和侧面投影积聚成一条直线，由 $c'$ 作投影连线求得 $c$，再利用 45°角平分线求得 $c''$。

## 3.1.3 棱锥的投影

棱锥是另一种常见的平面立体。它的表面由一个底面和几个侧棱面组成。所有侧棱线交于一点，即锥顶。与棱柱取名相同，棱锥也是按侧棱线的数量取名的，常见的棱锥有三棱锥、四棱锥、五棱锥等。

下面，我们以三棱锥为例，讨论其投影图的画法。

**1. 三棱锥的三视图画法**

图 3-3 所示的是三棱锥的立体图，求作它的三面投影图。

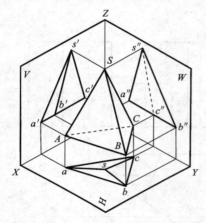

空间分析：根据立体在投影体系中"放正"原理，较多的棱面和棱线应处于特殊位置。由于三棱锥形状不规则，最方便的一个选择是使底面平行于水平投影面，如图 3-3 所示的位置。显然，底面三条边都在水平面上，过锥顶的三条棱线处于一般位置。底面三条边还有两种选择，即使 $AC$ 边为水平线或侧垂线，其投影图分别如图 3-4(a)、(b)所示。

比较图 3-4(a) 和图 3-4(b) 所示图形，后者由于经过调整，其棱线 $AC$ 为一条侧垂线，这样侧棱面 △$SAC$ 为一个侧垂面，正面投影和侧面投影均得到简化。故采用图 3-4(b) 所示方法更合理一些。

图 3-3 三棱锥的立体图

投影分析：按照图 3-4(b) 所示画法，三棱锥底面 △$ABC$ 是水平面，水平投影 △$abc$ 反映实形，另外两个投影分别积聚成直线。左右侧棱面 △$SAB$、△$SBC$ 是一般位置平面，它们的各个面投影均为类似形。后棱面 △$SAC$ 为侧垂面，其侧面投影 $s''a''c''$ 积聚为一直线，另外两个投影具有类似性。因此，可归纳出三棱锥作

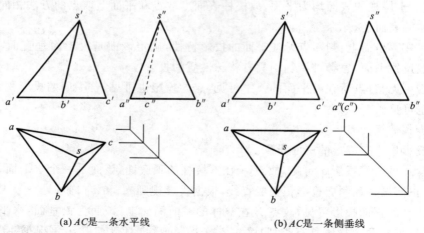

(a) $AC$ 是一条水平线　　　　　　　　　　(b) $AC$ 是一条侧垂线

图 3-4 三棱锥的三视图

图步骤。

作图步骤如下。

(1) 根据分析从底面△ABC的投影入手,先画反映实形的水平投影,再画其另外两个投影。

(2) 确定锥顶S的各个投影,连接锥顶和ABC三个顶点,即得各条棱线的投影,也就得到了三棱锥的三面投影。

(3) 擦去所作投影线,加粗可见实线,不可见线画虚线。

**2. 棱锥表面上的点**

如图3-5(a)所示,已知三棱锥表面上点K、N两点的正面投影$k'$、$n'$,求作它们的另外两个投影。

空间分析:三棱锥各棱面也是多边形平面,宜借助辅助直线,采用面上取点的方法求解。

作图步骤如图3-5(b)所示。

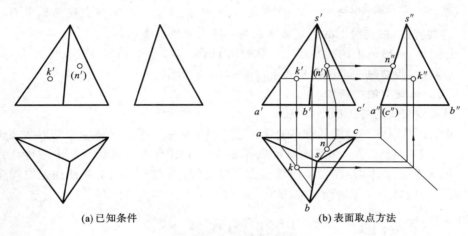

(a) 已知条件　　　　　　　　(b) 表面取点方法

图 3-5　三棱锥面上取点

(1) 标记三棱锥各顶点投影符号。K在左侧棱面△SBC上,该平面为一般位置平面,采用面上取点的方法,在三棱锥的正面投影上过$k'$作平行于$a'b'$的辅助直线,确定点K的水平投影$k$,再根据三等规则完成$k''$。判别点K可见性,标出该点投影符号。

(2) 点N在后棱面△SAC上,该面为侧垂面,侧面投影落在直线$s''c''$上,水平投影通过锥顶的辅助线确定。判别点N可见性,标出该点投影符号。

【注意】

K、N两点均采用面上取点的方法,即先面上取线,再线上定点,但它们选取的辅助线不同,由于采用平行底面的辅助线比一般倾斜辅助线更整齐、精度更高,应尽可能采用。

## 3.2　平面与平面立体相交

### 3.2.1　截交线的概念

如图3-6所示,平面与立体表面相交所产生的交线称为截交线。该平面称为截平面,由

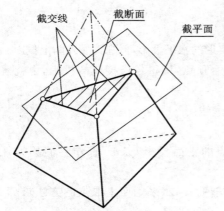

图 3-6 截交线的概念

截交线所围成的平面图形称为截断面,平面与平面立体相交时,其截交线为封闭的平面折线——多边形,多边形的各边是截平面与立体表面的交线,多边形的顶点是截平面与立体棱线的交点。本节讨论的主要问题就是截交线的分析和作图。

### 3.2.2 截交线的性质和特点

截交线是一个由直线组成的封闭的平面多边形,其形状取决于平面体的形状及截平面对平面体的截切位置。

**1. 截交线的性质**

(1) 共有性:平面立体的截交线是截平面与平面立体表面的共有线,截交线上的点是截平面与立体表面的共有点。

(2) 封闭性:平面体上的截交线一定是封闭的平面多边形,如图 3-7(a)所示。

(3) 平面性:截交线一定在截平面上,如图 3-7(b)所示。

**2. 平面立体截交线的特点**

(1) 组成截交线的各边都是直线。

(2) 截交线的形状与位置具有多变性。它的形状取决于平面立体本身的形状及截平面在平面立体上的截切位置。如图 3-7(b)所示截交线形状有四条边和五条边两种。当相邻两截平面同时截切立体,并在立体内部相交产生交线,所形成的截交线往往是空间多边形(即至少有一个边贯穿立体表面),如图 3-7(c)所示。

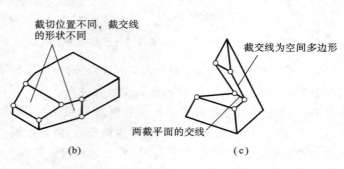

(a)　　　　　　　　(b)　　　　　　　　(c)

图 3-7 截交线的性质和特点

### 3.2.3 求截交线方法

求截交线的实质是求两平面的交线,只要按条件求解出每个顶点、边线的投影,就能连线画出截交线的投影。可采用两种方法求平面立体的截交线。

(1) 棱线法(线上取点法):先求各棱线与截平面的交点,判别可见性后依次连线。

(2) 棱面法(面上取线法):先求各棱面与截平面的交线,判别可见性后即完成。

【注意】

真正能够帮助你快速画出截交线形状的,是能够根据平面立体本身的投影形状及截平面在平面立体上的截切位置,提前判断出截交线大致形状,即有几条边和几个点,在哪些面上。这样才能运用棱线法和棱面法进行作图。这些能力称为空间想象能力,读者需要不断加强这方面练习才能提高画图速度。

### 3.2.4 求截交线的步骤

（1）空间及投影分析:先分析截平面与立体的相对位置,确定截交线的形状,如多边形的边数,再分析截平面与投影面的相对位置,确定截交线的投影特性,分析有无特殊性,如:实形性、积聚性、类似性等。

（2）根据分析找出截交线的已知投影,然后利用共有性和三等规则完成截交线的其余投影。

### 3.2.5 立体被单个平面截切举例

**例 3-1** 如图 3-8 所示,四棱锥被正垂面截切,完成俯视图,并求作其左视图。

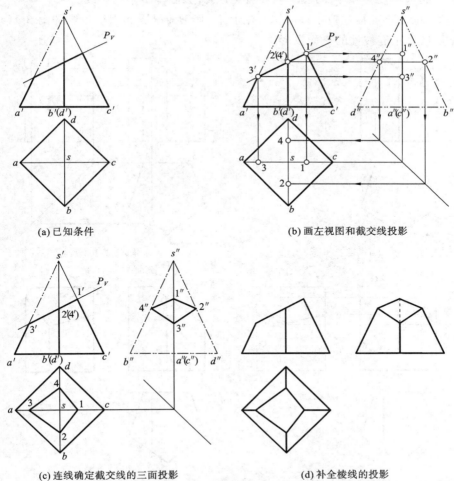

(a) 已知条件　　(b) 画左视图和截交线投影

(c) 连线确定截交线的三面投影　　(d) 补全棱线的投影

图 3-8　求正垂面与四棱锥的截交线

**解** 投影分析:截平面与几条棱线相交,有几个交点,截交线的形状是什么。

如图 3-8 所示,正垂面截切正四棱锥,与四条棱线都相交,产生 4 个交点,交线的形状为四边形。先进行投影分析,由于截平面是正垂面,所以截交线的正面投影积聚在一条直线上,另外两个投影分别具有类似性,应为形状类似的四边形。

作图步骤如下。

(1) 为避免遗漏立体棱线的投影,应先作出完整四棱锥的左视图。

(2) 由于四棱锥被切掉锥顶,四条棱线都与截平面相交,产生四个交点,故采用棱线法最合适。在正面投影上定出四个交点的正面投影 $1'$、$2'$、$3'$、$4'$,其对应的侧面投影 $1''$、$2''$、$3''$、$4''$可直接通过画投影连线得到,其水平投影 1、3 也可直接通过画投影连线得到,点 2、4 可通过与 $2''$、$4''$ 投影关系作出。

(3) 检查,加深。先检查截交线的三面投影,正面投影具有积聚性,是一条直线,水平投影和侧面投影具有类似性,分别是两个四边形,符合前面分析。再检查棱线的投影,分别完成四条棱线的水平投影和侧面投影,判断可见性,并去除掉多余的图线。

**例 3-2** 已知正五棱柱被正垂面切去左上角,其正面投影和水平投影如图 3-9(a) 所示,补画出截切后的正五棱柱的三面投影。

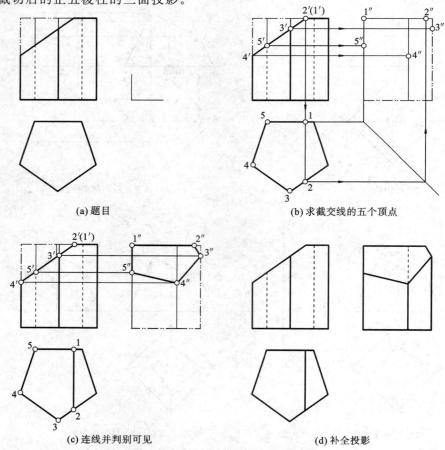

(a) 题目　　　　　　　　　　(b) 求截交线的五个顶点

(c) 连线并判别可见　　　　　(d) 补全投影

图 3-9　求正垂面与五棱柱的截交线

**解** 投影分析：正五棱柱被正垂面截切后，在立体上产生了新的平面。截平面与正五棱柱的前面两个侧面、左后侧面、后侧面和顶面相交，产生了五条交线，故截交线是一个五边形。因为截交线的各边是截平面和五棱柱表面的交线，它们的正面投影都重合在截平面具有积聚性的正面投影上，为一条直线，截交线的另外两个投影则具有类似性。由于截平面和立体的棱线、棱面均相交，故棱线法和棱面法要结合使用。

作图步骤如下：

（1）由于正面投影为一条已知直线，故可在其正面投影上顺序标出截交线五个顶点的正面投影 1′、2′、3′、4′、5′。

（2）求截交线的水平投影。由于正五棱柱的各侧棱面是铅垂面，水平投影有积聚性，3、4、5 点与棱面投影重合。正五棱柱的顶面是水平面，通过投影规律即可求出 1、2 点，如图 3-9（b）所示。

（3）做出截交线的侧面投影。利用截交线的正面投影和水平投影，按照投影规律可以求出截交线的侧面投影 1″、2″、3″、4″、5″。

（4）整理轮廓线，判断可见性，如图 3-9（c）所示。

（5）检查，去除多余图线，补全五棱柱的投影并加深，如图 3-9（d）所示。

**【讨论】** 对于同一立体，截切位置不同，截交线的形状也不相同，如图 3-10 所示的是平面截切五棱柱产生交线的几处情况。

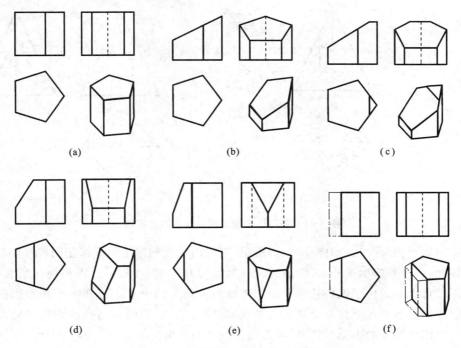

图 3-10 平面截切五棱柱的几种情况

## 3.2.6 立体被多个平面截切

立体被多个平面截切主要有两种情况，平面与平面相交而形成的具有缺口的平面立体或穿孔的平面立体。求解方法：逐个作出各个截平面与平面立体的截交线，并画出截平面之间的交线，就可作出平面立体的投影图。这种情况往往平面没有完整的截切立体，可将截平面与立体表面不完整的相交假想扩大成完整的相交，分析其交线，然后取局部交线。

**例 3-3**　如图 3-11(a)所示，已知正四棱锥被空的正四棱柱孔前后贯穿后的主视图，完成其俯视图，并作出左视图。

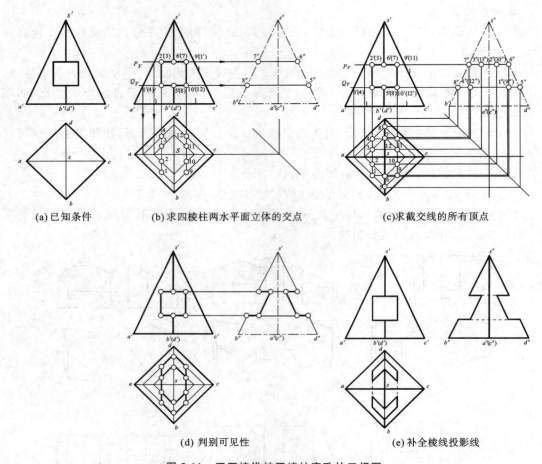

图 3-11　正四棱锥被四棱柱穿孔的三视图

**解**　空间和投影分析：如图 3-11(a)所示，空的四棱柱的四个侧面将正四棱锥前后贯穿，与前后棱线、四个侧棱面均相交，形成的交线为前后对称的封闭折线，需将棱线法和棱面法结合使用进行求解。由于四棱柱空孔的四个棱面分别是两个水平面和两个侧平面（即截平面），所以四棱锥上的各个线段分别为水平线或侧平线。它们的正面投影均为已知，积聚在四棱柱孔的四个棱面的正面投影上，可以用棱线法和棱面法求其他投影。

作图步骤如下。

(1) 先作出正四棱锥穿孔之前的侧面投影，如图 3-11(b)所示。

(2) 作出四棱柱的两水平面和四棱锥的各棱面的交点。假想这两个平面 $P$ 和 $Q$ 将立体完整地截切，它们与四棱锥的交线分别为与底面相似的四边形，而实际的交线只是这两个四边形中的一部分。四棱柱的左侧面和四棱锥的前后侧面的交线为1、2和3、4,右侧面可类似分析,如图3-11(c)所示。

(3) 顺次标出截交线的各个顶点,注意区别哪些在棱线上,哪些在棱面上,注意面和面之间的交线,然后完成截交线的水平投影和侧面投影,如图3-11(c)所示。

(4) 分析并完成棱线的投影,并判别可见性,如图3-11(d)所示。

(5) 检查,去掉多余的图线,加深,如图3-11(e)所示。

**例 3-4** 如图 3-12(a)所示,已知一个带缺口的三棱锥的正面投影,补全水平投影,并完成侧面投影。

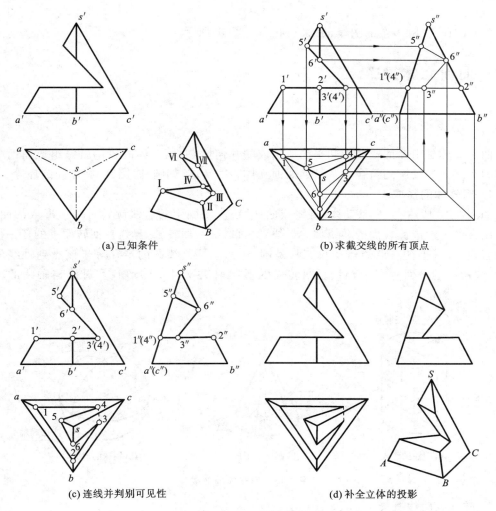

图 3-12 带切口棱锥的三视图

**解** 空间和投影分析:三棱锥的切口由水平面和正垂面形成。设想将水平面扩大,使其与三棱锥全部侧面完整相交,则交线是一个和底面相似的三角形,正面投影和侧面投影具有积聚性,水平投影反映实形。由于正垂面的存在,水平面的截切不完整,而且两个面有交线,正垂面的投影可用同样方法,读者自行分析。

作图步骤如下。

(1) 如图 3-12(b)所示,先作出完整三棱锥的左视图,注意由于 $AC$ 是侧垂线,所以平面 $SAC$ 是侧垂面,侧面投影积聚成直线。

(2) 作出水平面与三棱锥的完整交线。

(3) 作水平面和正垂面的交线 Ⅳ Ⅴ。

(4) 作正垂面与三棱锥棱线的交点。

(5) 确定立体空间截交线的所有顶点,顺次连接,得到截交线的三面投影,如图 3-12(c)所示。

(6) 检查,去除多余的图线,加深,如图 3-12(d)所示。

## 3.3 曲面立体投影

### 3.3.1 基本概念

曲面立体是由曲面或曲面和平面所围成的几何体,曲面立体的投影就是组成曲面立体的曲面和平面的投影的组合。常见的曲面立体为回转体,如圆柱、圆锥、圆球和圆环等。

**1. 回转体的形成**

如图 3-13 所示,由一条动线(直线或曲线)绕一条固定的直线旋转一周所形成的曲面,称为回转面。形成回转面的动线称为母线,定直线称为回转轴,母线在回转面上的任一位置称为素线,母线上任一点的运动轨迹都是圆,称为纬圆。纬圆的半径等于该点到轴线的距离,纬圆所在的平面垂直于轴线。回转面的形状取决于母线的形状及母线与轴线的相对位置。

图 3-13 回转体的形成

**2. 转向轮廓线概念**

以如图 3-14 所示圆柱为例,其性质如下。

(1) 转向轮廓线是可见与不可见部分投影的分界线。圆柱面上素线 $AA_1$、$BB_1$、$CC_1$ 以及 $DD_1$ 均为转向轮廓线,其中素线 $AA_1$、$BB_1$ 与正面投影面平行,它们确定的平面将圆柱分为前后两半,同理,素线 $CC_1$ 以及 $DD_1$ 组成的平面将圆柱分成左右两半。

(2) 转向轮廓线在回转面上的位置取决于投射线的方向和几何体的放置位置，因而是对某一投影面而言的，不同的投影面转向轮廓线不同。如图 3-14 所示的素线 $AA_1$、$BB_1$ 是对于 $V$ 面的转向轮廓线，$CC_1$、$DD_1$ 是对于 $W$ 面的转向轮廓线。

(3) 转向轮廓线的三面投影应符合投影面平行线（或面）的投影特性，其余两投影与轴线或圆的中心线重合，但不能画出来（本身不可见）。

绘制回转体的投影，可归结为绘制它的所有表面的投影，亦是绘制表面的边、顶点和转向轮廓线的投影。画投影时要注意的问题：由于回转体存在轴线，故画回转体投影时，必须先画轴线的投影，存在对称性的投影应画对称中心线。

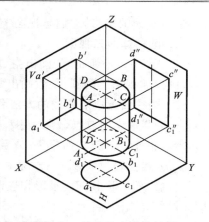

图 3-14 转向轮廓线的性质

## 3.3.2 圆柱投影

**1. 形成和投影分析**

圆柱体由圆柱面和上、下底面组成。如图 3-15(a)所示，圆柱面是由运动的直线 $AA_1$ 绕与它平行的轴线 $OO_1$ 旋转而成的，圆柱面上的素线都是平行于轴线的直线。

如图 3-15(b)所示，当圆柱体的轴线是铅垂线时，圆柱面的水平投影具有积聚性，俯视图为圆，圆柱面上所有点和线的投影均积聚在这个圆上。圆柱体上、下底面是水平面，水平投影反映实形，是一个圆面，另外两个投影积聚成直线。圆柱体的主视图和左视图为相同的矩形，其中主视图的左右两边是圆柱体最左、最右素线投影，左视图的左右两边是圆柱体最

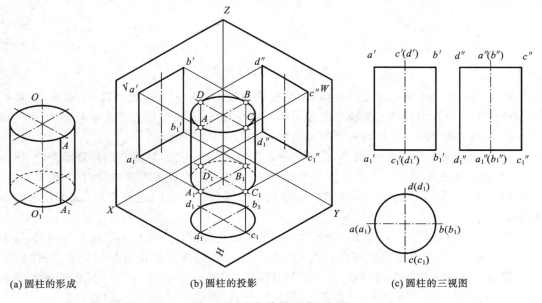

(a) 圆柱的形成　　　　(b) 圆柱的投影　　　　(c) 圆柱的三视图

图 3-15 圆柱体的形成和投影

前、最后素线的投影,它们是视图上可见部分和不可见部分的分界线。

**2. 圆柱体的三视图**

如图 3-15(c)所示,先画出主、左视图上轴线的投影和俯视图上的一对垂直的中心线,其次画出俯视图上的圆,最后画出其他两个视图上的矩形,注意检查转向轮廓线的投影。

**3. 圆柱面上取点取线的方法和步骤**

(1) 圆柱表面取点。常利用积聚性求解。即先在该面具有积聚性的投影上作出点的投影,然后再作点的第三面投影,最后判别可见性。

(2) 圆柱表面取线。方法是在圆柱表面上取点的基础上进行。若为直线,则求其两端点的投影,然后将其同面投影相连即可。若为曲线,则要作出曲线上若干个点的投影,再将同面投影光滑连接。

(3) 可见性判定。依据原则是面的投影可见则该面上的点、线投影可见,面的投影不可见则该面上的点、线投影不可见。

**例 3-5** 如图 3-16(a)所示,已知圆柱面上的一点Ⅰ和Ⅱ的一个投影,求它们的另外两个投影。

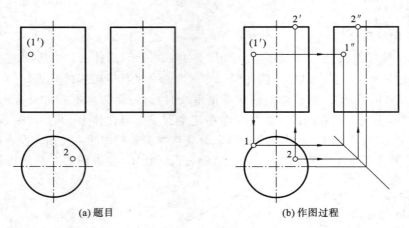

图 3-16 圆柱面上取点

**解** (1) 先分析Ⅰ点所在的平面,根据其正面投影有括号及位置判断,Ⅰ点在左、后半个圆柱面上。可利用圆柱水平投影的圆周有积聚性特点,先求出该点的水平投影 1,再利用 45°角平分线以可求出 1″,并判别 1″的可见性,如图 3-16(b)所示。

(2) Ⅱ点只给出一个水平投影,根据水平投影没有括号可知,Ⅱ点在圆柱顶面圆内,圆为水平面,其正面投影和侧面投影分别积聚成直线,可按点与平面关系直接作出 2′和 2″。

**例 3-6** 如图 3-17(a)所示,已知圆柱表面上的线段ⅠⅡⅢ的正面投影,试求其余两面投影。

**解** 投影分析:如图 3-17(a)所示,线段ⅠⅡⅢ的正面投影在圆柱正面投影范围内,投影为一条直线,实际上为在空间椭圆曲线上。根据三个点的投影都没有括号特点,该曲线段ⅠⅡⅢ位于圆柱体前半个圆柱面上。根据转向轮廓线特点可知,点Ⅰ在圆柱面的最左端素线上,点Ⅱ在最前面的素线上,点Ⅲ不在圆柱体转向轮廓线上,是该曲线段的右端点。

作图步骤如下。

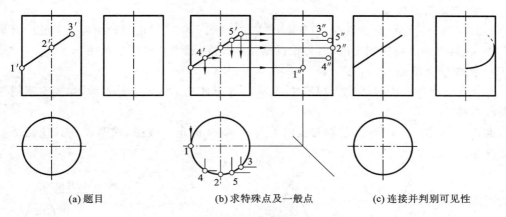

(a) 题目　　(b) 求特殊点及一般点　　(c) 连接并判别可见性

图 3-17　圆柱面上取线

(1) 求特殊点。利用积聚性直接求出Ⅰ的水平投影，再求其侧面投影。

(2) 求一般点。在线段的适当位置取中间点Ⅴ、Ⅵ。利用积聚性，其水平投影 4′、5′ 可直接求出，再根据投影规则确定 4″、5″。

(3) 判别可见性，光滑连线。ⅡⅢ之间的曲线在侧面投影看不见，应画虚线。

### 3.3.3　圆锥体投影

**1. 形成和投影分析**

圆锥体由圆锥面和底面围成。如图 3-18(a)所示，圆锥面由运动的直线 SA 绕与它相交的轴线 $OO_1$ 旋转而成，圆锥面的素线都是通过锥顶的直线。母线上任一点的运动轨迹都是圆，称为纬圆，如图 3-18(a)所示，圆锥面上点 K 的轨迹为一个纬圆。纬圆的半径等于该点到轴线的距离，纬圆所在的平面垂直于轴线。

如图 3-18(b)所示，圆锥俯视图为一圆，另两个视图为等腰三角形，三角形的底边为圆锥底面的投影，两腰分别为圆锥面不同方向的两条轮廓素线的投影。

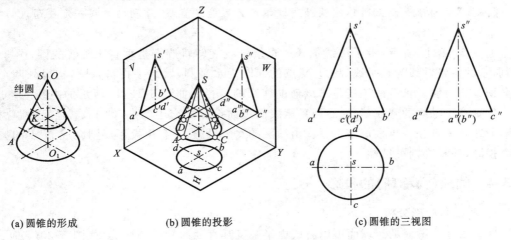

(a) 圆锥的形成　　(b) 圆锥的投影　　(c) 圆锥的三视图

图 3-18　圆锥的形成和投影

### 2. 圆锥体的三视图

如图 3-18(c) 所示，画圆锥时，首先画出主、左视图上轴线的投影和俯视图上的一对垂直的中心线，其次画出俯视图上的圆，再根据圆锥的高度，画出其他两个视图。

### 3. 圆锥面上取点

由于圆锥面的三面投影均无积聚性，故必须通过作辅助线的方法求解，主要有素线法和纬圆法两种。

**例 3-7** 如图 3-19 所示，已知圆锥面上点 $K$ 和 $N$ 的正面投影，求两点的其他两个投影面的投影。

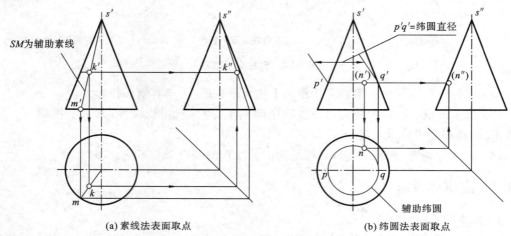

(a) 素线法表面取点     (b) 纬圆法表面取点

图 3-19 圆锥面上取点

**解** 由于两点均不在特殊位置素线上，故需借助辅助线求解。

解法一：素线法。

如图 3-19(a) 所示，锥顶 $S$ 与锥面上任一点的连线都是直线，连接 $SK$ 交底圆于 $M$ 点。再利用点在直线上的投影规律求出 $k$、$k''$。由正面投影判断 $K$ 点在圆锥的前部左侧平面上，故 $k$、$k''$ 均可见。

**【注意】** 圆锥表面上所作的辅助线过锥顶才可能是直线，作辅助素线一定要通过锥顶。

解法二：纬圆法。

如图 3-19(b) 所示，由于母线上任一点绕轴线旋转轨迹都是垂直于轴线的圆，图 3-19(b) 所示的圆锥轴线为铅垂线，故过 $N$ 点的纬圆为水平圆，其水平投影是圆，在另外两个投影上积聚成直线。求解的关键是求该辅助纬圆的直径。如图 3-19(b) 所示的主视图，过 $n'$ 作一条垂直于轴线的直线，与左右两条素线的正面投影相交于两点，则 $p'$、$q'$ 之间的距离即为辅助纬圆的直径。再根据该直径作出纬圆的水平投影，并利用投影规则完成 $N$ 点的另外两个投影，注意判别可见性。

## 3.3.4 圆球(简称球)的投影

### 1. 形成和投影分析

球是由球面围成的。球面可以看成由半圆绕其直径回转一周而成，如图 3-20(a) 所示。球的三面投影都是与球的直径相等的圆，如图 3-20(b) 所示，这三个圆分别为球面上平行于正面、侧面和水平面的最大圆周 $A$、$B$、$C$ 的投影,也分别是球对于三个投影面的转向轮廓线的投影。图 3-20(c)所示为球的三视图,球的主视图转向轮廓线 $a'$ 是主视图上球面可见和不可见部分的分界线,其对应投影 $a$ 和 $a''$ 均与相应视图上的中心线重合而不必画出。同理,球面对于水平投影面和侧面投影面的转向轮廓线也可作类似分析。

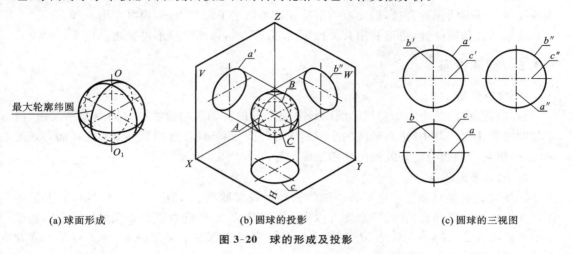

(a) 球面形成　　　　　　(b) 圆球的投影　　　　　　(c) 圆球的三视图

图 3-20　球的形成及投影

## 2. 圆球的三视图

如图 3-20(c)所示,作图时先确定球心的三面投影,再画出三个与球的直径相等的圆。

## 3. 球面上取点

由于圆球的三个投影均无积聚性,所以在圆球表面上取点、线、除属于转向轮廓上的特殊点可直接求出之外,其余属于一般位置的点,都需要作辅助线(纬线)作图,并表明可见性。

**例 3-8**　如图 3-21(a)所示,已知球面上点 $N$ 的正面投影 $n'$,求它的水平及侧面投影 $n$ 和 $n''$。

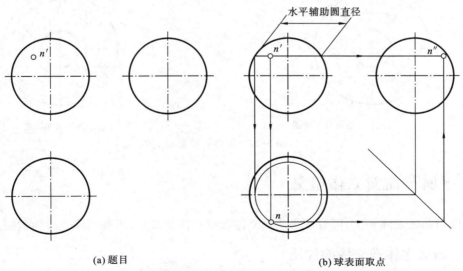

(a) 题目　　　　　　　　(b) 球表面取点

图 3-21　纬圆法在圆球表面取点

**解** 分析:由于球表面的投影没有积聚性,因此,其作图方法是过已知点在球面上作辅助纬圆。需要注意的是,过已知点可在球上作三个不同方向的辅助圆,它们分别平行于三个投影面。

作图:如图 3-21(b)所示,过 N 点作水平辅助纬圆,在正面投影上作过 $n'$ 的水平线段,则该线段为辅助纬圆的直径,据此可画出反映实形的水平圆的投影,则可求出 $n$ 和 $n''$。

根据球体的特殊性,也可利用其他投影面辅助纬圆,详细过程不再赘述。

### 3.3.5 圆环投影

**1. 投影分析**

圆环(简称环)是由一个圆绕轴线回转一周形成的。轴线与母线圆在同一个平面内,但不与圆母线相交。其中,远离轴线的半圆形成外环面,距轴线较近的半圆形成内环面。如图 3-22(a)所示为轴线为铅垂线的圆环的三面投影。

**2. 圆环表面取点**

圆环表面取点只能用垂直回转轴的纬圆辅助线来取点。如图 3-22(b)所示,由于圆环面存在内环面和外环面,在同一高度可以作出两条纬圆,在纬圆的正面积聚集投影上出现了四个点投影重影,即点 $a'$、$b'$、$c'$、$d'$ 重影,各点的水平投影都在上半环面上,均为可见。读者不妨试着再取几个点的投影。

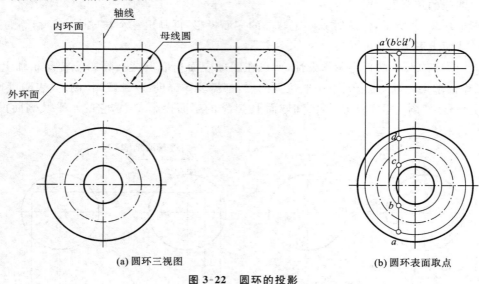

(a)圆环三视图  (b)圆环表面取点

图 3-22 圆环的投影

## 3.4 平面与曲面立体相交

平面与曲面立体相交,可看成是曲面立体被截平面所截切,所得交线也称为截交线。

### 3.4.1 曲面立体截交线的性质

曲面立体的截交线与平面立体的截交线一样,是具有平面性、封闭性和共有性平面图形,求截交线的实质还是求它们的共有点、共有线。

与平面立体截交线特点不同处有:曲面立体截交线各边都可以是由曲线围成,或者由曲线与直线围成,或者全部由直线段围成。截交线的形状取决于立体表面的形状及截平面与回转体轴线的相对位置,如图 3-23 所示。

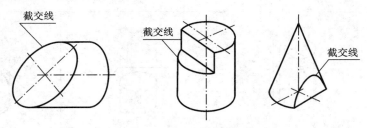

图 3-23　曲面立体的截交线

### 3.4.2　曲面立体截交线的画法

**1. 投影分析**

(1) 曲面立体截交线种类并不是很多,常见有:平行两直线、相交两直线、圆、椭圆、双曲线和抛物线等。画图前应确定回转体的形状,分析截平面与回转体轴线的相对位置,以便确定截交线的空间形状。

(2) 由于截平面通常处于与投影面垂直或平行的位置,截交线在截平面上的特点,在求解截交线时往往可利用这些投影特性来简化立体表面的取点、取线过程。因此,分析截交线的特性,利用它的积聚性、类似性、对称性等,可快速找出截交线的已知投影,预见未知投影。

**2. 画出截交线的投影**

当截交线的投影为非圆曲线时,采用逐点描点的方法(称为逐点描点法),其作图步骤如下。

(1) 求出截交线上全部特殊点,即截交线的最上、最下、最左、最右、最前、最后及转向轮廓线上的点等。

(2) 求出若干一般点的投影,并判别可见性。

(3) 用曲线板把各点光滑地连接起来,即为截交线的投影。

【注意】

"一般点"有的书中称为"中间点",是指截交线的曲线段上两个相邻的特殊点之间任意取的点。由于采用逐点描点法的曲线段画图精度不高,取一般点的数量不是越多越好。一般只取几个一般点就可以了。

取一般点的原则是:当相邻两特殊点距离太大,曲线走向不够明确时可增加几个一般点。当读者对截交线走势很清楚时,也可以不必画一般点,直接通过特殊点描出所求截交线。当然,为了表示会求一般点的方法,作业上应至少画出一个一般点。

### 3.4.3　平面与圆柱体相交

平面与圆柱体相交,根据截平面与圆柱轴线的相对位置不同,截交线有三种情况:当平面与轴线平行、垂直、倾斜时,产生的交线分别是两条平行直线、圆和椭圆,如表 3-1 所示。

表 3-1 圆柱被平面截切的截交线

| 截平面的位置 | 与轴线平行 | 与轴线垂直 | 与轴线倾斜 |
|---|---|---|---|
| 截交线的形状 | 两平行直线 | 圆 | 椭圆 |
| 立体图 | | | |
| 投影图 | | | |

**例 3-9** 如图 3-24 所示,根据立体的主视图和俯视图,画出其左视图。

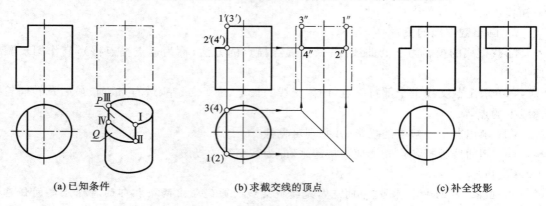

(a) 已知条件　　　　　(b) 求截交线的顶点　　　　　(c) 补全投影

图 3-24 圆柱体被两平面截切

**解** 同一立体被多个平面截切,要逐个对截平面进行截交线的分析和作图。

投影分析如下。

(1) 如图 3-24(a)所示,圆柱左侧的切槽由侧平面 $P$ 和水平面 $Q$ 组成,根据它们和圆柱轴线的关系,所得交线分别为两条平行直线和一条圆弧。

(2) $P$ 面与圆柱面的交线是铅垂线 Ⅰ Ⅱ 和 Ⅲ Ⅳ,正面投影 $1'2'$ 和 $3'4'$ 与 $P$ 面的正面投影重合,水平投影积聚成两个点,位于圆柱面有积聚性的侧面投影上。侧面投影为反映实长的直线。

(3) Q 面与圆柱面的交线是一条水平圆弧ⅡⅣ,水平投影反映实形,落在圆柱面的具有积聚性的投影上,正面投影和侧面投影分别积聚成两段直线。

作图:如图 3-24(b)和(c)所示,先作出整个圆柱的左视图,再确定截交线的四个顶点,分别求出 P 面和 Q 面与圆柱面的截交线,注意 P 面与 Q 面之间的交线,最后完成轮廓线的投影。

【讨论】

(1) 如果是圆筒被两平面截切掉一角。在上述求解的基础上,再求出 P 面和 Q 面与内圆柱面的交线,如图 3-25 所示。比较实心圆柱和空心圆柱被截切后投影的异同。

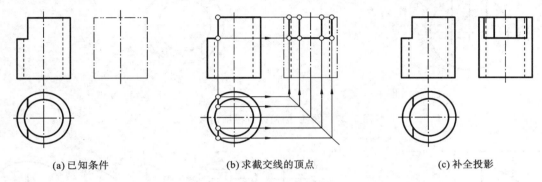

(a) 已知条件　　　　(b) 求截交线的顶点　　　　(c) 补全投影

图 3-25　圆筒体被两平面截切(一)

(2) 将圆筒被截切的位置改变一下,如图 3-26(a)所示,切去一大块,则投影有何变化?请读者自己思考。

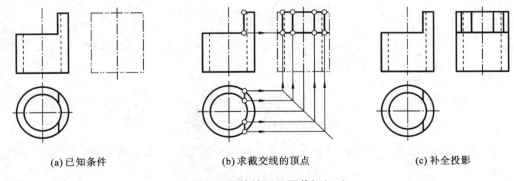

(a) 已知条件　　　　(b) 求截交线的顶点　　　　(c) 补全投影

图 3-26　圆筒被两平面截切(二)

如图 3-27 所示的为圆柱和圆筒中间挖槽的情况对比,作图方法和上述类似,注意判别可见性。

**例 3-10**　如图 3-28 所示,圆柱面被正垂面截切,已知它的主视图和俯视图,求左视图。

**解**　投影分析:圆柱被正垂面 P 截切,截平面倾斜于轴线,和圆柱面所有的素线都相交,可判断截交线为完整的椭圆。利用截交线的正面投影积聚为一直线,水平投影落在圆柱面上,具有积聚性的特点,侧面投影可采用圆柱表面取点的方法求出。

作图如下。

(1) 如图 3-28(a)所示,先作出截交线上的特殊点Ⅰ、Ⅱ、Ⅲ、Ⅳ。它们是截交线椭圆上

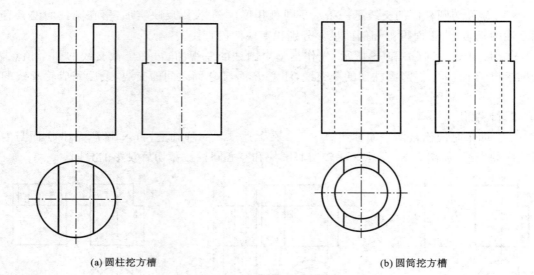

(a) 圆柱挖方槽　　　　　　　　　　(b) 圆筒挖方槽

图 3-27　圆柱、圆筒挖方槽后的截交线

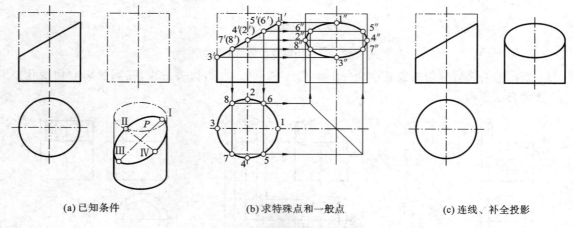

(a) 已知条件　　　　(b) 求特殊点和一般点　　　　(c) 连线、补全投影

图 3-28　圆柱体被正垂面截切

的长、短轴的端点，也是圆柱体转向轮廓线与截平面的交点。分别为最高点、最后点、最低点和最前点。

（2）利用对称性，求出四个一般点Ⅴ、Ⅵ、Ⅶ、Ⅷ，如图 3-28(b)。如先在截交线的已知投影，即正面投影上取重影点的投影 $5'(6')$ 据此求出 5、6，然后根据三等规则求出 $5''$ 和 $6''$（另两点类似）。

（3）将这些点依次光滑连线，如图 3-28(c)所示，补全轮廓线，擦去多余投影线，完成全图。

### 3.4.4　平面与圆锥体相交

表 3-2 列出了平面与圆锥体轴线处于不同位置时产生的五种交线。

表 3-2　圆锥被平面截切的截交线

| 截平面位置 | 不过锥顶 | | | | 过锥顶 |
|---|---|---|---|---|---|
| | $\theta=90°$ | $\theta>\alpha$ | $\theta=\alpha$ | $\theta<\alpha$ | |
| 截交线形状 | 圆 | 椭圆 | 抛物线 | 双曲线 | 两条相交直线 |
| 立体图 | | | | | |
| 投影图 | | | | | |

**例 3-11**　如图 3-29 所示，圆锥被正垂面 $P$ 截切，求其俯视图和左视图。

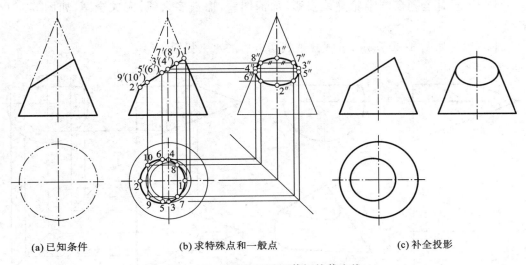

(a) 已知条件　　　(b) 求特殊点和一般点　　　(c) 补全投影

图 3-29　圆锥被正垂面截切的截交线

**解**　投影分析如下。

(1) 根据截平面和圆锥轴线的相对关系，判断截交线的空间形状是一个椭圆。正面投影积聚成一条直线,水平投影和侧面投影仍然为椭圆。

(2) 由于圆锥前后对称,故截交线椭圆也前后对称。椭圆的长轴为截平面与圆锥前后对称面的交线——正平线,其正面投影是主视图上具有积聚性的直线。椭圆的短轴是垂直于长轴的正垂线,正面投影积聚在长轴的中点。

作图如下。

(1) 如图 3-29(b)所示,用细实线画出完整圆锥的俯视图和左视图。

(2) 求截交线上的特殊点。在截平面正面积聚线上标出特殊点的投影,1′、2′、3′(4′)和 5′(6′)。

空间椭圆长轴的两个端点Ⅰ、Ⅱ就是椭圆的最高点和最低点。如图 3-29(b)所示,由于Ⅰ、Ⅱ在圆锥的最左和最右素线上,也即在圆锥对于正面投影的转向轮廓线上,故根据 1′、2′可直接作出 1、2 和 1″、2″。

由于短轴ⅤⅥ应与长轴互相垂直平分,正面投影 5′(6′)应重合在 1′、2′的中点上。采用辅助纬圆法。过 5′(6′)在圆锥上作一个水平的辅助圆,画出这个圆的水平投影,则可求出 5 和 6,再完成 5″、6″。

Ⅲ、Ⅳ为椭圆上最前、最后素线与截平面的交点,其正面投影 3′(4′)为直线 1′2′与轴线投影的相交处,也同时在圆锥对于侧面投影的转向轮廓线上,故可求出 3″、4″,最后根据投影关系完成 3 和 4。

(3) 求一般点。在截交线的正面投影上取重影点,利用辅助纬圆法,可求出另外两个投影。另取一对一般点,为了方便作图,利用椭圆上的点与长、短轴对称性,在水平投影上,找出点 7、8 的对称点 9、10,并完成另外两投影,也是椭圆上两个一般点。

(4) 依次光滑连接各点,即得截交线的水平投影和侧面投影两个椭圆。

(5) 检查,补全剩余圆锥轮廓线投影,加深图线,擦去多余线,完成全图,如图 3-29(c)所示。

例 3-12 如图 3-30 所示,求圆锥被截切以后的水平投影。

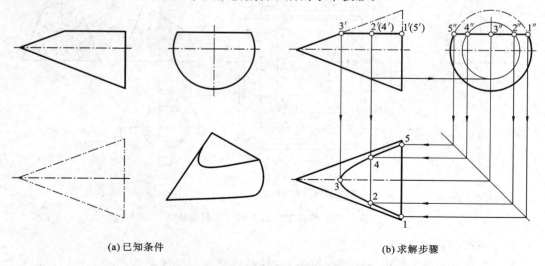

(a) 已知条件　　　　　　　　　　(b) 求解步骤

图 3-30　圆锥被水平面截切的截交线

**解** 投影分析:根据已知投影,截平面为一水平面。由于截平面和圆锥轴线平行,故截交线为一双曲线和一直线组成的封闭图形。利用水平面投影的特性,截交线的正面投影和侧面投影均积聚在直线上,为已知投影,只需求解水平投影。可采用圆锥面上取点的方法完成作图。

作图如下。

(1) 先求特殊点。特殊点为Ⅰ、Ⅲ、Ⅴ三点。点Ⅲ是双曲线的顶点,在圆锥对于正面投影的转向轮廓线上,Ⅰ、Ⅴ两点为双曲线的端点,也是圆锥底面和截平面交线的两个端点。点 3 可由点 3′直接作出,1、5 可由 1″、5″求得。

(2) 求一般点。利用截交线的对称性,在正面投影上定出重影点 2′(4′),利用辅助纬圆法在具有积聚性的侧面投影上定出 2″、4″,然后完成水平投影 2、4。

(3) 顺次光滑连接各点,并判别可见性。

(4) 完成圆锥转向轮廓线的水平投影。

### 3.4.5 平面与球面相交

平面与球相交,截交线的形状都是圆,但根据截平面与投影面的相对位置不同,其截交线的投影可能为圆、椭圆或积聚成一条直线。注意,当截平面平行于某一投影面时,截交线在该投影面上的投影为圆的实形,其他两面投影积聚为直线。如图 3-31 所示,球面被投影面平行面(水平面 P 和侧平面 Q)截切,图形表示了交线投影的作图方法。

**例 3-13** 如图 3-32 所示,已知半球被切槽,求作三视图。

**解** 投影分析:该立体是在半球上部开一个通槽形成。通槽由左右对称的侧平面 P 和水平面 Q 组成,交线均为平行于投影面的圆弧,截平面 P 和 Q 相交于直线段。

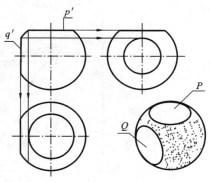

图 3-31 球被投影面平行面截切
截交线的求法

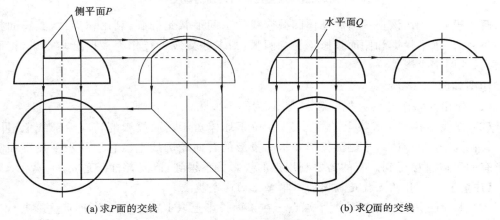

(a) 求 P 面的交线    (b) 求 Q 面的交线

图 3-32 半球被切槽的三视图

作图如下。

(1) 由于截交线的正面投影是具有积聚性的直线,故从立体的主视图入手,先作出半球截切后的主视图,再画半球截切前的俯视图和左视图。

(2) 作出侧平面 $P$ 截切半球的交线,如图 3-32(a) 所示。

(3) 作出水平面 $Q$ 截切半球的交线,如图 3-32(b) 所示。

(4) 检查轮廓线的投影,并判别可见性。

**例 3-14**　一正垂面截切球体,求俯视图和左视图,如图 3-33 所示。

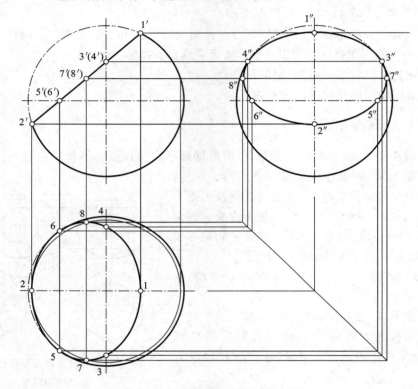

图 3-33　球被正垂面截切的截交线

**解**　投影分析:该正垂面和球体的截交线的空间形状是椭圆,利用积聚性,其正面投影是一条直线,水平投影和侧面投影均为椭圆弧,则求截交线可转化为根据已知投影(正面投影)求另外两个投影。

作图如图 3-33 所示。

(1) 作出完整圆球的俯视图和左视图,为两个大圆。

(2) 先找出转向轮廓线上的点。Ⅰ、Ⅱ 位于球体对于正面投影的转向轮廓线上,Ⅲ、Ⅳ 和 Ⅴ、Ⅵ 分别位于球体对于侧面投影和水平投影的转向轮廓线上。它们的水平投影和侧面投影有的可以直接得到。有的需要利用点的投影关系得到,请读者自行完成。

**【注意】**　Ⅰ、Ⅱ 两点就是椭圆的一根轴上的两个端点。

(3) 求椭圆另外一根轴的两个端点。在正面投影上取 1′2′ 的中点 7′(8′)(重影点),利用球面上取点的方法求出另外两个投影。

(4) 将已求出的八个点光滑连接,并判断可见性。

(5) 补全球体被截切后的水平投影和侧面投影,完成全图。

### 3.4.6 复合回转体的截交线

复合回转体是有由具有公共轴线的若干回转体所组成的立体,如图 3-34 所示。

作复合回转体截交线时,首先要确定该立体的各组成部分,以及每一部分被截切后所产生的截交线的形状。作图时要在投影图中准确定出各形体的分界线位置。此外,还要注意处理好各形体衔接处的图线。

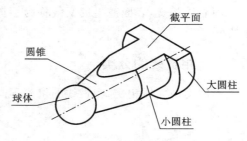

图 3-34 复合回转体的截交线

**例 3-15** 求如图 3-35(a)所示复合回转体截切后的主视图。

**解** 投影分析:如图 3-35(a)所示,该复合回转体由轴线为侧垂线的大半球、圆锥和小圆柱组成。立体被前后对称的两个正平面截切,半球部分的截交线为正平圆弧,圆锥部分的截交线为双曲线的一支,圆柱部分未被截切。截交线的水平投影和侧面投影具有积聚性,正面投影反映实形。

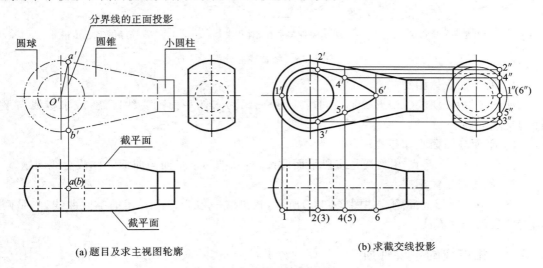

图 3-35 求复合回转体截切后的主视图

作图步骤如下。

(1) 确定球面和圆锥面的分界线。正面投影,过球心 $O'$ 作圆锥转向轮廓线投影的垂线,得交点 $a'$、$b'$,则直线 $a'b'$ 为球面和圆锥面分界线的投影。

(2) 作球面的截交线。如图 3-35(b)所示,以 $O'1'$ 为半径作圆,该圆与 $a'b'$ 相交于 $2'$、$3'$ 点,则圆弧 $2'1'3'$ 为球面和截平面的交线,$2'3'$ 为圆柱和圆锥分界线的投影。

(3) 作圆锥面的截交线。由 6 点作双曲线顶点的正面投影 $6'$,再在水平投影上取中间点的投影 4(5),求得 $4'$、$5'$,光滑连接即得圆锥被截切后交线的投影。(具体过程可参考本节例 3-12)

(4) 判断共有面的可见性后,补画出一个圆柱孔的三面投影,加深并去除多余的图线,完成全图(最后一步略)。

## 3.5 立体和立体相交

两立体相交,表面产生的交线称为相贯线。本节主要研究两回转体相交的相贯线的求解方法。

### 3.5.1 相贯线的分类

不同类型立体相交,相贯线的求法不同,如图 3-36 所示,具体可分为以下三种。

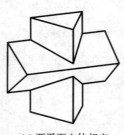
(a) 两平面立体相交

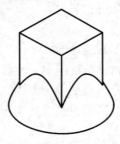
(b) 平面与曲面立体相交

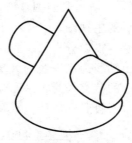
(c) 两曲面立体相交

图 3-36　相贯线的分类

**1. 两平面立体相交**

如图 3-36(a)所示,相贯线是空间折线,可归结为求两平面的交线问题,或求棱线与平面的交点问题。

**2. 平面与曲面立体相交**

如图 3-36(b)所示,相贯线是多段平面曲线,可归结为求平面与曲面立体截交线问题。

**3. 两曲面立体相交**

本节主要介绍此问题。如图 3-36(c)所示,相贯线一般为光滑封闭的空间曲线,它是两回转体表面的共有线。

### 3.5.2 相贯线的主要性质

**1. 表面性**

相贯线位于两立体的表面上,可位于外表面,也可位于内表面。

**2. 空间封闭性**

相贯线一般是封闭的空间折线(通常由直线和曲线组成)或空间曲线。其形状取决于两立体的表面性质、大小和位置关系。

**3. 共有性**

相贯线是两立体表面的共有线。

**4. 分界性**

相贯线是两立体表面的分界线。

求相贯线的实质就是找出相贯两立体表面的若干共有点的投影。

### 3.5.3 相贯线作图方法

由于两曲面立体相交的交线为光滑封闭的空间曲线。只能采用逐点描点法近似画出其相贯线的投影。关键还是要求出若干个相贯线上的点。相贯线上取点方法主要有以下三种。

**1. 利用积聚性面上取点法**

先利用已知立体投影的积聚性(如:当圆柱表面积聚为圆的投影时),可在其面上直接找点,再在已知投影上采用面上定点的方法,求出一般点的其他投影。

**2. 辅助平面法**

一般是根据立体或给出的投影,分析两回转面的形状、大小及其轴线的相对位置,判断相贯线的形状特点和各投影的特点,从而选择适当的辅助平面,用来与两个回转体同时相交,根据三面共点的原理求出相贯线上的点。

**3. 辅助球面法**

用球面作为辅助面,也是按三面共点原理求点(本书省略不讲,有兴趣的读者可参看其他有关的参考书)。

### 3.5.4 利用积聚性面上取点法

如果两回转体相交,其中有一个是轴线垂直于投影面的圆柱,则相贯线在该投影面上的投影积聚在圆上。利用回转体表面取点的方法可作出相贯线的其余投影。

按已知曲面立体表面上点的投影求其他投影的方法,称为表面取点法。具体步骤如下。

**1. 交线分析**

(1) 空间分析:分析相交两立体的表面形状、形体大小及相对位置,预见交线的形状。

(2) 投影分析:分析是否有积聚性投影,找出相贯线的已知投影,预见未知投影。

**2. 作图**

先找特殊点(相贯线上最上点、最下点、最左点、最右点、最前点、最后点)、轮廓线上的点等。补充中间点,连线,检查,加深。

**例 3-16** 如图 3-37 所示,求立体的相贯线投影。

**解** 投影分析如下。

(1) 根据立体图可知,该形体由两个直径不同、轴线相互垂直的圆柱体组成。小圆柱的所有素线都与大圆柱相交,相贯线为一条前后对称、左右对称的封闭的空间曲线。两个圆柱面的轴线所决定的平面为正平面,它们对正面投影面的转向轮廓线位于这个平面内,且转向轮廓线彼此相交,交点为 Ⅰ、Ⅲ 两点。

(2) 为了正确求解相贯线,必须先找出相贯线的已知投影。小圆柱轴线垂直于 $H$ 面,水平投影积聚为圆,根据相贯线的共有性,相贯线的水平投影即为该圆。大圆柱轴线垂直于 $W$ 面,侧面投影积聚为圆,相贯线的侧面投影在该圆上,是一段圆弧。

作图如下。

(1) 求特殊点。如图 3-37(a)所示的 Ⅰ、Ⅲ 两点,相贯线的最高点也是最左、最右点,同

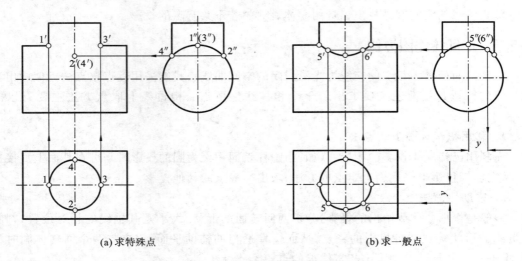

(a) 求特殊点　　　　　　　　　　(b) 求一般点

图 3-37　正交两圆柱的相贯线

时也是两圆柱转向轮廓线的交点，其三面投影可直接求出。相贯线的最低点 Ⅱ、Ⅳ 前后对称，分别在轴线垂直圆柱的最前、最后素线上，水平投影积聚在小圆柱的积聚性投影圆上，根据线上取点法，可求得 Ⅱ、Ⅳ 的三面投影。

（2）作一般点。如图 3-37(b) 所示为求一般点 Ⅴ、Ⅵ 的方法。先在相贯线的已知投影（侧面投影）上取一重影点的投影 5″(6″)，求出水平投影，然后利用投影规律完成正面投影。

（3）光滑连接各共有点的正面投影，完成作图。

相交的曲面可能是立体的外表面，也可能是内表面，因此可能出现两外表面相交、外表面和内表面相交和两内表面相交三种基本形式，如表 3-3 所示。交线的形状和作图方法均类似，都是采用面上取点的方法，利用圆柱投影的积聚性，先分析找出相贯线的已知投影，再确定未知投影，最后光滑连接。注意如果是两内表面相交，则交线应该是虚线，其次还要检查圆柱体转向轮廓线的投影。

表 3-3　两圆柱体相贯的三种形式

| 相线的形式 | 两外表面相交 | 外表面与内表面相交 | 两内表面相交 |
|---|---|---|---|
| 立体图 | | 钻孔 | 剖开一半 |

续表

| 相线的形式 | 两外表面相交 | 外表面与内表面相交 | 两内表面相交 |
|---|---|---|---|
| 投影图 | 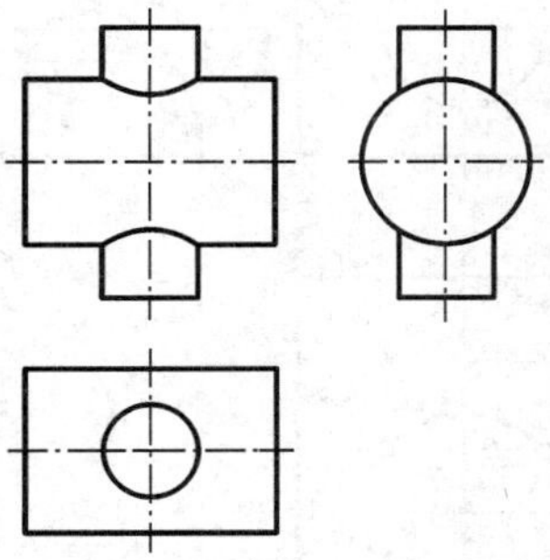 | 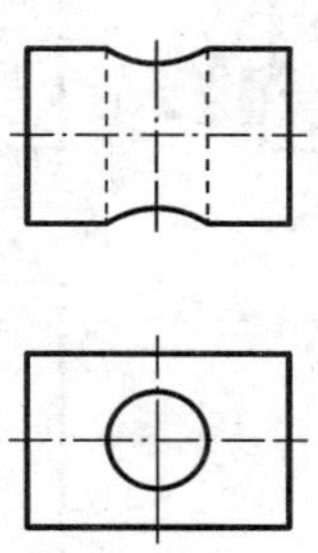 | 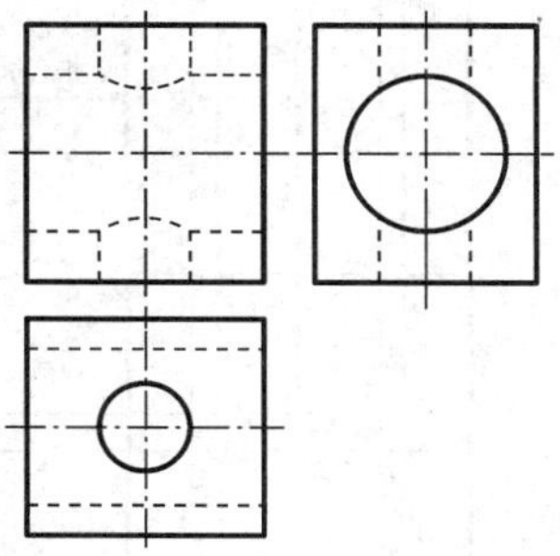 |

从表 3-4 可以看出，随着两圆柱相对大小的变化，相贯线的形状、位置也发生了变化。当两圆柱直径相等时，交线为两支平面曲线——椭圆；当两圆柱的直径不等时，交线在非圆投影上的形状向大圆柱的轴线弯曲。

表 3-4 相交两圆柱的直径大小对相贯线的影响

| 两圆柱直径的关系 | 水平圆柱直径较大 | 两圆柱直径相等 | 竖直圆柱直径较大 |
|---|---|---|---|
| 相贯线空间特点 | 上、下两条对称的空间曲线 | 两个相交垂直的椭圆 | 左、右两条对称的空间曲线 |
| 主视图相贯线特点 | 上、下两条对称曲线弧 | 垂直相交两直线 | 左、右两条对称曲线弧 |
| 投影图 | 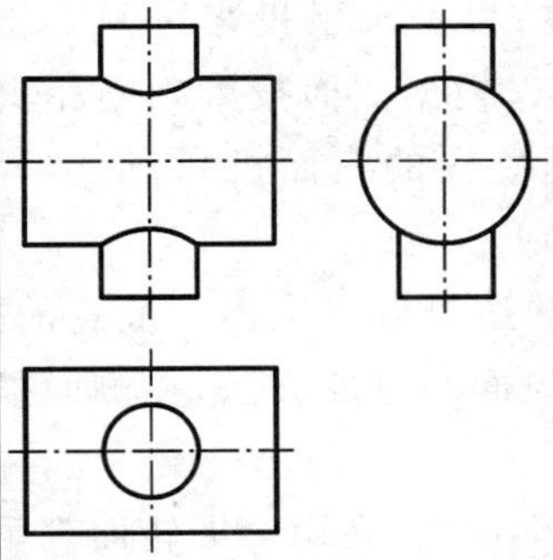 | 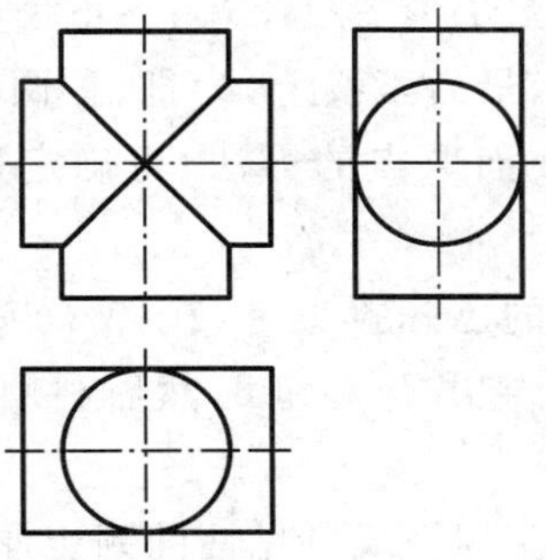 | 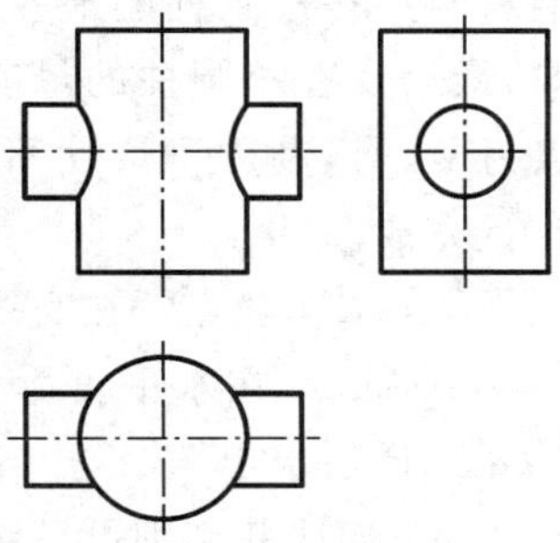 |

**例 3-17** 如图 3-38 所示，求轴线垂直交叉的两圆柱的相贯线。

**解** 投影分析如下。

(1) 如图 3-38 所示，立体由小圆柱和大半圆柱叠加而成，小圆柱轴线为铅垂线，大半圆柱轴线为侧垂线，且轴线垂直交叉，小圆柱面全部与大圆柱面相交，相贯线是一条封闭、光滑的空间曲线。

(2) 利用积聚性寻求交线的已知投影。交线的水平投影积聚在小圆柱的水平投影上，

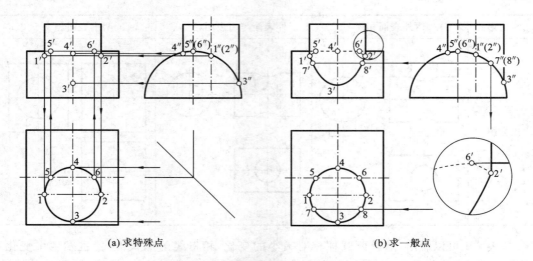

(a) 求特殊点　　　　　　　　　　(b) 求一般点

图 3-38　轴线交叉垂直的两圆柱的相贯线

是一个完整的圆,而侧面投影则积聚在大半圆柱的侧面投影上,是小圆柱两条转向轮廓线之间的圆弧。因此求交线的投影转化为根据两个已知投影求第三面投影,利用前面所述的面上取点的方法即可求解。

作图如下：

(1) 求特殊点。根据左视图可知,参与相交的转向轮廓线为小圆柱上的所有四条和大半圆柱上面的一条,但从水平投影可以看出,这些转向轮廓线并未相交,而是交叉,故在求解特殊点时,与前述解法有所区别。

(2) 在相贯线的已知投影上定出特殊点的投影。根据水平投影判断相贯线的最左、最右两点在小圆柱的最左、最右素线上,为Ⅰ、Ⅱ两点;根据水平投影可判断相贯线的最前、最后点在小圆柱的最前、最后素线上,为Ⅲ、Ⅳ两点;根据侧面投影判断相贯线的最高点为Ⅴ、Ⅵ,利用积聚性和表面取点的方法,可确定这些点的三面投影,请读者根据图示自行完成。

(3) 求一般点。在交线的已知投影上,在特殊点的适当位置定出一般点的投影,如图3-38(b)所示,在水平投影上定出点 7 和 8,然后利用表面取点的方法,在侧面投影上定出 7″(8″),最后求出 7′、8′。

(4) 连线并判别可见性。相贯线可见性的判定原则:只有在两个回转面都可见的范围内相交的那一段相贯线才可见。如图,曲线 1′3′2′位于大、小圆柱的前半圆柱面上,为可见,画粗实线;曲线 1′5′4′6′2′位于小圆柱的后半圆柱面上,不可见,画虚线。

(5) 检查轮廓线的投影。大、小圆柱轴线交叉,小圆柱的最左、最右素线和大圆柱的最上素线在空间交叉,正面投影的交点是一对重影点的投影。转向轮廓线是到它与对方曲面的交点为止,若这个交点可见,则从重影点到交点的这一段是可见的,画粗实线,如果交点不可见,则这一段应画虚线。如图 3-38(b)所示,在左视图下方画出了主视图右边相应部位的放大图。

## 3.5.5 辅助平面法

若两回转体被一系列平面所截,其截交线的投影同时是简单易画的图形(如直线或圆),则宜采用辅助平面法。

**1. 辅助平面法的原理**

相贯线是两立体表面的交线,上面的每一点都是两立体表面的共有点。辅助平面法的基本原理是三面共点,如图 3-39 所示,假想用水平面 $P$ 截切立体,$P$ 面与圆柱面的交线为两条直线,与圆锥面的交线为圆,圆与两直线的交点即为相贯线上的点。根据三面共点,利用辅助平面求出两回转体表面上的若干共有点,从而画出相贯线的投影。

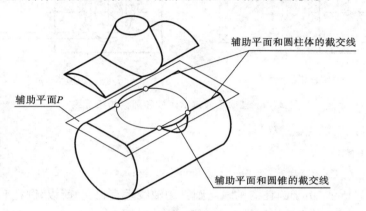

图 3-39 辅助平面法的作图原理

**2. 作图步骤**

(1) 作辅助平面与相贯的两立体相交。
(2) 分别求出辅助平面与相贯的两立体表面的交线。
(3) 求出交线的交点(即相贯线上的点)。

**3. 辅助平面的选择原则**

(1) 辅助平面应作在两回转面的相交范围内。
(2) 辅助平面与两回转体表面的交线的投影应简单易画,例如,直线或圆,一般选择投影面平行面。

【提示】 辅助平面法的适用范围比面上取点法的广,能解决某些面上取点法不能解决的求共有点投影的问题,特别是对于某些交线投影不具备积聚性的情况,求解起来非常方便。

**例 3-18** 完成图 3-40(a)所示相贯线的投影。

**解** 投影分析:如图 3-40(a)所示,圆柱轴线与圆锥轴线垂直相交,竖直圆锥的下端全部从水平圆柱的上表面贯入,相贯线是一条封闭、光滑的空间曲线,且前后对称,左右也对称。由于圆柱的侧面投影具有积聚性,相贯线的侧面投影重合在圆柱的侧面投影上,是一段圆弧,故只需求相贯线的正面投影和水平投影。

根据三面共点的原理,作辅助平面 $P$,再分别求出 $P$ 面与圆柱,以及圆锥的交线,交线

# 90 机械制图

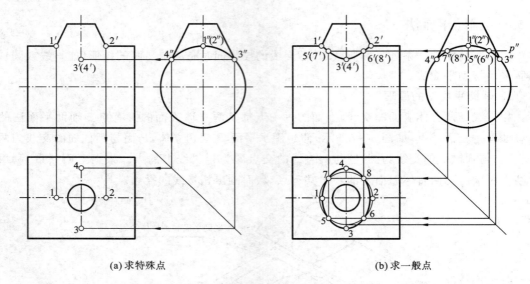

(a) 求特殊点　　　　　　　　　　(b) 求一般点

图 3-40　辅助平面法求圆柱和圆锥的相贯线

的焦点即为相贯线上的点。

作图步骤如下。

(1) 求特殊点。

如图 3-40(a)所示，由于圆柱的轴线与圆锥的轴线垂直相交，所以，圆柱和圆锥正面投影转向轮廓线的交点 $1'$、$2'$ 就是相贯线上最高点，同时也是最左、最右点的投影，$1''(2'')$ 在圆柱具有积聚性的侧面投影上，根据投影关系可以确定点 1、2。

根据侧面具有积聚性的投影可以确定相贯线的最前、最后点，同时也是最低点的投影 $3'(4')$，根据投影关系可以确定两点的另外两个投影。

(2) 求一般位置点。

如图 3-40(b)所示，采用辅助平面法，为便于求解，选择水平面作为辅助平面最便捷。作一水平面 $P$，$P$ 与圆柱面的截交线是两条平行直线，与圆锥的截交线是一个水平圆，二者的交点是点 Ⅴ、Ⅵ、Ⅶ、Ⅷ，此四点即为辅助平面、圆柱面和圆锥三个面的共有点，即为所求点。先作其侧面投影 $5''(6'')$、$7''(8'')$，在图 3-40 中可直接确定，再利用辅助平面与两立体交线的水平投影求解 5、6、7、8，最后完成正面投影。

(3) 顺次连线，并判别可见性。

相贯线的正面投影前后对称，可见和不可见部分投影重合，故正面投影可见，水平投影也可见，画粗实线。

**例 3-19**　如图 3-41(a)所示，求圆锥台表面与部分球面相交的相贯线投影。

**解**　投影分析：如图 3-41(a)所示，圆锥台贯穿 1/4 球面，且两立体具有公共的前后对称面，故相贯线是一条封闭、光滑且前后对称的空间曲线。由于锥面和球面均不具备积聚性，所以相贯线没有已知投影，不能采用面上取点的方法直接求解，但可采用辅助平面法作图求解。

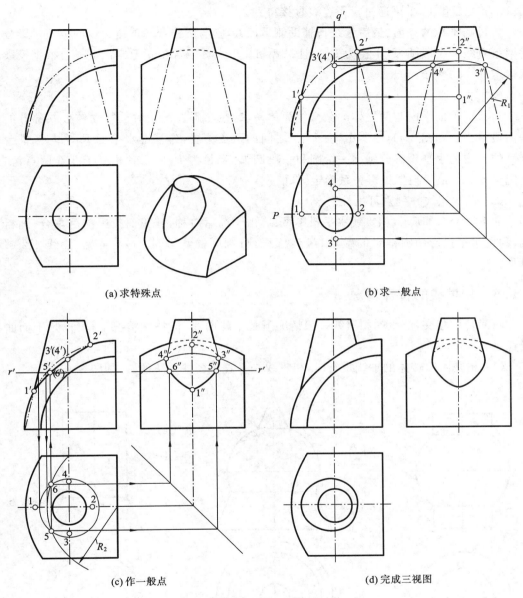

图 3-41 圆锥台与 1/4 球体相贯线

作图如下。

(1) 求特殊点。

相贯线没有已知投影,故无法在视图中直接定出特殊点的某个投影。由于圆锥台的所有素线均与球体表面相交,故可从圆锥台的四条转向轮廓线入手,过转向轮廓线作辅助平面,定出特殊点。

如图 3-41(b)所示,作包含圆锥台对正面投影的转向轮廓线即最左、最右素线的辅助正平面 P,它与圆锥台和球体交线的正面投影分别为两条直线和一段大圆弧,且二者相交于点

$1'$、$2'$,而 1、2 和 $1''$、$2''$可通过投影连线直接得到。

再过圆锥台的最前、最后素线作辅助侧平面 $Q$,它与圆锥台和球体交线的侧面投影分别为两条直线和一段圆弧(半径为 $R_1$),且二者相交于点 $3''$、$4''$,在 $q'$ 上定出 $3'$、$4'$,根据投影连线确定 3、4。

(2) 求一般点。

为保证辅助平面与两立体的截交线简单易求,在求解一般点时选择立体公共部分的水平面最恰当。如图 3-41(c)所示,在 $1'$、$3'$ 之间的适当位置,作辅助水平面 $R$,它与圆锥台和球面的交线的水平投影分别是一个圆和一段圆弧(半径为 $R_2$),二者相交于 5、6 两点,在 $r'$ 上定出 $5'$、$6'$,最后根据投影关系确定 $5''$、$6''$。

(3) 顺次连线并判别可见性。

如图 3-41(d)所示,相贯线水平投影可见,由于前后对称,其正面投影前后重合,画粗实线,利用水平投影中圆锥台的最前、最后素线,可判断曲线 $3''5''1''6''4''$ 可见,曲线 $4''2''3''$ 不可见。

### 3.5.6 相贯线的特殊情况

两回转体相交,产生的相贯线一般情况下是空间曲线,但特殊情况下,可以是平面曲线或直线。

(1) 相交两回转体的轴线重合时,相贯线是垂直于公共轴线的圆,如图 3-42 所示。

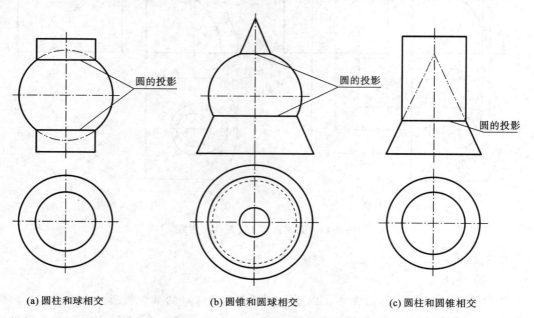

(a) 圆柱和球相交　　(b) 圆锥和圆球相交　　(c) 圆柱和圆锥相交

图 3-42　两回转体同轴相交时相贯线为垂直公共轴线的圆

(2) 当具有内公切球的两回转体相交时,相贯线为两个形状大小相同且彼此相交的椭圆,椭圆所在的平面垂直于两回转面轴线所决定的平面,如图 3-43 所示。

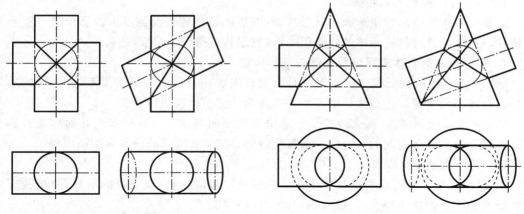

(a) 具有内公切球的两圆柱相交线为椭圆　　　　(b) 具有内公切球的圆柱与圆锥相交线为椭圆

**图 3-43　相贯线为椭圆情况**

(3) 相交两圆柱轴线平行或两圆锥共顶点,相贯线是直线,如图 3-44 所示。

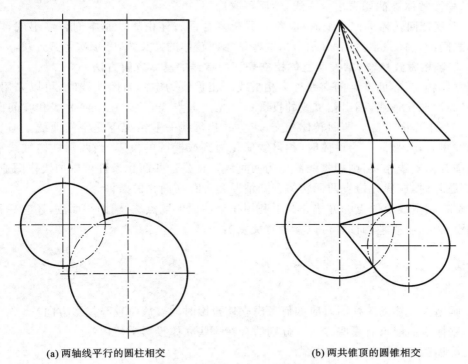

(a) 两轴线平行的圆柱相交　　　　(b) 两共锥顶的圆锥相交

**图 3-44　相贯线为直线**

## 本章小结

本章研究的是立体投影的基本内容,也是本书的重点,学习时应掌握如下几点。

**1. 基本立体投影关系明确**

能根据基本立体形状快速画出其三视图,并能确定立体表面的点的投影位置。重点掌握棱柱、棱锥、圆柱、圆锥、圆球的投影图画法,熟记其三视图的图形,达到快速认知。

**2. 掌握基本的立体表面求截交线方法和步骤**

(1) 平面立体的截交线一般情况下是由直线组成的封闭的平面多边形,多边形的边是截平面与棱面的交线。求截交线的方法主要有棱线法和棱面法两种。

(2) 平面截切回转体,截交线的形状取决于截平面与被截立体轴线的相对位置。截交线是截平面与回转体表面的共有线。求截交线的方法主要有素线法和纬圆法两种。

(3) 解题的方法与步骤。

① 投影分析。分析截平面与被截立体的相对位置,以确定截交线的形状;分析截交线对投影面的相对位置和特点,以确定截交线的作图方法。

② 求截交线。当截交线的投影为非圆曲线时,要先找特殊点,再补充中间点,最后光滑连接各点。

③ 当单体被多个平面截切时,要逐个截平面进行截交线的分析与作图。当只有局部被截切时,先按整体被截切求出截交线,然后再取局部。

④ 求复合回转体的截交线时,应首先分析复合回转体由哪些基本回转体组成,以及基本立体之间的连接关系,然后分别求出这些基本回转体的截交线,并依次将其连接。

**3. 了解相贯线概念,掌握两立体相交表面相贯线的基本求解方法**

两立体相交,表面产生的交线称为相贯线。相贯线为空间封闭曲线时,可以采用"逐点描点法"光滑顺次连线,画出相贯线的投影。可见,"逐点描点法"在平面曲线和空间曲线连接中都是基本作图方法。两回转体相交,产生的相贯线一般情况下是空间曲线。但当两回转体轴线重合,公切同一个球体时,相贯线简化为圆或椭圆的投影,当两圆柱体轴线平行相交或两圆锥体轴线相交,则相贯线简化为两直线。正是这些简化条件可以加快作图速度,因此,拿到题目时,应优先检查两回转体查交情况是否存在简化的条件。

本章在相贯线上取点的方法介绍了利用积聚性面上取点法、辅助平面法,还有一种辅助球面法没有讲,有兴趣的读者可以参考有关资料。

# 思考题

1. 画基本立体的三视图时应如何考虑立体投影时的安放位置与投影方向?
2. 立体表面取点有哪些方法?分别适合在哪些立体投影中使用?
3. 简述截交线和相贯线的概念。
4. 求截交线或相贯线有哪些步骤。
5. 试说明截交线的形状与哪些因素有关。
6. 简述正确画出截交线或相贯线应注意哪些问题。
7. 举例说明素线法与纬圆法在立体表面点时精确度差异。
8. 试说明"利用积聚性的表面取点法"在求相贯线上共有点时的局限性。

# 第 4 章 组 合 体

组合体即由基本体按一定方式组合而成的形体。组合体可以理解为是把零件进行必要的简化而得到的形体,工程上不论多么复杂的零件都可以看做由若干个基本几何体组成。因此,组合体绘图和阅读能力十分重要。本章主要内容是组合体三视图的画法和阅读,重点放在阅读组合体三视图的方法和实践上。

## 4.1 组合体的形成和表面连接关系

### 4.1.1 组合体的形成方式

**1. 叠加式**

组合体由若干个基本形体叠加而成。如图 4-1(a)所示的组合体是由如图 4-1(b)所示的圆柱和六棱柱叠加而成。

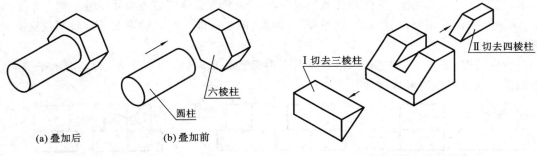

图 4-1 叠加式组合体　　　　　图 4-2 切割式组合体

**2. 切割式**

组合体由一个大的基本形体经过若干次切割而成。如图 4-2 所示组合体是由一长方体被截去Ⅰ、Ⅱ两部分以后形成。

**3. 复合式**

把组合体看成既有叠加又有切割所组成,这也是组合体的常见形式。如图 4-3 所示,组合体是由三部分叠加,再以此为基础,挖切两个长方体和一个圆柱体而成。

### 4.1.2 组合体的表面连接关系

组合体相邻表面之间的连接关系一般可分为平齐、不平齐、相交和相切四种情况。

**1. 表面平齐**

相邻两立体相关表面共面。如图 4-4(a)所示,组合体可认为由上、下两部分罗列在一起,上、下两部分的前表面处于同一个平面上,这两个平面的相对位置叫做"平齐"。将物体

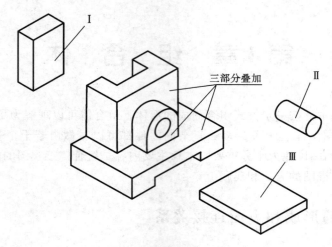

图 4-3 复合式组合体

视为由几个基本形体叠加而成是便于分析,是一种思考问题的方法,组合体本身实际上是一个不可分割的整体。因此,两个形体上平齐的平面的接触部位不应有轮廓线。

**2. 表面不平齐**

相邻两立体表面错开。当两基本体表面不平齐时,结合处应画出分界线。如图 4-4(b)所示,组合体可认为由上、下两部分罗列在一起,上、下两部分的前表面并不处于同一个平面上,这两个平面的相对位置叫做"不平齐"。因此,两个形体上平齐的平面的接触部位应有轮廓线。

特殊情况,如图 4-4(c)所示,组合体上下两部分叠加时,前表面平齐,后表面不平齐,故主视图上的分界线应画成虚线。

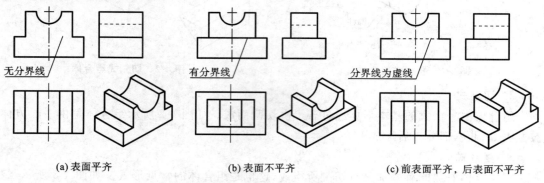

(a) 表面平齐　　　　　　　(b) 表面不平齐　　　　　　(c) 前表面平齐,后表面不平齐

图 4-4 表面平齐和表面不平齐

**3. 相切**

相邻立体的表面光滑连接,当两基本体表面相切时,在相切处不画分界线,相关面的投影应画到切点处。画法是先找出切点的位置,再将切面的投影画到切点处。如图 4-5(a)所示,立体左侧底板和圆柱相切,在圆柱具有积聚性的视图上可确定切点,在圆柱面没有积聚性的左视图上出现"断头"直线,即画到切点为止,形成不封闭线框。其错误画法见图 4-5(b)。

**4. 两形体相交**

相邻立体的表面呈相交状,在相交处应画出分界线。如图 4-5(a)立体右侧圆柱与右上边立板表面相交线,应画出交线。其错误画法见图 4-5(b)。

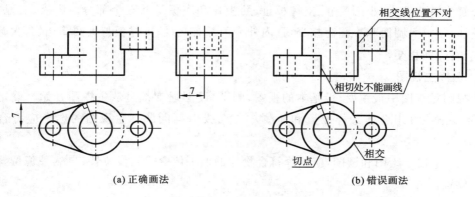

(a) 正确画法　　　　　　　　　　(b) 错误画法

图 4-5　表面相切和相交

## 4.2　组合体视图的绘制

### 4.2.1　形体分析法

假想将组合体分解为若干基本体,分析各基本体的形状、组合形式和相对位置,弄清组合体的形体特征,这种分析方法称为形体分析法。

该方法适用于主要以叠加方式形成的组合体,也是画组合体视图、读组合体视图、组合体尺寸标注的最重要的基本方法。如图 4-6 所示,以轴承座为例说明叠加组合体的绘图过程。

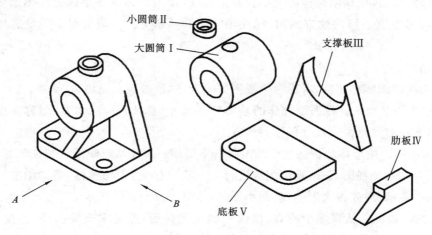

图 4-6　轴承座

**1. 形体分析**

在画图之前，首先应对组合体进行形体分析。将其分解成几个组成部分，明确各基本形体的形状、组合形式、相对位置以及各表面连接关系，为画图做好准备。由图 4-6 可知，轴承座可分解为大圆筒Ⅰ、小圆筒Ⅱ、支撑板Ⅲ、肋板Ⅳ和底板Ⅴ共五个部分。底板、支撑板、肋板是叠加组合；大圆筒和小圆筒相交，且内外表面都有交线；支撑板与大圆筒相切；大圆筒与肋板左、右侧面相交。

**2. 选择主视图**

主视图是视图中最主要、最基本的视图，画图、读图通常都是从主视图开始。确定主视图，就是要解决好组合体怎样放置和从哪个方向投射等问题。主视图的选择应符合以下原则。

(1) 为了便于绘图和读图，应选择符合物体的加工位置或工作位置、自然平稳位置的方向进行放置。

(2) 应选择物体形状特征明显的方向作为主视方向。

(3) 应兼顾其他视图表达的清晰性，选择使物体左视图、俯视图虚线比较少的方向来画主视图。

根据上述要求，选择轴承座的安放位置为底板朝下，底面平行于水平投影面。为避免左视图上出现过多虚线，投射方向宜采用 $A$ 向或 $B$ 向，但 $B$ 向绘制的三视图对于立体上的主要形体大圆筒，以及其与其他基本形体的相对位置关系表现不够清晰，不能很好地体现轮廓特征，同时，按 $B$ 向绘制的俯视图前后方向过长，不利用图纸幅面的利用。故采用 $A$ 向作为主视图的投射方向最恰当。主视图选定以后，俯视图和左视图也随之而定。

**3. 选比例，定图幅**

视图确定以后，根据组合体的大小和复杂程度，按国家标准规定选定作图比例和图幅；图幅大小应考虑有足够的地方画图、标注尺寸和画标题栏。一般情况下尽量选用 1∶1 的比例。

**4. 作图**

根据选定的图幅和比例，考虑三个视图的位置，尽量做到布局均匀、美观。

(1) 画视图基准线。根据组合体的总体外形尺寸（总长、总高、总宽）匀称布图，画出作图基准线，布线时注意留有尺寸标注的地方。

(2) 画底稿。按形体分析法逐个画出各基本形体。首先从反映形状特征明显的视图画起，然后画其他两个视图，三个视图配合进行。一般顺序是：先画整体，后画细节；先画主要部分，后画次要部分；先画大形体，后画小形体，如图 4-7(a)、(b)所示。

(3) 检查、描深。认真逐个检查、修改并确认无误后，擦去多余的图线，并按"先曲，后直；先水平后竖直；最后斜线"的顺序进行描深。运笔时应自上而下、从左到右。如图 4-7(c)、(d)、(e)、(f)所示。

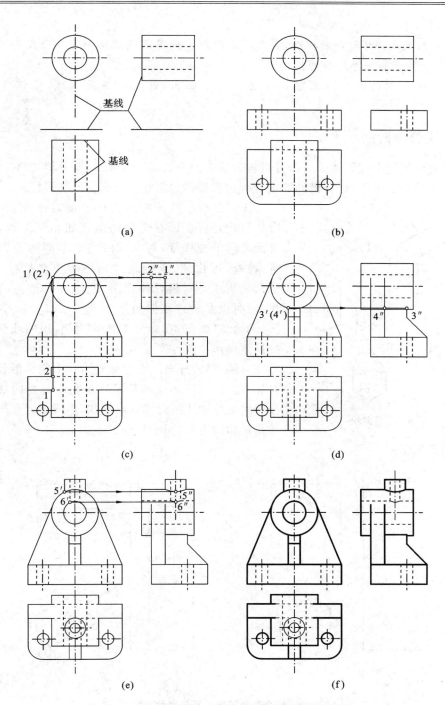

图 4-7 叠加式组合体"支架"的三视图画图步骤

【注意】

在绘制组合体的三视图时,需要注意以下几个问题。

(1) 先画外轮廓,后画内部形状。先画主要组成部分,后画次要部分。如图 4-7 所示,先从大圆筒入手。

（2）先画反映形体特征的视图，再画其他视图。如图 4-7(a) 所示为先画投影为圆的视图，图 4-7(b) 所示为先画底板的俯视图。

（3）同一形体的三个视图按投影关系同时画出，避免遗漏或多线，保证作图既准又快。

### 4.2.2 线面分析法

初学者可利用上述形体分析法分析较为简单的叠加式组合体，但要分析切割式组合体，除了用形体分析法之外，还需借助线面分析法来帮助想象和读懂这些局部形状。

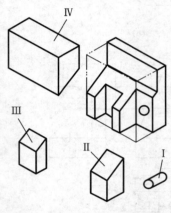

线面分析法就是把组合体分成若干个面，根据投影特点确定各个面在空间的形状和相对位置，以及面与面之间的交线等，对立体的主要表面的投影进行分析、检查，可快速、正确地画出图形。在机械制图中，线面分析法是看组合体视图，联想空间结构的重要方法，同时也是较难掌握的方法。

下面以如图 4-8 所示导向块为例，说明线面分析法的具体操作步骤。

由图可知，导向块可看做是由一个完整的长方体切去 Ⅱ、Ⅲ、Ⅳ 三块形体和钻了一个孔 Ⅰ。导向块的形体分析法与叠加式组合体基本相同，不同之处在于各形体与孔是切割下来的，而不是叠加上去的。图 4-9 给出了导向块的画图步骤。

图 4-8　导向块

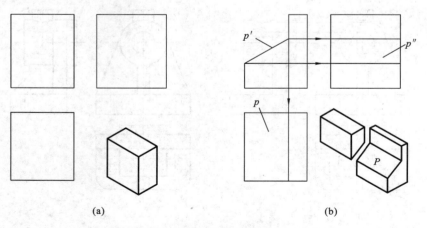

图 4-9　用线面分析法求导向块的三视图

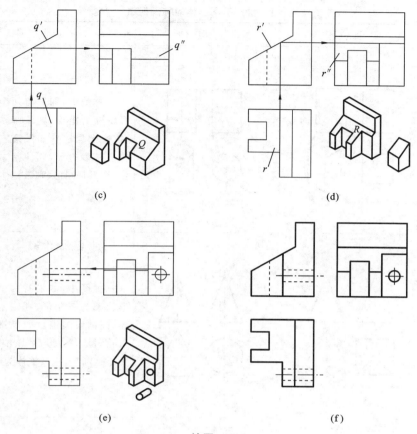

续图 4-9

## 4.3 组合体视图的阅读

画图和读图是学习本课程的两个主要环节。画图是将空间形体按正投影方法表达在平面的图纸上;读图则是由视图根据点、线、面的投影特性以及多面正投影的投影规律想象空间形体的形状和结构。读图比画图要困难一些,因此,掌握读图的基本要领和基本方法很重要,要注意培养空间想象能力和构思能力,不断实践,逐步提高读图能力。组合体的读图和画图一样,仍然采用形体分析法,辅以线面分析法。读图时,必须应用投影规律,分析视图中每一条线、每一个线框所代表的含义,再经过综合、判断、推论等空间思维活动,从而想象出各部分的形状、相对位置和组合方式,直至最后形成清晰而正确的整体形象。

### 4.3.1 读组合体视图的要点、方法和步骤

#### 4.3.1.1 读组合体视图的要点

**1. 熟悉基本形体的视图特征**

要读懂复杂的组合体的视图,首先必须熟悉基本形体的视图特征。如表 4-1 是常见的

表 4-1 常见基本形体的特征视图

| 类别 | 平面立体 | 回转体 | 说明 |
|---|---|---|---|
| 柱体 | 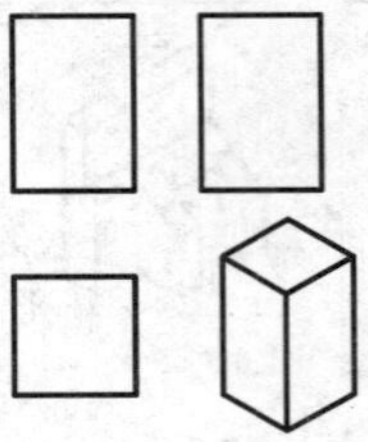 | 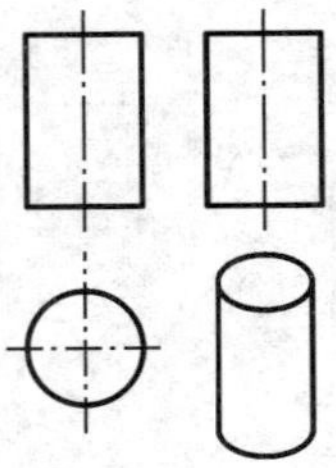 | 三视图中,如果有两个视图的外形轮廓为矩形,则该基本体是柱体(棱柱或圆柱);如果第三视图外形轮廓是多边形,则该基本柱体是棱柱,如果是圆形,则该柱体为圆柱 |
| 锥体 | 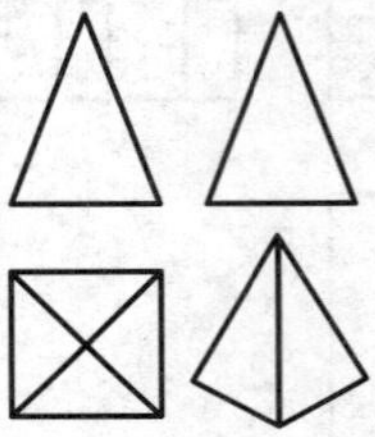 | 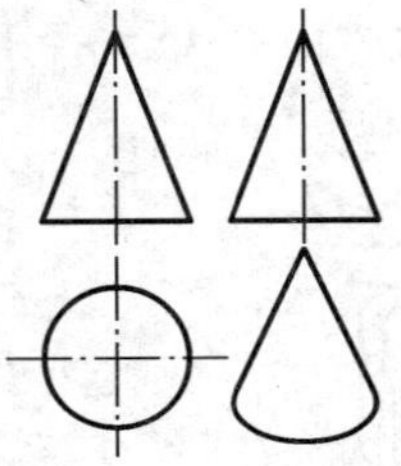 | 三视图中,如果有两个视图的外形轮廓为三角形,则该基本体是锥体(棱锥或圆锥);如果第三视图外形轮廓是多边形,则该锥体是棱锥;如果是圆形,则该锥体为圆锥 |
| 棱台/圆台 | 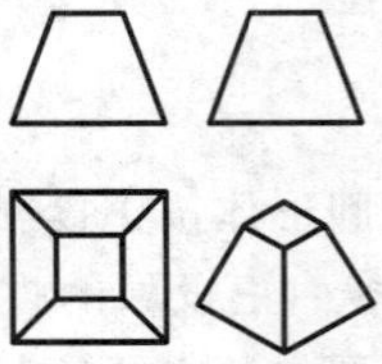 | 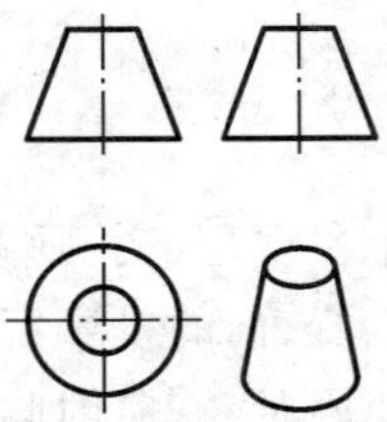 | 三视图中,如果有两个视图的外形轮廓为梯形,则该基本体是棱台或圆台;如果第三视图外形轮廓是多边形,则该基本体是棱台;如果是圆环,则该基本体为圆台 |

基本形体的视图特征。

**2. 必须把几个视图联系起来看**

一般情况下,一个视图不能完全确定物体的几何形状,它只能反映物体的一个方向的形状。因此看图时,必须几个视图联系起来,根据影规律进行分析、判断,才能想象出物体的形状。如图 4-10(a)所示,俯视图均相同,联系不同的主视图后,才可确定各自不同的物体形状。又如图 4-10(b)所示,主视图相同,联系俯视图后才能看懂视图表达的物体形状。

找出特征视图,弄清形体的主要形状及各形状的位置关系。如图 4-11 所示,立体的主

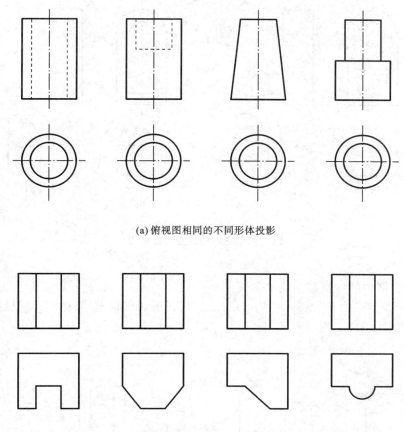

(a) 俯视图相同的不同形体投影

(b) 主视图相同的不同形体投影

图 4-10 读图时将几个视图联系起来看

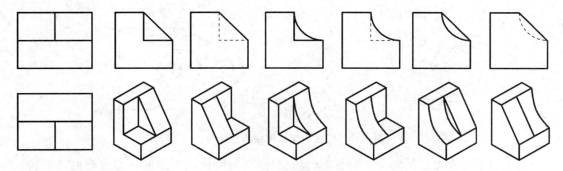

图 4-11 立体的形状特征视图

视图和俯视图均相同,左视图为形状特征视图,必须抓住这一视图才能完全确定立体的形状。如图 4-12(a)、(b)所示,立体的主视图和俯视图均相同,且主视图具有比较明显的形状特征,但无法根据这两个视图判断立体的唯一形状,必须通过具有位置特征的左视图来确定

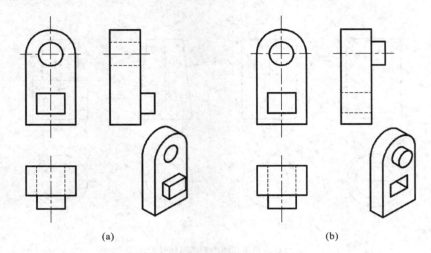

(a)　　　　　　　　　(b)

图 4-12　立体的位置特征视图

立体的形状。

**3. 弄清视图中的线框和图线的含义**

组合体的视图是由各种图线和线框组成的，要正确识读视图，就必须弄清视图中的图线和线框的含义（见图 4-13）。

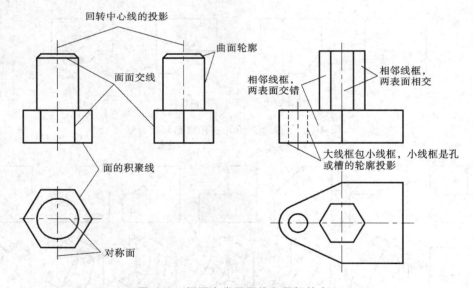

图 4-13　视图中常见图线和图框的含义

（1）图线的含义。主要考虑垂直面的积聚投影，两表面相交线的投影以及曲面的转向线轮廓线的投影。归纳起来，点画线通常是对称面（线）、回转中心的投影，而粗实线、虚线往往是曲面轮廓、面面交线、面的积聚线。

（2）线框的含义。主要考虑平面的投影、曲面的投影、平面与曲面相切所形成的连续表面投影以及孔的投影等。

**4. 常见立体表面交线的各种不同画法**

图 4-14 列出了九种常见的圆柱体叠加和挖切情况下表面交线的画法。

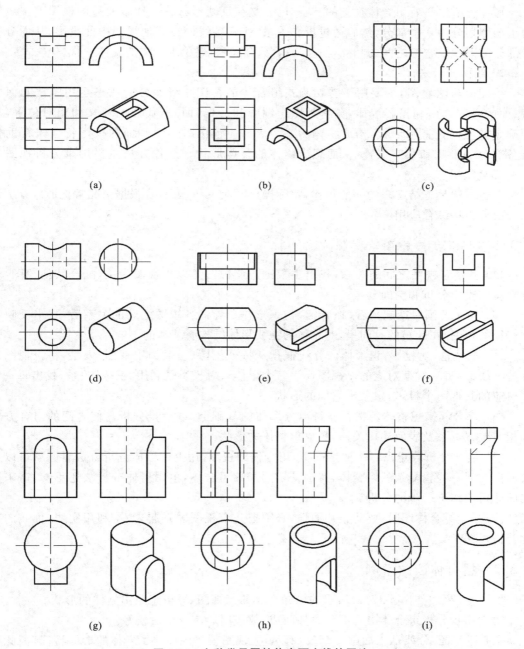

图 4-14　九种常见圆柱体表面交线的画法

#### 4.3.1.2　组合体读图的基本方法

与组合体的绘制类似,组合体的读图常用的方法是形体分析法,对于较难读懂的地方,常采用线面分析法。

**1. 形体分析法**

形体分析法是看组合体视图的基本方法,是在反映形状特征比较明显的视图上按线框将组合体划分为几个部分,然后通过投影关系,找到各线框在其他视图中的投影,从而分析各部分的形状及它们之间的相互位置,最后综合起来,想象组合体的整体形状。

**2. 线面分析法**

线面分析法看图,主要用于看切割式组合体的视图。线面分析法是运用画法几何中线、面的空间性质和投影规律,分析视图中图线和线框(面)所代表的意义和相对位置,从而确定其空间位置和形状,构成物体的各个表面。读图时用线和面的投影特性来帮助分析各部分的形状和相对位置,从而想出物体的整体形状。这种方法主要用来分析视图中的局部复杂投影。

上述方法是总结起来的一般规律,实际操作时应灵活运用,且根据情况常把形体分析法和线面分析法综合应用。

#### 4.3.1.3 组合体读图的步骤

(1) 弄清各视图之间的关系,找出主视图。读视图是以主视图为主,配合其他视图,进行初步的投影分析和空间分析。

(2) 几个视图联系起来看,抓特征,初识形体。弄清各视图之间的关系后,找出反映物体特征的视图,在较短的时间里,对立体的主要形体结构有基本的了解。

(3) 分线框、对投影、识形体。分线框指从特征视图(一般为主视图)入手,将该视图划分若干线框(每一线框对应的三视图代表一个形体);对投影是利用"三等"关系,找出每一线框对应的其他两个投影,想象出它们的形状。

(4) 综合起来想整体。在看懂每部分形体的基础上,进一步分析它们之间的组合方式和相对位置关系及表面连接关系,想象出整体的形状。

(5) 线面分析攻难点。一般情况下,组合体的视图,用上述形体分析方法看图就可以解决。但对于一些较复杂的组合体,特别是切割式的组合体,单用形体分析法还不够,需采用线面分析法作进一步的分析。

注意,读组合体图时,要防止片面性,必须把几个视图联系起来看,利用实线、虚线的变化分析形体。

### 4.3.2 组合体读图举例

**例 4-1** 根据如图 4-15(a)所示的已知立体的三视图,分析想象出立体的形状。

**解** 初步分析组合体由几部分叠加而成,故采用形体分析法较好。

(1) 抓特征,分线框。如图 4-15(a)所示,主视图较多地反映了立体的形体特征,因此可将主视图分成 A、B、C、D 四个主要线框。

(2) 对投影,识形体。根据主视图中的线框及其与其他视图投影的三等对应关系,对线框进行形体分析,分别想象出它们的形状。由于组合体各组成部分的形状和位置并不一定集中在某一个方向上,因此反映各部分形状特征和位置特征的投影也不会集中在某

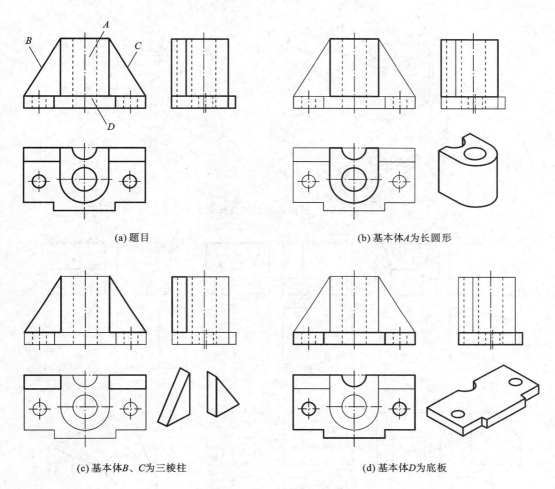

图 4-15 采用形体分析法读图

一个视图上。

如图 4-15(b)所示,与上部矩形线框 A 对应的俯视图为长圆形,是基本体的形状特征视图,左视图投影也是矩形线框,可确定该部分基本形状是长方体和半圆柱组成的长圆形,再挖切了一个圆柱形孔,后部切了一个半圆弧槽。如图 4-15(c)所示的主视图中左右三角形线框 B、C,对应的俯视图和左视图是矩形线框,可确定该部分为左右对称的三棱柱。如图 4-15(d)所示的底部线框 D 是由直线、圆弧构成的四边形线框,对应其俯、左视图投影,可确定是一块四棱柱底板,且左右对称切去两个方板,再挖去两个圆孔。

(3) 看细节,综合想象整体形状。综合主体和细节,即可确切地想象出组合体的整体形状。基本体 A 在 D 的上部,位置是中间靠后,且两基本体的后表面平齐共面。基本体 B、C 对称分布于 A 的左右两侧且立于基本体 D 的上部,且后表面与之平齐,如图 4-16 所示。

**例 4-2** 如图 4-17 所示的为压板三视图,分析想象出组合体的形状。

**解** 立体主要由挖切形成,故应综合采用形体分析和线面分析两种方法。

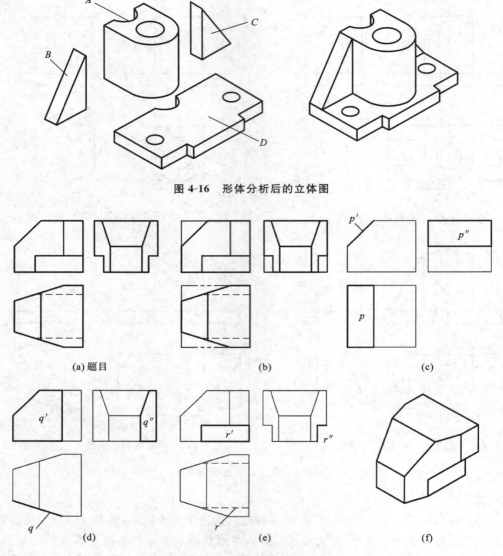

图 4-16 形体分析后的立体图

图 4-17 压板的视图分析

（1）形体分析。一般地，切割式组合体由某个基本体通过切割而形成，因此应先根据视图进行形体分析，分析出切割前的原基本体，再进行线面分析。图 4-17（a）所示压板的三视图，通过图 4-17（b）的处理，可以想象出其切割前的基本体是一个长方体。

（2）线面分析。由俯视图中线框 $p$、主视图中线框 $p'$ 和左视图中线框 $p''$ 可知，$P$ 为一正垂面，切去长方体的左上角，如图 4-17（c）所示。

从主视图中线框 $q'$、俯视图中线框 $q$ 和左视图中线框 $q''$ 可知，$Q$ 为铅垂面，将长方体的左前（后）角切去，如图 4-17（d）所示。与主视图中线框 $r'$ 由投影联系的是俯视图中图线 $r$、左视图中图线 $r''$，所以 $R$ 为正平面，它与水平面将长方体前（后）下部切去一块长方体，如图 4-17（e）所示。通过几次切割后，长方体所剩余部分的形状就是压板的形状，如图 4-17（f）所示的为压板的立体图。

注意,看图时不能只用一种方法,常把形体分析法和线面分析法综合应用,才能快速看懂立体的形状。

**例 4-3**　如图 4-18(a)所示,已知组合体的主视图和左视图,补画俯视图。

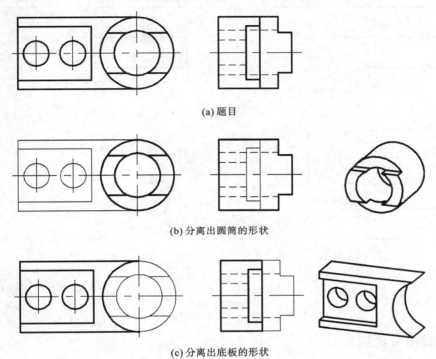

图 4-18　分线框确定立体的组成

**解**　(1) 分析视图,划分线框。如图 4-18(b)、(c)所示。
(2) 对照投影,分解形体。
(3) 完成三视图,如图 4-19 所示。

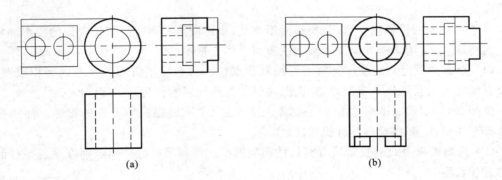

图 4-19　完成立体的俯视图

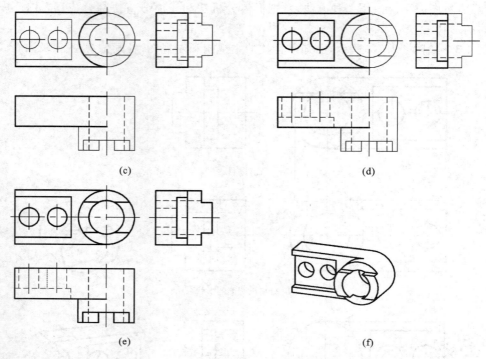

续图 4-19

### 4.3.3 线面分析技巧

构成物体的各个表面,不论其形状如何,它们的投影如果不具有积聚性,一般都是一个封闭线框。读图时用线和面的投影特性来帮助分析各部分的形状和相对位置,从而想出物体的整体形状。

在读形状比较复杂的组合体的视图时,在运用形体分析的同时,对于不易读懂的部分,用线面分析法来帮助想象和读懂这些局部形体,对初学者有一定的难度。下面就线面分析法的应用技巧进行一下说明。

由于物体上的投影面平行面、投影面垂直线、投影面垂直面和一般位置面的投影都具有一定的特殊性,常用来指导读图者顺利读懂组合体三视图。

(1) 投影面平行面的投影具有实形性和积聚性。可根据平行面的实形性和积聚性,由两投影确定第三投影形状或位置,是读图时最常选择使用的技巧。

图 4-20(b)、(c)、(d) 分别显示了立体上正平面、水平面以及侧平面的投影。注意哪个投影具有实形性,哪些投影具有积聚性。

(2) 投影面垂直线的投影具有实长性和积聚性。可利用该特性确定垂直面或平行面交线位置和长度。

图 4-21(b)、(c)、(d) 分别显示了正垂线、竖直线和侧垂线的画法,注意哪个投影反映实长,哪些投影具有积聚性。

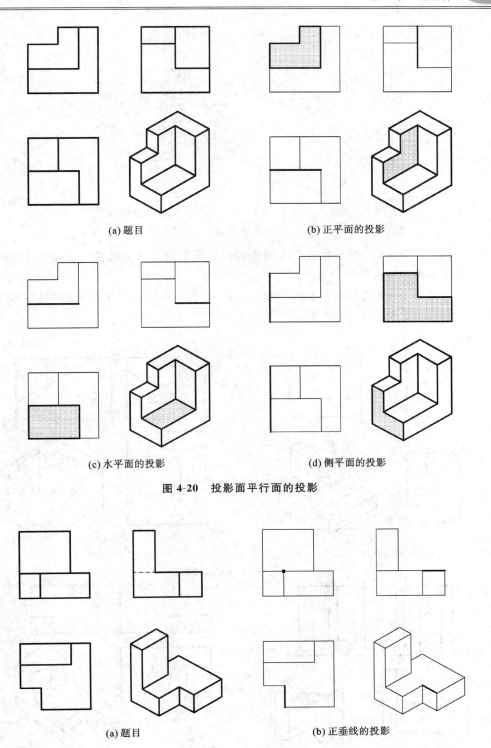

(a) 题目　　(b) 正平面的投影

(c) 水平面的投影　　(d) 侧平面的投影

图 4-20　投影面平行面的投影

(a) 题目　　(b) 正垂线的投影

图 4-21　投影面垂直线的投影

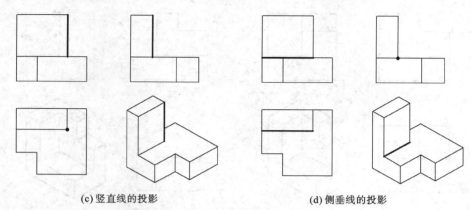

(c) 竖直线的投影　　　　　　　　(d) 侧垂线的投影

续图 4-21

（3）垂直面和一般位置面的投影具有类似性。类似性可用来快速检查垂直面或一般位置平面在补图后是否正确的手段。

如图 4-22 所示，垂直面有两个投影相类似，一般位置平面有三个投影相类似，哪个投影画错了一眼就能发现。

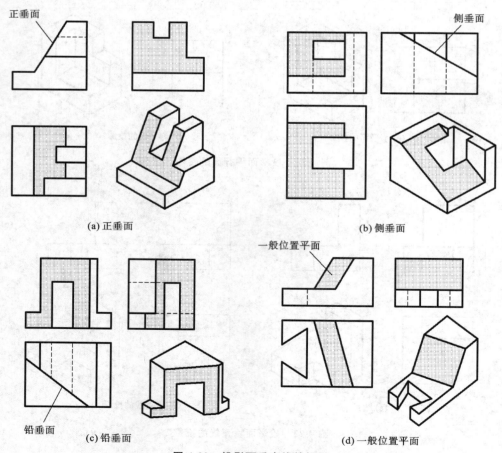

(a) 正垂面　　　　　　　　　　　　(b) 侧垂面

(c) 铅垂面　　　　　　　　　　　　(d) 一般位置平面

图 4-22　投影面垂直线的投影

## 本章小结

本章简要地叙述了组合体画图和读图的方法。不管是画图还是读图,首先是要熟练一些常见基本形体的特征图、两立体表面交线的处理方法等,其次是掌握基本步骤,并且时刻要注意投影的三等规律,读图时还要具有较丰富的形体构思能力。最后,对组合体画图或读图补图结果的检查,及时发现错误。特别强调形体分析法和线面分析法灵活运用。当然,提高自己画图与读图能力的最好方法是加强实践练习。只有做到心中有形,意在笔前,下笔画图与读图才会更容易一些。

## 思考题

1. 简述组合体画图和读图步骤。
2. 组合体形成方式有哪些?
3. 什么是形体分析法和线面分析法?
4. 立体表面相切有哪些种类?其交线如何处理?

# 第 5 章 轴 测 图

轴测图是一种单面投影图,在一个投影面上能同时反映出物体三个坐标面的形状,并接近于人们的视觉习惯,形象,逼真,富有立体感。但由于轴测图度量性差,并且作图较复杂,因此,在工程上通常把轴测图作为辅助图样,用于说明机器的形状、安装、使用等情况。

在绘图教学中,轴测图也是发展空间构思能力的手段之一。通过画轴测图可以帮助人们想象物体的形状,培养空间想象能力。

## 5.1 轴测图的基本知识

### 5.1.1 轴测图的形成

轴测图是把空间物体和确定其空间位置的直角坐标系按平行投影法沿不平行于任何坐标面的方向投影到单一投影面上所得的图形。如图 5-1 所示,在投影体系建立一个与各投影面都倾斜的轴测投影面 $P$,将正方体连同其参考直角坐标轴 $OX$、$OY$、$OZ$ 向轴测投影面 $P$ 作平行投影,在轴测投影面 $P$ 上就能得到同时反映出物体三个方向尺度的图形,称为轴测投影,简称轴测图。

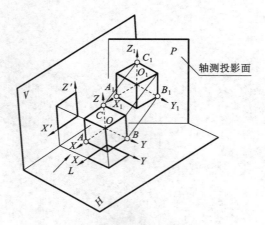

图 5-1 轴测图的概念

轴测图是用平行投影法得到的,具有平行投影的所有特性。

(1) 平行性:即立体上相互平行的线段在轴测图上仍保持平行。

(2) 等比性:即立体上同一线段的两段长度或两平行线段长度之比,在轴测图上保持不变。

(3) 实型性:即立体上平行轴测投影面的直线和平面,在轴测投影图上反映实长和实形。

## 5.1.2 轴测图的基本参数

**1. 轴测轴**

物体上参考坐标系的三根坐标轴 $OX$、$OY$、$OZ$ 在轴测投影面上的投影 $O_1X_1$、$O_1Y_1$、$O_1Z_1$，称为轴测轴。

**2. 轴间角**

每两根轴测轴之间的夹角称为轴间角，即 $\angle X_1O_1Y_1$、$\angle Y_1O_1Z_1$、$\angle Z_1O_1X_1$。

**3. 轴向伸缩系数**

将物体参考坐标轴 $OX$、$OY$、$OZ$ 上的单位长度 $OA$、$OB$、$OC$ 作轴测投影，得到投影长度 $O_1A_1$、$O_1B_1$、$O_1C_1$，定义 $p=O_1A_1/OA$，$q=O_1B_1/OB$，$r=O_1C_1/OC$，$p$、$q$、$r$ 表示物体 $OX$、$OY$、$OZ$ 方向的轴向伸缩系数。

说明：沿轴测轴方向，点的坐标值与轴向伸缩系数的乘积就是轴测方向的测量坐标，可以方便地在轴测图上确定该点。但是，与坐标轴不平行的线段，不能利用轴向伸缩系数进行测量与绘制。

## 5.1.3 轴测图的分类

**1. 根据投射线方向和轴测投影面的位置分类**

（1）正轴测投影图（正轴测图）：投射线方向垂直于轴测投影面（见图 5-2(a)）。

（2）斜轴测投影图（斜轴测图）：投射线方向倾斜于轴测投影面（见图 5-2(b)）。

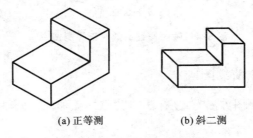

(a) 正等测　　　　(b) 斜二测

图 5-2　工程上常用的轴测图

**2. 根据轴向伸缩系数分类**

（1）正轴测图。

正等轴测图（简称正等测）：$p=q=r$。

正二轴测图（简称正二测）：$p=r\neq q$。

正三轴测图（简称正三测）：$p\neq q\neq r$。

（2）斜轴测图。

斜等轴测图（简称斜等测）：$p=q=r$。

斜二轴测图（简称斜二测）：$p=r\neq q$。

斜三轴测图（简称斜三测）：$p\neq q\neq r$。

由于计算机绘图给轴测图的绘制带来了极大的方便，轴测图的分类已不像以前那样重要，但工程上常用的是两种轴测图：正等测和斜二测。因此，本章只介绍这两种轴测图的画法。

说明：国家标准规定，轴测图一般只用粗实线画出可见部分，必要时才用细虚线画出不可见部分。

## 5.2 正等测图的画法

正等测图，由于其投射线方向垂直于轴测投影面，且 $p_1=q_1=r_1$。由几何关系可以证明：当 $p=q=r=\cos35°16'\approx0.82$ 时，其三个轴间角均为 $120°$（见图 5-3）。

画图时，为了看图直观和作图方便，一般将 $O_1Z_1$ 轴取为铅垂位置，规定各轴向伸缩系数可采用简化系数 $p=q=r=1$ 作图。因此，画出的正等测图实际上被放大了 $1/0.82\approx1.22$ 倍，但不影响物体形状，如 5-4 所示。

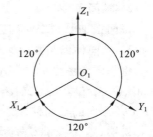

图 5-3　轴间角

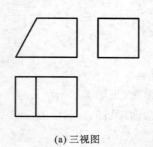
(a) 三视图

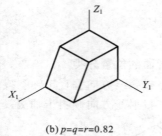
(b) $p=q=r=0.82$

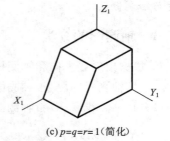
(c) $p=q=r=1$（简化）

图 5-4　轴向伸缩系数对正等测图影响

### 5.2.1 平面立体正等轴测图画法

画平面立体正等轴测图方法有：坐标法、切割法、叠加法。画轴测图时应根据立体形状特点选择适合的方法绘图。

**1. 坐标法**

坐标法是正等轴测图最基本的绘图方法。这种方法适用于立体上倾斜面较多，无其他规律可利用的情况。坐标法通过测量立体上每个点的轴测坐标进行绘图。画图前，首先应在立体三视图上建立直角坐标系 $OXYZ$ 作为度量基准，然后根据立体上每个点的坐标，画出它的轴测投影，最后对可见点用粗实线依次连接。

**例 5-1**　利用坐标法画三棱锥的正等轴测图。

**解**　解题步骤如下。

(1) 确定立体的坐标原点并建立坐标轴，如图 5-5(a)所示。为了作图方便，原点选在三棱锥底面的中心。

(2) 画出坐标轴的投影，并作出三棱锥底面 1、2、3 点的轴测投影，依次连接各顶点，得底面的轴测图（见图 5-5(b)）。

(3) 画出锥顶 4 的轴测投影，用细实线将顶点与底面三个点连接（见图 5-5(c)）。

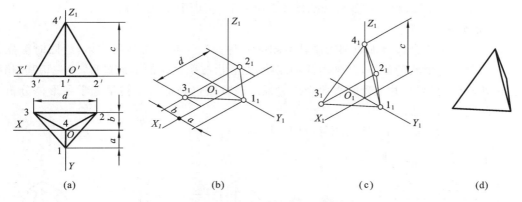

图 5-5 三棱锥正等轴测图画法

(4) 将可见棱线画成粗实线,看不见棱线擦去,即得到三棱锥正等测图(见图 5-5(d))。

【提示】

坐标原点和坐标轴的摆放位置选择对所画轴测图直观性有一定影响。根据坐标可取正值也可取负值的原则,轴测轴摆放位置有七种(见图 5-6)。

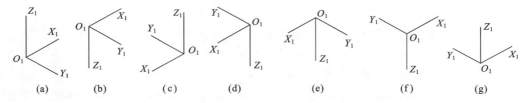

图 5-6 七种正等轴测轴位置画法

## 2. 切割法

切割法是按照切割体形成过程作图的一种正等测图画法,属于一种体的减运算画法,比较直观,适用于初学者学习形体分析。

**例 5-2** 用切割法画立体的正等测图,如图 5-7(a)所示。

**解** 解题步骤如下。

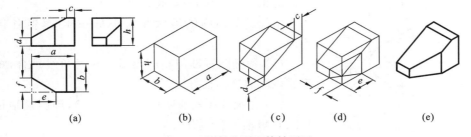

图 5-7 切割法画正等轴测图

(1) 根据尺寸画出完整长方体轴测投影(见图 5-7(b))。
(2) 切去立体左上角正垂位置的大三棱柱轴测投影(见图 5-7(c))。
(3) 切去左前方铅垂位置的小三棱柱轴测投影(见图 5-7(d))。

(4) 擦去作图线,将可见部分描深即得立体的正等测图(见图 5-7(e))。

### 3. 叠加法

叠加法是按组合体叠加原则绘制轴测图的一种方法。对于切割形物体,绘图时首先将物体看成是一定形状的整体,并画出其轴测图,然后再按照物体的形成过程,逐一切割,相继画出被切割后的形状,并处理好表面交线关系。该方法也是适用于初学者学习形体分析的立体轴测图绘图方法。

**例 5-3** 用叠加法画立体的正等测图(见图 5-8(a))。

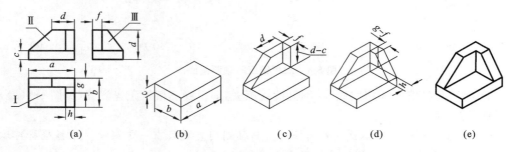

图 5-8 叠加法画正等轴测图

**解** 解题步骤如下。

(1) 根据尺寸画出长方体底板Ⅰ的轴测投影(见图 5-8(b))。
(2) 在底板Ⅰ上画出竖板Ⅱ的轴测投影(见图 5-8(c))。
(3) 画出竖板Ⅲ轴测投影(见图 5-8(d))。
(4) 擦去作图线和竖板Ⅱ、Ⅲ顶面平齐的线段,将可见部分描深,即得立体的正等测图(见图 5-8(e))。

## 5.2.2 回转体正等测图画法

### 1. 平行于坐标面的圆的正等测画法

一般情况下圆的投影为椭圆,回转体端面圆的正等测图画法,是解决回转体画轴测图的关键。如图 5-9 所示,根据正等测图性质可知,在正方体的三个投影面上作相同直径的内切圆的正等测投影,可以得到如下规律。

(1) 三个椭圆的形状和大小是一样的,但各自方向不同。
(2) 各椭圆短轴与相应菱形的短对角线重合,短轴与垂直该面的坐标轴方向一致。
(3) 用简化画法作图($p=q=r=1$),椭圆长轴长度为 $1.22d$,短轴长度约为 $0.7d$。

### 2. 四心法画圆的正投影

工程上,手工绘制椭圆比较麻烦,常采用近似的圆弧段来代替。正等测图产生的椭圆一般采用四段圆弧代替。由于四个圆弧的四个圆心是根据外切菱形所求出的,因此这

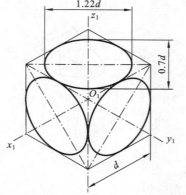

图 5-9 平行于坐标面圆的正投影

个方法称"四心法"。

**例 5-4** 用四心法画坐标面上的圆的正等测图(见图 5-10)。

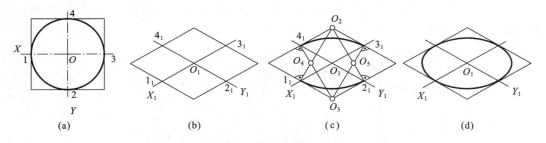

图 5-10 坐标面圆的正等测图近似画法

**解** 解题步骤如下。

(1) 过圆心 $O$ 作坐标轴 $OX$、$OY$，再作圆的外切正方形，得四个切点(见图 5-10(a))。

(2) 作轴测轴 $OX$、$OY$，再过四个切点投影作轴测轴的平行线，相交后得到外切圆的菱形(见图 5-10(b))。

(3) 过各切点作菱形各边的垂直线，得四个交点 $O_2$、$O_3$、$O_4$、$O_5$。分别以 $O_2$、$O_3$ 为圆心，垂直线长度为半径画出圆弧(见图 5-10(c))。

(4) 再分别以 $O_4$、$O_5$ 为圆心，$O_4 4_1$ 以为半径画出另外两段圆弧，除去作图线，完成全图(见图 5-10(d))。

**例 5-5** 画圆柱体的正等测图。

**解** 解题步骤如下。

(1) 在正投影图上画出圆心 $O$、坐标轴 $OX$、$OY$、$OZ$，再作圆的外切正方形。为方便作图，$OZ$ 轴向下(见图 5-11(a))。

(2) 画出轴测轴，并画出圆柱体上下两圆的外切正方形的轴测投影(见图 5-11(b))。

(3) 在上、下两菱形平面内作圆的轴测投影，其中下面圆的投影是上面圆投影完成后将圆心向下移动高度 $h$，并画出两投影椭圆的公切线(见图 5-11(c))。

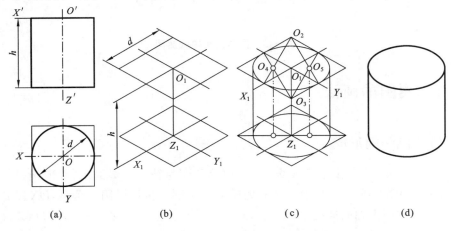

图 5-11 圆柱体的正等测图

(4) 去除作图线,可见边描深,完成全图(见图 5-11(d))。

【提示】

如图 5-12 所示,圆柱体轴线垂直三个坐标面的正轴测图形状相同,但方向不同,读者要认真记忆,避免画错。

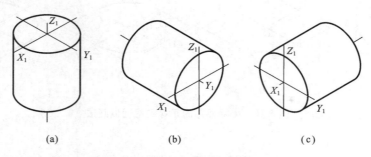

图 5-12 圆柱体的正等轴测图

**3. 圆角的正等测图画法**

在组合体上经常出现四分之一的圆柱面形成的圆角转廓,在画投影图时就要画四分之一的圆周组成的圆弧。而这四分之一的圆弧正好是四心法画近似椭圆弧中的一段。因此,只要确定圆角对应圆弧的圆心和切点,圆角的正等测图画法就可以沿用四心法作图。

如图 5-13 所示,根据已知圆角半径,找出切点 1、2、3、4,过切点作垂线得两个交点 $O_1$、$O_2$,再过两圆心和相应切点画圆弧,得圆弧板上表面正等测图。然后采用移心法将 $O_1$ 和 $O_2$ 向下移动 $h$,得 $O_3$ 和 $O_4$ 圆心,分别再画一次圆弧,画出上下两弧公切线,去除作图线,描深可见边,完成全图。

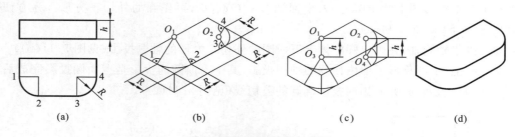

图 5-13 圆角的正等轴测图

## 5.3 斜二测图的画法

### 5.3.1 斜二测图的形成

如图 5-14 所示,立体上参考坐标系中的 $OXZ$ 面与轴测投影面平行,但其投射线与投影面倾斜,最终在投影面上产生有立体感的轴测投影图。从投影图上可见,$OX$、$OZ$ 坐标轴平行投影面,即有两个轴向伸缩系数不变,即:$p=r=1$。$\angle X_1O_1Z_1=90°$,则 $OXZ$ 面上面的形状在轴测投影面上反映实形。

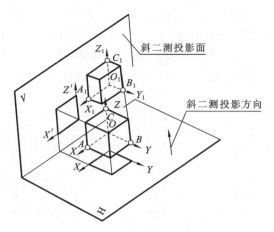

图 5-14 斜二轴测图的形成

## 5.3.2 轴间角与轴向伸缩系数

在保证图 5-15 所示条件下,投影方向与投影面的倾斜角度还是可以任意改变的,$O_1Y_1$ 轴的轴间角与轴向伸缩系数可以有很多种。如图 5-15 所示,工程上为了方便绘图,常取 $\angle Y_1O_1Z_1=135°$ 或 $\angle Y_1O_1Z_1=45°$。取 $p=r=2q=1$,即 $q=0.5$,表示 $OY$ 轴的投影长度为原长度的一半。从图 5-15(c)所示可知,$OYZ$ 与 $OXY$ 平面与投影面倾斜,其面上的圆形投影为椭圆,其长轴测量角度、长短轴的计算公式都不是整数,计算比较麻烦。因此,人们在画斜二轴测投影图时,物体上一般只有一个坐标面上有圆或圆弧,画图时总是把有圆的平面定的 $OXZ$ 平面,使其平行于投影面,才能使作图简便。

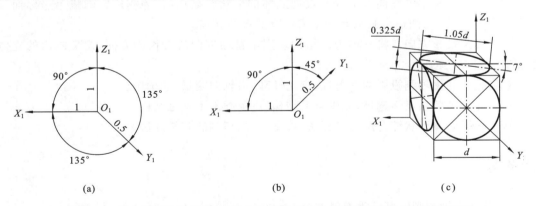

图 5-15 斜二轴测图的轴间角、轴向伸缩系数及三坐标面上圆的斜二轴测投影

## 5.3.3 斜二测图的画法

由于斜二测投影的两个轴测方向伸缩系数不变,投影图更能表达物体正面的形状。因此,它适合表达单一方向比较复杂或只有一个方向有圆的物体。

图 5-16 所示的为一组合体的斜二测图作图方法的步骤。由于平行 $OXZ$ 平面上的图

形多数是同心圆,采用斜二测投影是比较合适的。画图时,先作形体分析,确定坐标轴,标出六个圆心位置;然后画轴测轴,并根据 $Y_1$ 轴上 $q=0.5$ 轴测系数,确定出六个圆心投影位置 $O_1$、$O_2$、$O_3$、$O_4$、$O_5$、$O_6$;再画出各端面的投影、通孔的投影、圆的公切线;最后擦去多余作图线和两组合结构的平齐部分交线,检查无错后,加深可见边,完成全图。

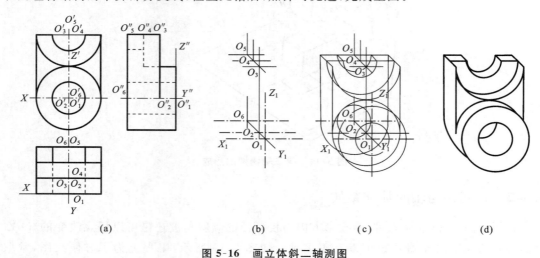

图 5-16 画立体斜二轴测图

## 本章小结

本章重点介绍正等测图和斜二测图的形成和画法。画轴测图时需要把握住以下几点。

(1) 采用哪种轴测图能够最好地表现立体的形状?显然,正等测适合画三个坐标面都有圆弧的立体,斜二测适合画只有一个方向有圆弧的立体。

(2) 确定投影方向。将立体表面结构表现丰富的方向对着投影方向,避免画出的立体轴图有一种画反的感觉。

(3) 充分利用轴测投影的平行性、定比性和"沿轴向测量"性画图。

(4) 注意坐标系灵活选择,先画可见结构,避免画出不可见结构后又擦掉。

(5) 根据立体形状综合选用坐标法、可见面法、切割法和叠加法。

## 思考题

1. 什么是轴测图?其分类有哪些?
2. 什么是轴间角?正等测图和斜二测图的轴间角是如何规定的?
3. 什么是轴向伸缩系数?什么是简化轴向伸缩系数?为什么要简化?
4. 试比较斜二测投影图和正等测投影图的优缺点。

# 第6章 机件形状的表达方法

为了满足机件的各种功能,机件的形状是多种多样的,因此,仅仅用前面所讲的三视图来表达是有局限的。为了使图样能够正确、完整、清晰地表达机件的内外结构形状,国家标准《技术制图》和《机械制图》规定了一些图样的基本表示法。

## 6.1 视图

根据国家标准规定,用正投影法将机件向投影面投射所得的图形称为视图,它主要用于表达机件的外部形状和结构。按照视图投影方向、图形位置的不同,视图分为基本视图、斜视图、局部视图和旋转视图等。画视图时应用粗实线画出机件的可见轮廓,必要时还可用虚线画出机件的不可见轮廓。

### 6.1.1 基本视图

将机件按照正投影法向基本投影面投射所得到的视图称为基本视图。国家标准规定,基本投影面有六个,由一个正六面体组成。投影时,机件放置在正六面体中间,并分别向其六个表面投影,即得到机件的六个基本视图:

主视图——从前向后投射得到的视图;
俯视图——从上向下投射得到的视图;
左视图——从左向右投射得到的视图;
右视图——从右向左投射得到的视图;
仰视图——从下向上投射得到的视图;
后视图——从后向前投射得到的视图。
六个投影面的展开如图6-1所示。

六个基本视图中,"主、后、左、右"视图符合"高平齐"的投影规律,"主、俯、仰"视图符合"长对正"的投影规律,"俯、左、右"视图符合"宽相等"的投影规律。除后视图外,各视图靠近主视图的一侧,均反映机件的后面,而远离主视图的一侧,均反映机件的前面。

实际绘图时,并不是将机件的六个基本视图都画出,而是根据机件结构的复杂程度,选用适当的基本视图。视图选择原则为:在明确表示物体的情况下,视图的数量最少;尽量避免使用虚线表达物体的轮廓及棱线;避免不必要的细节重复。

没有特殊情况下优先选择主、俯和左视图。

### 6.1.2 向视图

向视图是位置可以自由放置的基本视图。因此,向视图必须标注清楚视图的由来,即标

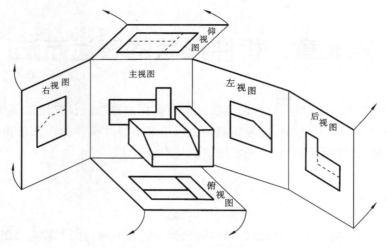

图 6-1　六个投影面的展开

明视图的名称和投射方向。向视图的名称,用大写的拉丁字母 $A$、$B$、$C$ 等表示,写在视图上方的中间位置处,向视图的投射方向用箭头及与视图名称相同的字母表示,标在相关视图的附近。向视图的标注如图 6-2 所示。

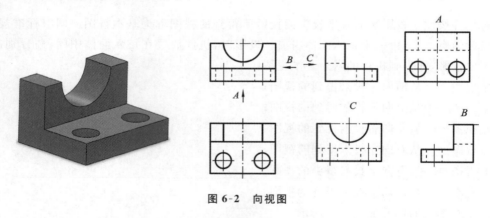

图 6-2　向视图

向视图主要应用在由于图幅或其他原因的限制,导致视图无法按照展开位置放置的情况。

## 6.1.3　局部视图

将机件的某一部分向基本投影面投射所得到的视图,称为局部视图。所谓局部视图,就是只表达某一部分的视图,在绘图时该部分与其他部分就要"断开",即局部视图的断裂边界,用细的波浪线表示。当所表达的局部结构是完整的,且外轮廓线又是封闭的,波浪线可省略不画。

局部视图的标注与向视图的相同,但当局部视图按投影关系配置,中间又没有其他视图隔开时,可省略标注。

在采用一定数量的基本视图后，机件只有局部结构形状没有表达清楚，其余部分没有必要再画出时，可单独将这一部分的结构形状向基本投影面投射，如图6-3所示。

画局部视图应注意的几个问题。

（1）画局部视图时，机件的投射部分和非投射部分的分界线（亦可理解成投射部分与非投射部分的断开痕迹）用细波浪线、双折线或双点画线表示，如图6-3(a)所示。

（2）当投射部分的结构形状完整，且外轮廓线成封闭时，分界线可省略不画，如图6-3(b)所示。

（3）局部视图可以按照向视图配置和进行适当的旋转，并作出相应的标注，如图6-3(c)所示。

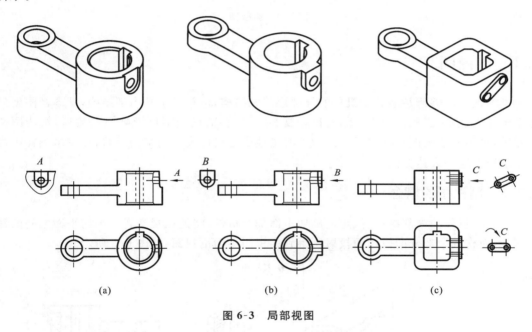

图 6-3　局部视图

## 6.1.4　斜视图

将机件向不平行于任何基本投影面的平面投射所得到的视图，称为斜视图。

斜视图通常只用于表达机件倾斜部分的实形，其余部分不必全部画出，而用波浪线断开。画斜视图时，必须在视图的上方标注出视图的名称，在相应的视图附近用箭头指明投射方向，并注上相同的字母，字母一律水平方向书写。

斜视图一般按投影关系配置，必要时也可配置在其他适当的位置。为了便于画图，允许将斜视图旋转摆正画出，但旋转角度不应大于90°，且应在图形上方标注出旋转符号。旋转符号为半圆形箭头，其半径为字体高，线宽为字高的1/10或1/14。字母标在箭头一端，并可将旋转角度写在字母之后，如图6-4所示。

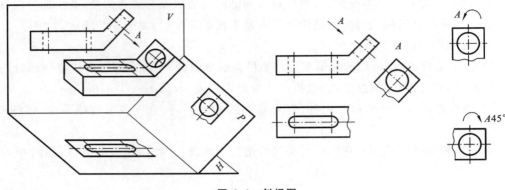

图 6-4　斜视图

## 6.2　剖视图

基本视图能够清楚地表达机件的外部形状和结构，但是对于其内部结构，基本视图就只能用虚线来表示，当机件的内部结构比较复杂时，过多的虚线不仅影响视图清晰，给读图带来困难，也不便于画图和标注尺寸。为了清楚地表达机件内部的结构形状，在技术图样中常采用剖视图这一表达方法。

### 6.2.1　剖视图的概念

为表达机件的内部结构，假想用剖切平面剖开机件，将处在观察者与剖切平面之间的部分移去，而将其余部分向投影面投射所得到的视图称为剖视图，如图 6-5 所示。

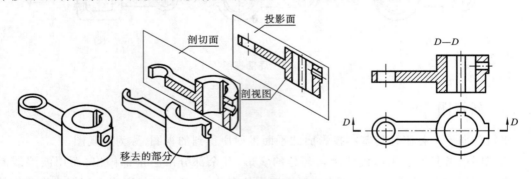

图 6-5　剖视图

### 6.2.2　剖视图的画法

为了表达机件内部的真实形状，剖切平面应通过被剖切部分的基准对称面或轴线，如通过机件上孔、轴的轴线、槽的对称面等，并且剖切平面应平行或垂直于某一投影面。

**1．剖面线**

为了区分机件被剖切到的实体部分和未被剖切到的部分，在被剖到的实体断面上画上剖面符号。

剖面符号一般与机件的材料有关,表 6-1 所示的是国家标准规定的常用的几种材料的剖面符号。金属材料的剖面符号又称为剖面线,一般画成与水平线成 45°的等距细实线,剖面线的倾斜方向不作要求。当图形中的主要轮廓线与水平线成 45°时,则该图的剖面线应画成与水平线成 30°或 60°的细实线,其倾斜方向仍应与其他视图的剖面线方向一致。

当不需要在剖面区域中表示材料的类别时,可采用通用的剖面线表示。通用的剖面线用细实线绘制,通常与图形的主要轮廓线或剖面区域的对称中心线成 45°,剖面线的间距根据剖面区域的大小而定,一般取 2～4 mm。

表 6-1　剖面符号

| 材料类型说明 | 标注示例 | 材料类型说明 | 标注示例 |
| --- | --- | --- | --- |
| 金属材料<br>(已有规定剖面符号除外) | 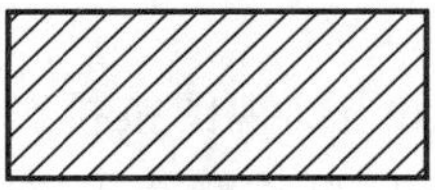 | 木质胶合板 | 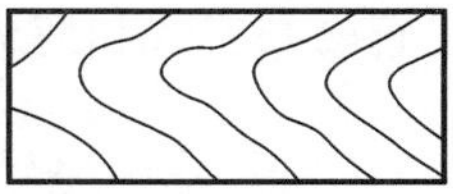 |
| 线圈绕组元件 | 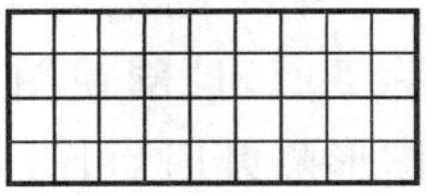 | 基础周围的泥土 | 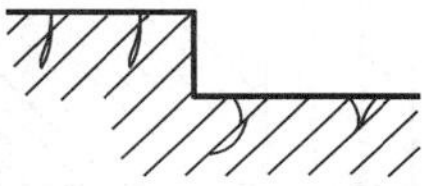 |
| 转子、电枢、变压器 | 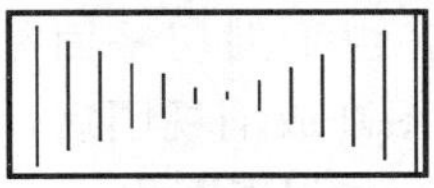 | 混凝土 | 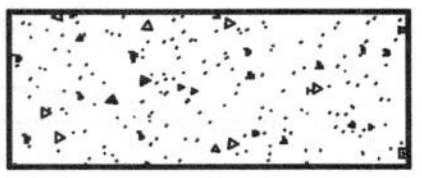 |
| 非金属材料<br>(已有规定剖面符号除外) | 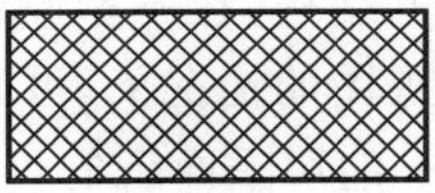 | 钢筋混凝土 | 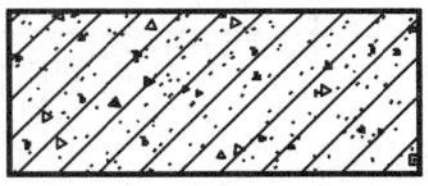 |
| 玻璃及供观察用的<br>其他透明材料 | 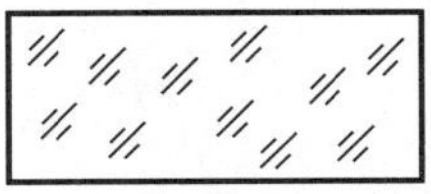 | 格网(筛网、过滤网等) | |
| 型砂、填砂、粉末冶金、砂轮、<br>陶瓷刀片、硬质合金刀片等 | 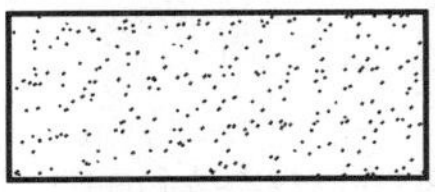 | 固体材料 | 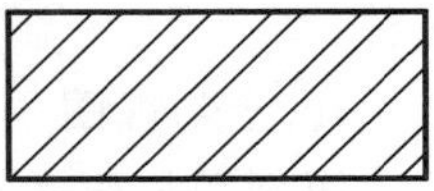 |

当图形的主要轮廓线或剖面区域的对称线与水平线成 45°或接近 45°时,该图形的剖面线可画成与主要轮廓线或剖面区域的对称线成 30°或 60°的平行线,其倾斜方向仍与其他图形的剖面线一致,如图 6-6 所示。

注:同一零件的各个剖面区域的剖面线应方向相同,间隔相等。

**2. 剖视图的标注**

(1) 画剖视图时,一般应在剖视图的上方用大写的拉丁字母标注出视图的名称"×—×",在相应的视图上用剖切符号标注剖切位置,剖切符号用粗短画线表示,线宽 1～1.5$d$,

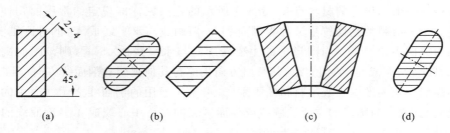

图 6-6 通用剖面符号(剖面线)画法

长 5～10 mm。剖切符号在剖切面的起讫和转折处均应画出,不得与图形的轮廓线相交,在剖切符号的附近标注出相同的大写字母,字母一律水平书写。在剖切符号的外侧画出与其垂直的细实线和箭头表示投射方向。

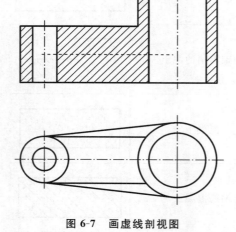

图 6-7 画虚线剖视图

(2) 当剖视图按投影关系配置,中间又无其他图形隔开时,可省略箭头。

(3) 当单一的剖切平面通过机件的对称平面或基本对称平面,且剖视图按投影关系配置,中间又没有其他图形隔开时,可省略标注。

**3. 画剖视图应注意的几个问题**

(1) 由于剖切平面是假想的,因此,在机件的某一个视图画成剖视图后,其他视图仍应完整地画出。

(2) 在剖视图中,一般应省略虚线。对于没有表达清楚的结构,在不影响剖视图的清晰,同时可以减少一个视图的情况下,可画少量虚线,如图 6-7 所示。

(3) 剖切平面后的可见轮廓线应全部画出,不得遗漏。

### 6.2.3 剖视图的种类

按剖切面剖开机件的范围不同,剖视图可分为全剖视图、半剖视图和局部剖视图等三种。

**1. 全剖视图**

用剖切平面完全地剖开机件所得到的视图,称为全剖视图,如图 6-8 所示。全剖视图可以用一个剖切面剖开机件得到,也可以用几个剖切面剖开机件得到。

单一的剖切平面剖开机件后得到的全剖视图,主要用于内部形状复杂外形简单或外形虽然复杂但已经用其他视图表达清楚的机件。

在机件剖开后,其被剖到的内部的轮廓就变成了可见轮廓,原来的虚线就应画成粗实线。

**2. 半剖视图**

当机件具有对称平面时,在垂直于对称平面的投影面上投影所得到的图形,可以对称中心线为界,一半画成剖视,一半画成视图,这种组合的图形称为半剖视图。半剖视图能同时

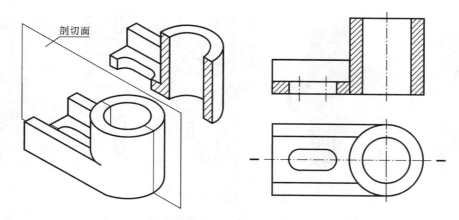

图 6-8 全剖视图

反映出机件的内外结构形状,因此,对于内外形状都需要表达的对称机件,一般常采用半剖视图来表达,如图 6-9 所示。

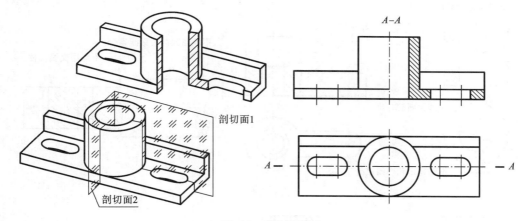

图 6-9 半剖视图

画半剖视图的注意事项如下。

（1）半个剖视图与半个视图的分界线应是细点画线,而不是粗实线。

（2）采用半剖视图后,表示机件内部形状结构的虚线在半个视图中可以省略。但对孔、槽等需用细点画线表示其中心位置。

（3）半剖视图的标注方法与全剖视图的相同。

**3．局部剖视图**

用剖切平面局部地剖开机件所得到的剖视图称为局部剖视图,如图 6-10 所示。

局部剖视是一种灵活的表达方法,用剖视的部分表达机件的内部结构,不剖的部分表达机件的外部形状。对一个视图采用局部剖视图表达时,剖切的位置不宜过多,否则图形会过于破碎,影响图形的整体性和清晰性。局部视图常用于轴、连杆、手柄等实心零件上有小孔、槽、凹坑等局部结构需要表达其内形的零件。

画局部剖视图时应注意如下事项。

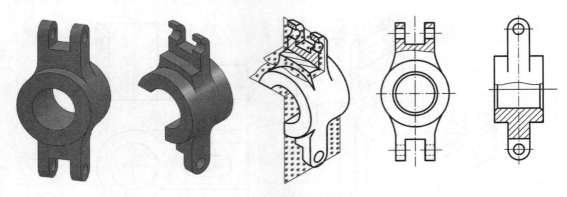

图 6-10 局部剖视图

（1）局部剖视图一般用波浪线将未剖开的视图部分与局部剖切的部分分开。波浪线可以看做是机件的断裂痕迹。因此，波浪线不能超出机件的轮廓线，不能穿过中空处，不能与其他图线重合，如图 6-11 所示。

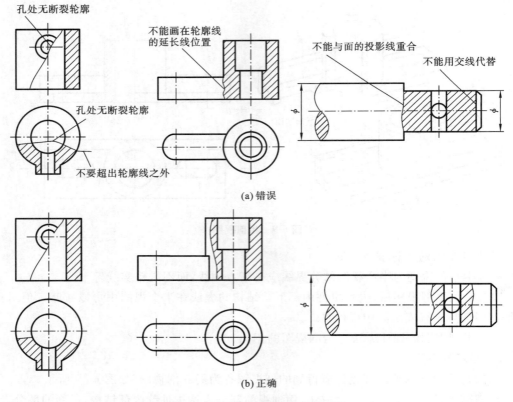

图 6-11 局部剖视图波浪线的画法

（2）当被剖切的局部结构为回转体时，允许以该结构的中心线作为局部剖视与视图的分界线。

（3）剖切位置明显的局部剖视图可以省略标注。

(4) 若中心线与粗实线重合,不宜采用半剖,宜采用局部剖。

**4. 阶梯剖视图**

用两个或多个相互平行的剖切平面把机件剖开的方法,称为阶梯剖,所画出的剖视图,称为阶梯剖视图。它常用于机件具有两个或多个内部结构,其中心线排列在错开的互相平行平面内的情况。

例如,图 6-12(a)所示机件,内部结构(沉孔、中间孔和大孔)的中心位于两个平行的平面内,不能用单一剖切平面剖开,而是采用两个互相平行的剖切平面将其剖开,主视图即为采用阶梯剖方法得到的全剖视图,如图 6-12(c)所示。

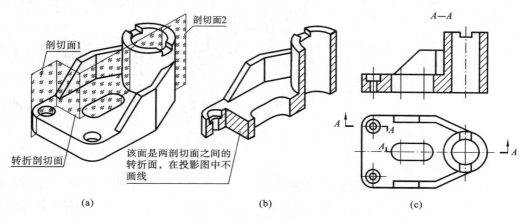

图 6-12 阶梯剖视图

画阶梯剖视时,应注意下列几点。

(1) 为了表达孔、槽等内部结构的实形,几个剖切平面应同时平行于同一个基本投影面。

(2) 两个剖切平面的转折处,不画分界线。因此,要选择一个恰当的位置,避免在剖视图中出现孔、槽等结构的不完整投影。

(3) 当机件的两种内部结构在剖视图上有共同的对称中心线和轴线时,也可以各画一半,这时细点画线就是分界线,如图 6-13 所示。

(4) 阶梯剖视必须标注。在剖切平面迹线的起始、转折和终止的地方,用剖切符号(即粗短线)表示它的位置,并写上相同的字母;在剖切符号两端用箭头表示投影方向(如果剖视图按投影关系配置,中间又无其他图形隔开,则可省略箭头);在剖视图上方用相同的字母标出名称"×—×"。

**5. 旋转剖视图**

用两个相交的剖切平面(交线垂直于某一基本投影面)剖开机件,且其中之一做旋转的方法称为旋转剖,所画出的剖视图,称为旋转剖视图。

如图 6-14 所示,叉架的中间大圆孔和左、右

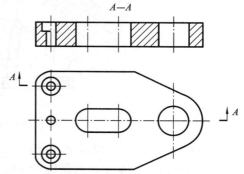

图 6-13 中心线重合的阶梯剖画法

两边上的小圆孔都需要剖开表示,如果用相交于叉架中间轴线的正平面和正垂面去剖切,并将位于正垂面上的剖切面绕轴线旋转到和正面平行的位置,然后画出的叉架的剖视图就是旋转剖视图。

旋转剖适用于有回转轴线的机件,而轴线恰好是两剖切平面的交线。并且两剖切平面一个为投影面平行面,一个为投影面垂直面。

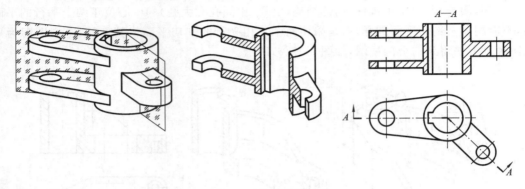

图 6-14　旋转剖视图

**6. 斜剖视图**

用不平行于任何基本投影面的剖切平面剖开机件的方法称为斜剖,所画出的剖视图,称为斜剖视图。斜剖视图可看成斜视图的剖视画法。斜剖视图适用于机件上与基本投影面倾斜的部分需要剖开以表达内部实形的时候,其投影面与剖切平面平行。

图 6-15 所示机件中,机件的基本轴线与底板不垂直,为了清晰表达弯管上端面的外形和小孔等结构,宜用斜剖视表达,如图 6-15 所示的"$B-B$"剖视。

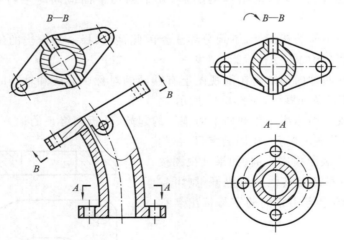

图 6-15　斜剖视图

画斜剖视图时,应注意以下几点。

(1) 剖视最好与基本视图保持直接的投影联系,如图 6-15 所示的"$B-B$"剖视。必要时(如为了合理布置图幅)可以将斜剖视图画到图纸的其他地方,但要保持原来的倾斜度,也可以转平后画出,但必须加注旋转符号。

(2) 斜剖视图主要用于表达倾斜面的结构。机件上凡在斜剖视图中失真的投影,一般应避免表示。例如在图 6-15 所示机件中,按主视图上箭头方向取视图,就避免了画圆形底板的失真投影。

(3) 斜剖视图必须标注,标注方法如图 6-15 所示,箭头表示投影方向。

**7. 复合剖视**

当机件的内部结构比较复杂,用阶梯剖或旋转剖仍不能完全表达清楚时,可以采用以上几种剖切平面的组合来剖开机件,这种剖切方法,称为复合剖,所画出的剖视图,称为复合剖视图。如图 6-16(a)、(b)所示机件,为了在一个图上表达各孔、槽的结构,便采用了复合剖视。应特别注意复合剖视图的标注方法。

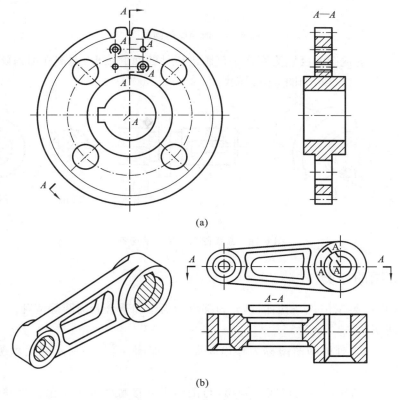

图 6-16 复合剖视图

## 6.3 断面图

### 6.3.1 断面图的基本概念

假想用剖切平面将机件在某处切断,只画出与剖切平面接触的轮廓的投影并画上规定的剖面符号的图形,称为断面图,如图 6-17 所示。

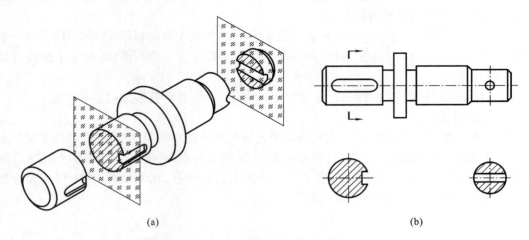

图 6-17 断面图的画法

注：断面图与剖视图的区别为断面图仅画出机件断面的图形，而剖视图则要画出剖切平面以后的所有部分的投影，如图 6-18 所示。

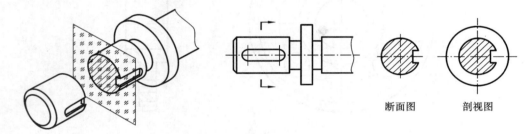

图 6-18 断面图与剖视图的区别

## 6.3.2 断面图的分类

根据断面图的绘制位置，断面图可分为移出断面图和重合断面图等两种。

**1. 移出断面图**

画在视图轮廓之外的断面图称为移出断面图。如图 6-17(b)所示断面即为移出断面。它的画法要点如下。

（1）移出断面的轮廓线用粗实线画出，与剖切平面接触的部分画出剖面符号。移出断面应尽量配置在剖切平面的延长线上，必要时也可以画在图纸的适当位置。

（2）当剖切平面通过由回转面形成的圆孔、圆锥坑等结构的轴线时，这些结构应按剖视画出，如图 6-19 所示。

（3）当剖切平面通过非回转面时，如图 6-20(a)所示，会出现如图 6-20(b)所示的完全断开的断面，这样的结构也应按剖视画出，如图 6-20(c)所示。

（4）移出断面可以画在视图的中断处，如图 6-21 所示。

**2. 重合断面图**

画在视图轮廓之内的断面图称为重合断面图，如图 6-22 所示。

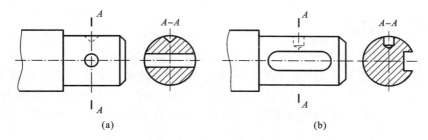

图 6-19　通过圆孔等回转面的轴线时断面图的画法

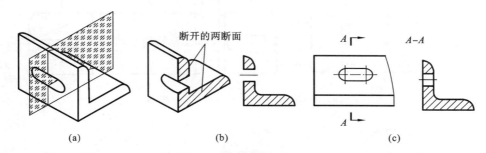

图 6-20　断面分离时的画法

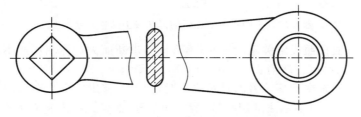

图 6-21　画在视图中断处的移出断面图

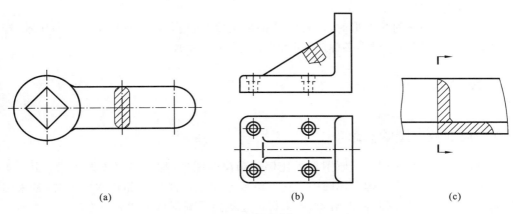

图 6-22　重合断面图

为了使图形清晰，避免与视图中的线条混淆，重合断面的轮廓线用细实线画出。当重合断面的轮廓线与视图的轮廓线重合时，仍按视图的轮廓线画出，不应中断，如图 6-22(b)、(c) 所示。

### 6.3.3 断面图的标注

**1. 移出断面图**

（1）当移出断面不画在剖切位置的延长线上时，如果该移出断面为不对称图形，必须标注剖切位置符号、字母与箭头，以表示剖切位置与投影方向，并在断面图上方标出相应的名称"×—×"；如果该移出断面为对称图形，因为投影方向不影响断面形状，所以可以省略箭头，如图 6-23 所示。

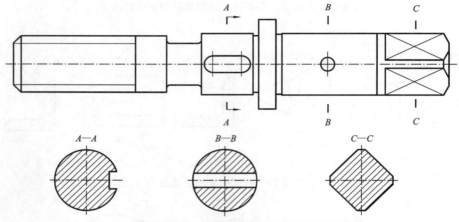

图 6-23　不画在剖切位置的延长线上的移出断面图

（2）当移出断面按照投影关系配置时，不管该移出断面为对称图形或不对称图形，因为投影方向明显，所以可以省略箭头，如图 6-19(b) 所示。

（3）当移出断面画在剖切位置的延长线上时，如果该移出断面为对称图形，只需用细点画线标明剖切位置，可以不标注剖切符号、箭头和字母；如果该移出断面为不对称图形，则必须标注剖切位置和箭头，但可以省略字母，如图 6-17(b) 所示。

**2. 重合断面图**

当重合断面为不对称图形时，需标注其剖切位置和投影方向，如图 6-22（c）所示；当重合断面为对称图形时，一般不必标注，如图 6-22(a)、(b) 所示。

## 6.4　局部放大

### 6.4.1　局部放大图的概念

将机件的部分结构用大于原图形的比例所画出的图形，称为局部放大图，如图 6-24 所示。当机件上某些细小结构在视图中表达不清或不便于标注尺寸和技术要求时，常采用局部放大图。为使作图简便、图形清晰，国家标准还规定了局部放大图表达方法。

### 6.4.2　局部放大图的画法及标注

**1. 画法**

局部放大图可以画成视图、剖视图、断面图的形式，与被放大部位的表达形式无关，且与

第 6 章  机件形状的表达方法

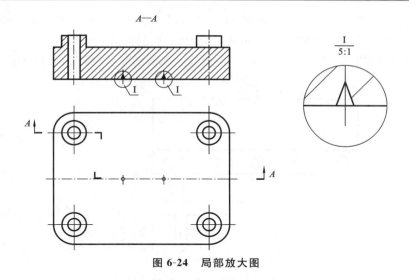

图 6-24  局部放大图

原图采用的比例无关。为读图方便,局部放大图应尽量配置在被放大部位的附近。

**2. 标注**

(1) 画局部放大图时,除螺纹牙型、齿轮和链轮的齿形外,应用细实线圈出被放大的部位,如图 6-24 所示。

(2) 当机件上被放大的部位仅有一个时,在局部放大图的上方只需注明所采用的比例,如图 6-25(a)所示。

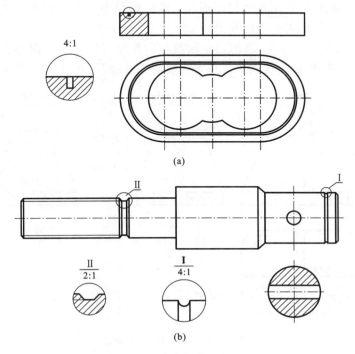

图 6-25  局部放大图的标注

（3）当同一机件上有几个被放大部位时，要用罗马数字依次标明被放大部位，并在局部放大图的上方标注出相应的罗马数字和采用的比例，如图 6-25（b）所示。

（4）必要时可用几个图形来表达同一个被放大部位的结构，如图 6-26 所示。

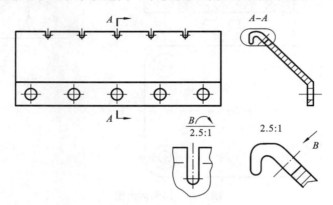

图 6-26　用几个图形来表达同一个被放大部位

## 6.5　简化画法及其他规定画法

除了前面的图样画法外，国家标准《技术制图》和《机械制图》还列出了一些简化的规定画法，目的是提高设计效率和图样的清晰度，满足手工绘图、计算机绘图及缩微制图对技术图样的要求。简化画法的原则是在保证不致引起误解和不会产生理解多义性的前提下，力求制图简便。简化画法的主要内容如下。

（1）对于机件的肋、轮辐等，当剖切平面通过肋板厚度的对称平面或轮辐的轴线时，这些结构都不画剖面符号，而是用粗实线将它与邻接部分分开，如图 6-27 所示。

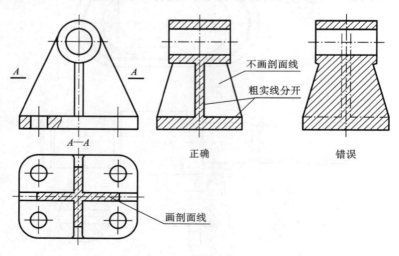

图 6-27　肋板剖切的简化画法

（2）零件图上较小结构产生的交线可以用轮廓线代替，对称结构的局部视图可按图

6-28所示方法绘制。

(3) 若干直径相同且成规律分布的孔,可以画出一个或几个,其余只需用点画线表示其中心位置,如图 6-29 所示。当回转体机件上均匀分布的孔、肋板、轮辐等不处于剖切平面上时,可将这些结构旋转到剖切平面上画出。

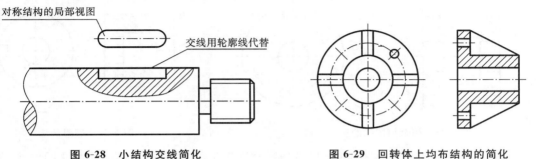

图 6-28　小结构交线简化　　　　　　图 6-29　回转体上均布结构的简化

(4) 当机件上具有若干相同的结构要素(如孔槽),并按一定规律分布时,只需画出几个完整的结构要素,其余可用细实线连接或只画出它们的中心位置,但必须标出结构要素的总数,如图 6-30 所示。

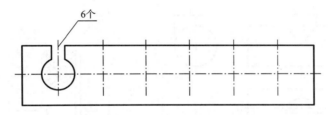

图 6-30　较长机件上相同结构的简化

(5) 机件的法兰盘上均匀分布在圆周上直径相同的孔,可按图 6-31 所示方法绘制。

(6) 在不致引起误解的情况下,剖面符号可省略。图 6-32 所示的为移出断面省略剖面符号的画法。

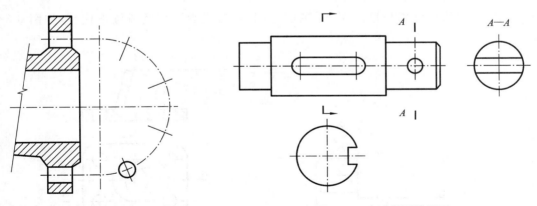

图 6-31　法兰盘上均布孔的简化画法　　　　图 6-32　省略剖面符号图

(7) 一个机件上有两个或两个以上相同视图时,可以只画一个视图,并用箭头和字母表示其投射方向和位置,如图 6-33 所示。

(8) 在需要表示位于剖切平面前面的机件结构时,这些结构按假想投影的轮廓线(细双点画线)绘制,如图 6-34 所示。

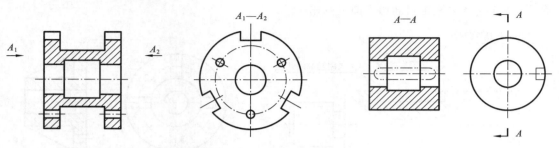

图 6-33　两个相同视的省略画法　　　　　　图 6-34　假想画法

(9) 图形中的相贯线在不致引起误解时,允许简化,如用直线或圆弧代替非圆曲线,如图 6-35 所示。

(10) 机件上的滚花、沟槽等网状结构,应用粗实线完全或部分表达出来,并在图上说明其具体要求,如图 6-36 所示。

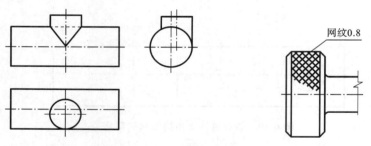

图 6-35　相贯线简化画法　　　　　图 6-36　滚花的简化画法

(11) 对于一些较长的机件(轴、杆类),当沿其长度方向的形状相同且按一定规律变化时,允许断开画出,但仍标注其实际长度尺寸,如图 6-37 所示。

(12) 与投影面倾斜角度小于 30°的圆或圆弧,其投影可用圆或圆弧代替,如图 6-38 所示。

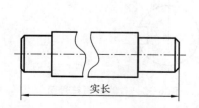
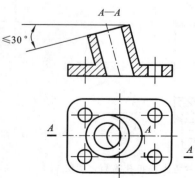

图 6-37　较长机件的断开画法　　　图 6-38　小于 30°的倾斜圆简化画法

（13）必要时，允许在剖视图中再作一次简单的局部剖，称为"剖中剖"。采用这种表达时，两个剖面的剖面线应同方向、同间隔，但要相互错开，并用引出线标注其名称，如图 6-39 所示。

（14）当只需剖切绘制机件的部分结构时，应用细点画线将剖切符号相连，剖切面可位于机件实体之外，如图 6-40 所示。

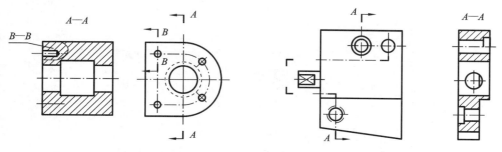

图 6-39　"剖中剖"表示法　　　　　图 6-40　部分剖切结构表示

（15）可将投射方向一致的几个对称图形各取一半（或四分之一）合成一个图形，此时应在剖视图附近标出相应的剖视图名称"×—×"，如图 6-41 所示。

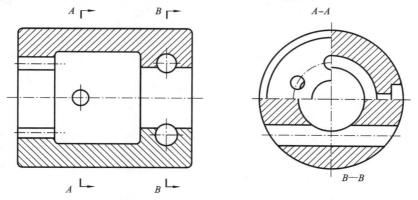

图 6-41　合成图形的剖视图

## 本章小结

机件表达方法是国家标准规定视图允许采用的表达方法，以视图和剖视图应用最为普遍，特别是剖视图中的全剖、半剖、局部剖的应用最多，要注意尽量使用一些简化方法来表达。尽管机件表达方法很多，具体使用时要针对不同形状的机件正确选用视图表达方法，在完整、清晰地表达机件各部分形状的前提下，力求制图简便。因此，学习机件表达方法的关键还是要不断进行实践。

## 思考题

1. 基本视图与向视图有什么区别？

2. 向视图与局剖视图的区别是什么？
3. 斜视图是如何定义的，如何标注？
4. 剖视图的概念是什么？
5. 什么叫全剖视、半剖视、局部剖视？
6. 剖视、断面的标注包含哪几方面的内容？在什么情况下可省略标注一部分或全部？

# 第7章 标准件及常用件

在各种机械设备的装配与安装中,广泛使用螺纹紧固件(螺栓、螺母、螺钉、垫圈、螺柱);在机械的传动、支承、减振等方面,广泛使用键、销、齿轮、滚动轴承、弹簧等零部件。在现代工业化生产中,机器上的常用零件应该由专门化工厂生产才是合理的。因此,国家标准将机器上常用的紧固件和传动件等制定统一规定,由专门化标准厂生产,大大减少了机器的设计和制造成本。

国家标准中,标准件是指零件结构、尺寸、画法及标记全部都有规定的零件;常用件是零件上的部分结构、尺寸、画法进行了标准化和系列化的零件。在进行设计、装配和维修时,可以按规格选用和更换这些零件。

本章介绍标准件和常用件的基本知识、规定画法、代号(参数和标记)及标注方法。

## 7.1 螺纹及螺纹紧固件

### 7.1.1 螺纹的加工、五要素和结构

**1. 螺纹的加工**

如图 7-1 所示为常用的螺纹紧固件,各种螺纹都是根据螺旋线原理加工而成的,在相同轴向断面具有连续的凸起和沟槽。凸起部分的顶端称为牙顶,沟槽部分的底部称为牙底。

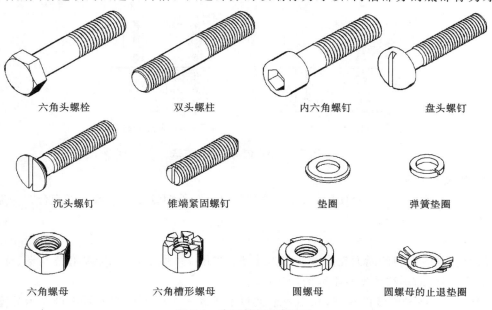

图 7-1 常用的螺纹紧固件

在圆柱或圆锥外表面上加工的螺纹称为外螺纹,在圆柱或圆锥内表面加工的螺纹称为内螺纹。

**1) 车床上车削螺纹方法**

在车床上车削螺纹,是常见成形螺纹的一种方法。如图7-2所示,卡盘夹紧需要车削螺纹的圆柱体工件,当需要加工外螺纹时,车床卡盘带动圆柱体做圆周等速旋转运动,每转一转,车刀沿工件轴向准确而均匀地移动一个导程,螺纹形状随着刀尖的移动而加工形成(见图7-2(a))。同理,圆柱端面上较大直径孔内的螺纹,使用一种勾形的车刀进行加工(见图7-2(b))。

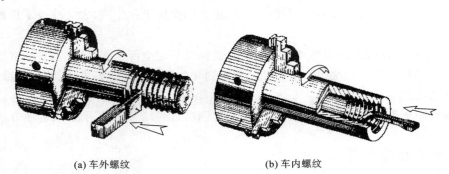

(a) 车外螺纹　　　　　(b) 车内螺纹

图7-2　车床上加工螺纹方法

**2) 内螺纹加工方法**

对于零件上经常出现的带螺纹的小孔,一般先用钻头钻孔,再用丝锥攻出螺纹,如图7-3所示。如果加工的是不穿通螺孔,钻孔时钻头顶部形成一个锥坑,其锥顶角应按120°画出。

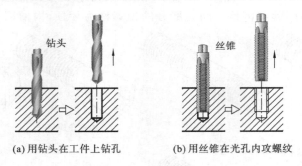

(a) 用钻头在工件上钻孔　　(b) 用丝锥在光孔内攻螺纹

图7-3　小孔内加工螺纹方法

**2. 螺纹五要素**

由于螺纹连接件是成对使用的,在螺纹加工时,内、外螺纹必须一致才能旋合在一起,为此,规定了螺纹的五个要素。

**1) 牙型**

沿螺纹轴线剖切的断面轮廓形状称为牙型。如图7-4所示,常见牙型有三角形、梯形和锯齿形等,不同的螺纹牙型有不同的用途。

为了区别各种螺纹的牙型,采用一个大写字母或一个带下标的大写字母表示牙型,称为"特征代号",表7-1所示的是标准螺纹的牙型的特征代号和用途。

第 7 章  标准件及常用件

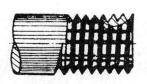 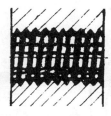 

(a) 三角形牙型外螺纹　　　　(b) 三角形牙型内螺纹　　　　(c) 梯形牙型外螺纹

图 7-4　螺纹牙型示意图

表 7-1　标准螺纹的牙型及用途

| 螺 纹 种 类 | | | 特征代号 | 用　　　途 |
|---|---|---|---|---|
| 连接螺纹 | 普通螺纹 | 粗牙 | M | 最常用的连接螺纹 |
| | | 细牙 | | 用于细小的精密(有振动)零件或薄壁件连接 |
| | 管螺纹 | 非螺纹密封 | G | 用于电管线等不需要密封的管子连接 |
| | | 螺纹密封 | Rc、Rp、$R_1$、$R_2$ | 圆柱内螺纹 Rp 与圆锥外螺纹 $R_1$ 旋合；圆锥内螺纹 Rc 与圆锥外螺纹 $R_2$ 旋合 |
| 传动螺纹 | 梯形螺纹 | | Tr | 用于可双向传递运动及动力的丝杠传动 |
| | 锯齿形螺纹 | | B | 只用于单向传递动力的丝杠传动 |

**2）公称直径**

内、外螺纹都有大径、中径和小径。公称直径则是代表螺纹尺寸的直径，是用螺纹的大径数值表示的。如图 7-5 所示，与外螺纹牙顶或内螺纹牙底相切的假想的圆柱直径称为螺纹的大径，用 $d$（外螺纹）或 $D$（内螺纹）表示。与外螺纹牙底或内螺纹牙顶相切的假想圆柱的直径称为螺纹的小径，用 $d_1$（外螺纹）或 $D_1$（内螺纹）表示。螺纹中径是一个假想圆柱面直径，该圆柱的母线通过牙型上沟槽和凸起宽度相等的直径，用 $d_2$（外螺纹）或 $D_2$（内螺纹）表示，一般通过计算才能确定，绘图时不使用中径尺寸。

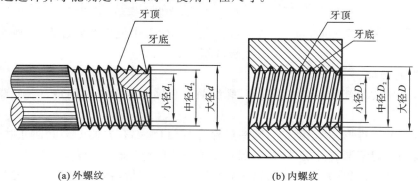

(a) 外螺纹　　　　　　　　　　(b) 内螺纹

图 7-5　螺纹的直径

**3）线数（$n$）**

形成螺纹时所沿螺旋线的条数称为螺纹的线数。沿一条螺旋线形成的螺纹称为单线螺纹；沿一条以上的轴向等距螺线形成的螺纹称为多线螺纹，如图 7-6 所示。螺纹的线数又称为头数,用 $n$ 表示。

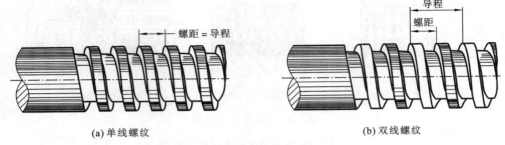

(a) 单线螺纹　　　　　　　　　(b) 双线螺纹

图 7-6　螺纹的线数

4）螺距($P$)和导程($P_h$)

螺纹的螺距是指相邻两牙在中径上对应两点间的轴向距离,导程是指同一条螺旋线上相邻两牙在中径上对应两点间的轴向距离,如图 7-6 所示。

螺距、导程、线数三者之间的关系为

单线螺纹的导程等于螺距,即 $Ph=P$;

多线螺纹的导程等于线数乘以螺距,即 $Ph=nP$。

5）螺纹的旋向

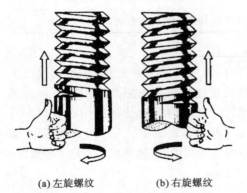

(a) 左旋螺纹　　　(b) 右旋螺纹

图 7-7　螺纹的旋向判别

螺纹的旋向分为左旋和右旋两种,工程上常采用右旋。如图 7-7 所示,采用"右手螺旋法则"确定螺纹旋向,首先用右手握住螺杆,四指等指向螺纹旋转方向,顺时针旋转时旋入的螺纹,称右旋螺纹;逆时针旋转时旋入的螺纹,称左旋螺纹。

在上述各项要素中,改变其中任何一项,都会得到不同规格的螺纹。为了便于设计加工,国家标准规定了一些标准的牙型、大径和螺距。凡是这三项要素符合国家标准的螺纹,称为标准螺纹;牙型不符合标准的螺纹,称为非标准螺纹,如方牙螺纹。在实际生产中使用的各种螺纹,绝大多数都是标准螺纹。

### 3. 螺纹的结构

为了防止螺纹端部损坏和方便安装,螺纹前端和尾部通常带有倒角、倒圆、螺尾和退刀槽,如图 7-8 所示。

螺纹端部的圆锥形称为"倒角",圆头形称为"倒圆",都有方便安装和防止扎手的作用。当车削螺纹的车刀逐渐离开工件时,出现一段不完整的螺纹称为"螺尾"(见图 7-8(c))。为了避免出现螺尾,可以预先在螺纹的末尾处加工出一段凹槽,称为"退刀槽",然后再车螺纹(见图 7-8(d))。

## 7.1.2　螺纹的规定画法

螺纹按投影画比较复杂,一般不按真实投影作图,而是采用规定画法,以简化作图过程。

第7章 标准件及常用件

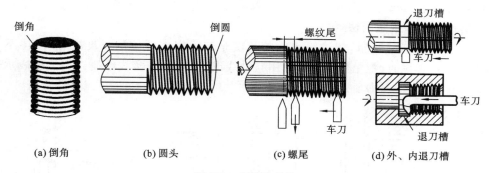

(a) 倒角　　　(b) 圆头　　　(c) 螺尾　　　(d) 外、内退刀槽

图 7-8　螺纹的结构

国家标准 GB/T 4459.1—1995 规定了在机械图样中螺纹和螺纹紧固件的画法。

### 1. 外螺纹的画法

如图 7-9 所示，外螺纹不论其牙型如何，螺纹的牙顶圆的投影用粗实线表示，牙底圆的投影用细实线表示（按牙顶圆的 0.85 倍绘制），螺杆的倒角或倒圆部分也应画出，在垂直于螺纹轴线的投影面的视图中，表示牙底圆的细实线只画 3/4 圈（空出约 1/4 圈的位置不作规定）。此时，螺杆倒角的投影不应画出。螺纹终止线在不剖的外形图中画成粗实线，如图 7-9(a) 所示。在剖视图中的螺纹终止线按图 7-9(b) 所示主视图的画法绘制（即终止线只画螺纹高度的一小段）。剖面线必须画到表示牙顶圆投影的实线为止。

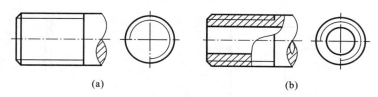

(a)　　　　　　　　　　　(b)

图 7-9　外螺纹的画法

### 2. 内螺纹的画法

内螺纹通常采用剖视图表达，在不反映圆的视图中，大径用细实线表示，小径和螺纹终止线用粗实线表示，且小径取大径的 0.85 倍，注意剖面线应画到粗实线；若是盲孔，终止线到孔的末端的距离可按 0.5 倍大径绘制；在反映圆的视图中，大径用约 3/4 圈的细实线圆弧绘制，孔口倒角圆不画，如图 7-10(a)、(b) 所示。

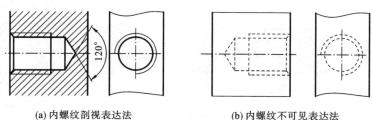

(a) 内螺纹剖视表达法　　　　(b) 内螺纹不可见表达法

图 7-10　内螺纹的画法

【注意】

在绘制不穿通的螺孔时，一般应将钻孔深度与螺孔深度分别画出，如图 7-10(a) 所示。

钻孔深度 $H$ 一般应比螺纹深度 $b$ 大 $0.5D$，钻孔底部锥面的锥顶角画成 $120°$。

### 3. 其他的一些规定画法

如图 7-11(a)、(b)所示，螺纹终止线的长度是表示完整螺纹的长度，一般螺尾不必画出；当需要表示螺尾时，螺尾部分的牙底用与轴线成 $30°$ 角的细实线绘制。当需要表示螺纹牙型时，按图 7-11(c)、(d)所示的形式绘制。

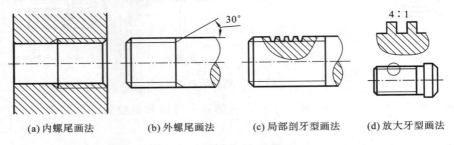

(a) 内螺尾画法　　(b) 外螺尾画法　　(c) 局部剖牙型画法　　(d) 放大牙型画法

图 7-11　螺尾和牙型的画法

### 4. 螺纹的连接画法

只有相同要素的内、外螺纹方能连接。用剖视图表示螺纹连接时，旋合部分按外螺纹绘制，未旋合部分，按各自的画法表示，如图 7-12 所示。画图时必须注意，分别用于表示内、外螺纹的牙底、牙顶的粗、细实线应对齐，以表示相互连接的螺纹具有相同的大径和小径。

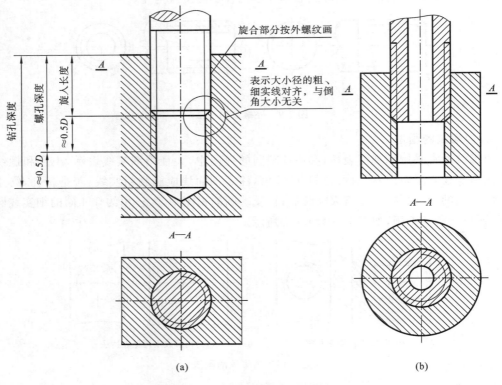

(a)　　　　　　　　　　　　(b)

图 7-12　内、外螺纹的连接画法

## 7.1.3 螺纹的标注

**1. 标准螺纹的标注格式**

由于螺纹采用了统一规定的画法,为了识别螺纹的种类和要素,对螺纹必须按规定格式进行标注。

**1) 螺纹尺寸的引出方式**

螺纹尺寸的引出方式主要分两类,如图 7-13 所示:使用公制单位的普通螺纹、梯形螺纹和锯齿形螺纹等一般螺纹采用线性尺寸形式加标注代号的引出标注方式(图 7-13(a)、(b));管螺纹使用英制单位,尺寸代号不是螺纹尺寸,而是管子内径尺寸,所以采用从大径引出细实线的按引线方式加标注代号(图 7-13(c)、(d))的方法标注。

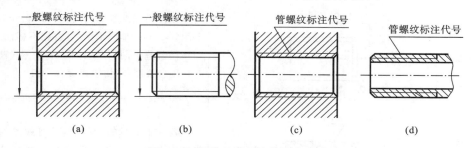

图 7-13　螺纹尺寸标注的引出方式

**2) 标准螺纹尺寸的标注内容**

螺纹的完整标注为:螺纹特征代号(牙型)、尺寸代号(大径、导程、螺距、线数)、公差带代号(顶径中径)、螺纹旋合长度代号(短、中、长三种)、旋向代号(左旋右旋)。管螺纹尺寸标注由牙型的特征代号和尺寸代号两部分组成。因此,螺纹尺寸标注代号内容的完整格式可以写成:

| 特征代号 | 公称直径 | × | 螺距或导程(P 螺距) | 旋向 | - | 公差带代号 | - | 旋合长度代号 |

**3) 标注代号填写说明**

**特征代号**　螺纹特征代号如表 7-1 所示。

**公称直径**　一般为螺纹大径,但在管螺纹标注中,螺纹特征代号(如 G)后面为尺寸代号,它表示管子的内径,管螺纹的直径可查有关标准确定。

**螺距**　粗牙普通螺纹和圆柱管螺纹、圆锥管螺纹、圆锥螺纹均不必标注螺距。多线螺纹应标注"导程(P 螺距)"。

**旋向**　左旋螺纹要标注"LH",右旋螺纹不标。

**公差带代号**　中径公差带代号和顶径公差带代号由表示公差等级的数字和字母组成。大写字母代表内螺纹,小写字母代表外螺纹。顶径是指外螺纹的大径和内螺纹的小径,若两组公差带相同,则只写一组。表示内、外螺纹旋合时,内螺纹公差带在前,外螺纹公差带在后,中间用"/"分开。

**旋合长度代号**　两个互相配合的螺纹,沿其轴线方向相互旋合部分的长度称为旋合长度。螺纹旋合长度分为短、中、长三组,分别用代号 S、N、L 表示,中等旋合长度 N 不标注。

## 2. 标准螺纹的标注示例

标准螺纹的标注示例如表 7-2 所示。

表 7-2 标准螺纹的标注方式

| 螺纹类别 | | 标注示例 | 说 明 |
|---|---|---|---|
| 连接螺纹 | 粗牙普通螺纹 | 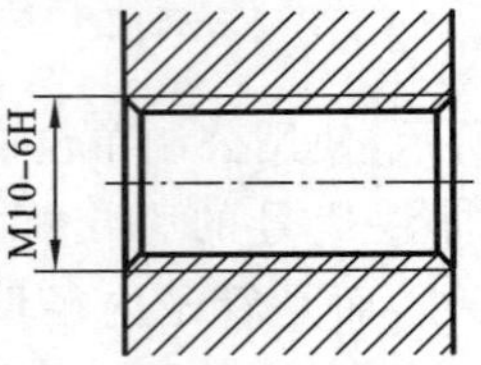 M10-6H | M 表示普通螺纹,公称直径为 10 mm,粗牙螺距和单线不标注,右旋不标注,中径和顶径公差相同,只标注一个代号 6H(孔的公差) |
| | 细牙普通螺纹 | 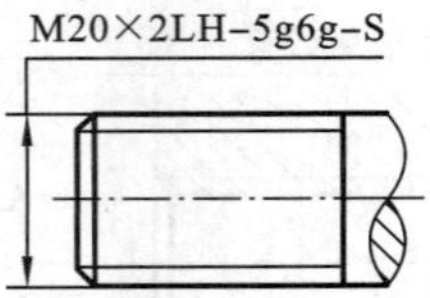 M20×2LH-5g6g-S | M 表示普通螺纹,公称直径为 20 mm,细牙螺距为 2 mm,单线不标注,右旋不标注,中径和顶径公差不同,分别标注 5g 和 6g(轴的公差),旋合长度"S"属于短旋合一组 |
| | 非密封管螺纹 | 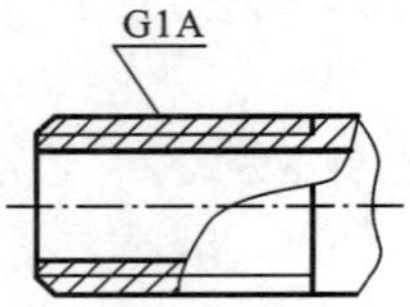 G1A | G 表示非密封的管螺纹,外管螺纹的尺寸代号为 1,表示管子内径为 1 in,中径公差为 A 级,管螺纹为单线、右旋不标注 |
| | 密封管螺纹 | 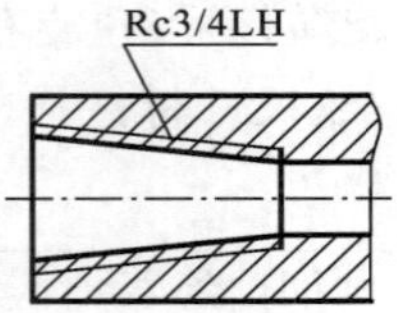 Rc3/4LH | Rc 表示圆锥内螺纹为密封的管螺纹,尺寸代号为 3/4,左旋,公差等级只有一种省略不标注,单线不标注 |
| 传动螺纹 | 梯形螺纹 | 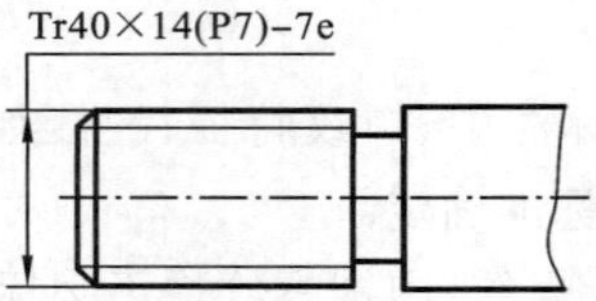 Tr40×14(P7)-7e | Tr 表示梯形螺纹,公称直径为 40 mm,导程 14 mm,螺距 7 mm,线数为 14/7=2,右旋省略不标注,中径公差代号为 7e(轴的公差),中等旋合长度省略标注 |
| | 锯齿形螺纹 | 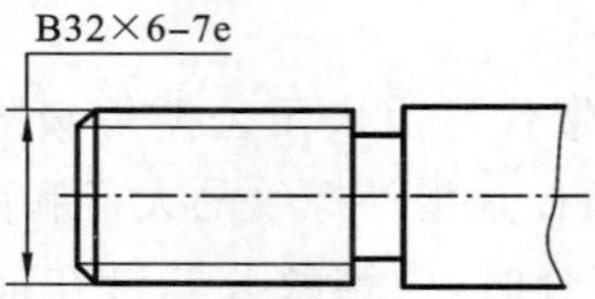 B32×6-7e | B 表示锯齿形螺纹,公称直径为 32 mm,螺距 6 mm,单线省略不标注,右旋省略不标注,中径公差代号为 7e(轴的公差),中等旋合长度省略标注 |

## 3. 特殊螺纹和非标准螺纹的标注

特殊螺纹的标注应在牙型符号前加注"特"字,并注大径和螺距,如图 7-14(a)所示。非标准螺纹应标出螺纹的大径、小径、螺距和牙型尺寸,如图7-14(b)所示。

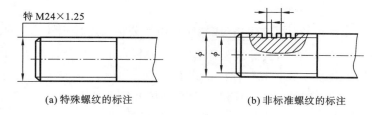

(a) 特殊螺纹的标注　　　　　　(b) 非标准螺纹的标注

图 7-14　特殊螺纹和非标准螺纹的标注

## 7.1.4　常用螺纹紧固件

螺纹紧固件的种类很多,常见的有螺栓、双头螺柱、螺钉、螺母、垫圈等。这类零件的结构形式和尺寸都已标准化,由标准件厂大量生产。在工程设计中,可以从相应的标准中查到所需的尺寸,一般不需绘制其零件图。

**1. 螺纹紧固件的标注**

紧固件的标注方法见 GB/T 1237—2000,表 7-3 所示的是常用螺纹紧固件的种类与标注。常用标准紧固件标注有两种格式。

表 7-3　常用螺纹紧固件及其标注示例

| 名称及视图 | 标注示例 | 名称及视图 | 标注示例 |
|---|---|---|---|
| 六角头螺栓 | 螺栓 GB/T 5782—2000<br>M10×40 | 双头螺柱 | 螺柱 GB/T 899—1988<br>M10×40 |
| 开槽盘头螺钉 | 螺钉 GB/T 67—2008<br>M10×30 | 内六角圆柱头螺钉 | 螺钉 GB/T 70.1—2000<br>M10×20 |
| 开槽锥端紧定螺钉 | 螺钉 GB/T 71—1985<br>M10×30 | I 型六角螺母 | 螺母 GB/T 6170—2000<br>M16 |
| 平垫圈 A 级 | 垫圈 GB/T 97.1—2002<br>16—200HV | 标准型弹簧垫圈 | 垫圈 GB/T 93—1987 20 |

注:国标号后,螺纹代号或公称直径前要空一格,防止前后数据连接在一起发生误解。

1）接近完整的标注格式

其标注格式为

│名称│国标号及年号│螺纹规格（或螺纹规格×公称长度）│—│性能等级或硬度│

例如紧固件为六角头螺栓，其螺纹公称直径 $d=$ M10 mm，公称长度 $l=40$ mm，性能等级为 8.8 级，表面氧化为 A 级。完整标注格式为

螺栓 GB/T 5782—2000-M10×40-8.8-A-O

2）简化标注格式

简化标注格式中可以省略国标的年号，当性能等级或硬度符合规定时也可以省略。因此，六角头螺栓的简化标注格式为：螺栓 GB/T 5782 M10×40，还可以进一步简化为：GB/T 5782 M10×40，即名称也省略不写。

**2. 常用螺纹紧固件的简化画法及连接画法**

常用的紧固件有螺栓、双头螺柱、螺母、垫圈及螺钉等。它们的结构、尺寸都已标准化。使用时，可从相应的标准中查出所需的结构尺寸，可以采用比例画法或简化画法画出。

1）**螺纹紧固件的比例画法和简化画法**

比例画法是螺纹大径确定后，将螺纹紧固件各部分的尺寸（公称长度除外）都与规格 $d$（或 $D$）建立一定的比例关系，并按此比例画图的方法。工程实践中常用比例画法。图 7-15 所示的为螺栓紧固件的比例画法。简化画法则是省略倒角、退刀槽等工艺结构的比例画法。图 7-16 所示的为螺栓紧固件简化画法。

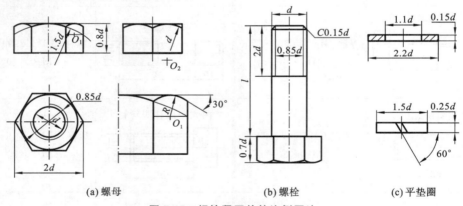

(a) 螺母　　　　　　　(b) 螺栓　　　　　　　(c) 平垫圈

图 7-15　螺栓紧固件的比例画法

2）**螺纹紧固件的装配连接画法**

螺纹紧固件的连接形式通常有螺栓连接、螺柱连接和螺钉连接等三类，如图 7-17 所示，画螺纹紧固件时，常采用比例画法或简化画法。画图时应遵守下列规定：当剖切平面通过连接件的轴线时，螺栓、螺母及垫圈等均按不剖绘制；两零件的接触表面只画一条线，并不得加粗；凡不接触的表面，不论间隙大小，都应画出间隙（如螺栓和孔之间应画出间隙）；在剖视图中，两相邻零件剖面线方向应相反，但同一零件在各个剖视图中，其剖面线倾斜方向和间距应相同。

（1）螺栓连接的画法。

螺栓连接一般适用于连接不太厚的并允许钻成通孔的零件，如图 7-18 所示。连接前，

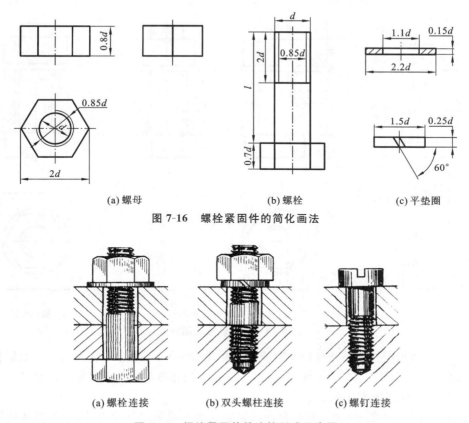

(a) 螺母　　　　　　　　(b) 螺栓　　　　　　　　(c) 平垫圈

图 7-16　螺栓紧固件的简化画法

(a) 螺栓连接　　　　(b) 双头螺柱连接　　　　(c) 螺钉连接

图 7-17　螺纹紧固件的连接形式示意图

先在两个被连接的零件上钻出通孔,套上垫圈,再用螺母拧紧。

图 7-18(a)所示的为螺栓连接前的情况,被连接零件上的孔都是比螺栓直径略大一点的通孔,连接时,先将螺栓穿过两个被连接零件的通孔,使螺栓的头顶住被连接板的下端,然后在上部套上垫圈,以增加支承面积和防止损伤零件表面,最后用螺母拧紧。图 7-18(b)所示的为螺栓连接后的比例画法。在装配图中螺栓的连接提倡采用简化画法,如图 7-18(c)所示。

螺栓的公称长度 $l$ 可按下式计算确定(见图 7-18(b)):

$$l = \delta_1 + \delta_2 + h + m + a$$

式中:$\delta_1$ 和 $\delta_2$ 为两被连接件的厚度;$m$ 为螺母的厚度,一般取 $0.8d$;$h$ 为垫圈的厚度,若为平垫圈,一般取 $0.15d$(若为弹簧垫圈,取 $0.25d$);$a$ 为拧紧后螺栓伸出螺母的长度,$a$ 一般在 $0.2d \sim 0.3d$ 取值。

计算出 $l$ 后,还需从螺栓的标准长度系列中选取与 $l$ 相近的标准值。

**例 7-1**　设 $\delta_1 = \delta_2 = 20, d = 10$,用比例画法确定螺栓长度,再用查表法确定螺栓长度。

**解**　解题步骤如下。

根据螺栓长度 $l$ 的计算式:$l = \delta_1 + \delta_2 + h + m + a$

用比例法计算出 $h = 1.5$ mm,$m = 8$ mm、$a = 3$ mm,则 $l = 32.5$

用查表法知,螺母厚度有三个标准 $m = 5 \sim 9.5$ mm,同理,垫圈厚度 $h = 1.6 \sim 2$ mm,则 $l = $

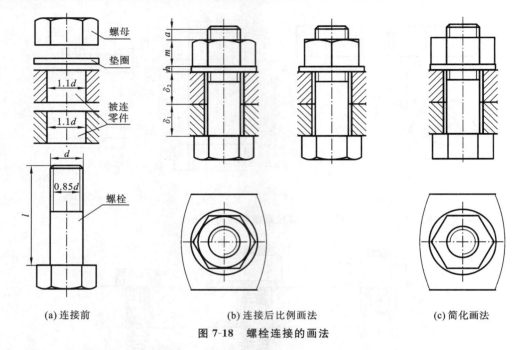

图 7-18 螺栓连接的画法

30～35.1 mm,再根据长度系列有两个数值可以取,即 30 和 35,通常取较大的一个数值较为保险,但可能出现螺栓出头太长有点浪费,最好能知道对应标准件的标准代号后再确定。

(2) 双头螺柱连接的画法。

当被连接的零件之一较厚,或不允许钻成通孔而不易采用螺栓连接,或因拆装频繁不宜采用螺钉连接时,可采用双头螺柱连接,图 7-17(b)所示的为双头螺柱连接的示意图。通常将较薄的零件制成通孔(孔径≈1.1d),较厚零件制成不通的螺孔,双头螺柱的两端都制有螺纹,装配时,先将螺纹较短的一端(旋入端)旋入较厚零件的螺孔,再将通孔零件穿过螺柱的另一端(紧固端),套上垫圈,用螺母拧紧,将两个零件连接起来,图 7-19(a)所示的是连接前的情况,图 7-19(b)所示的是连接过程中安装的情况,图 7-19(c)所示的为连接后的比例连接画法。

用比例画法绘制双头螺柱的装配图时应注意以下几点。

① 旋入端的螺纹终止线应与结合面平齐,表示旋入端已经拧紧。

② 旋入端的长度 $b_m$ 要根据被旋入件的材料而定,被旋入端的材料为钢时,$b_m=1d$;被旋入端的材料为铸铁或铜时,$b_m=(1.25～1.5)d$;被连接件为铝合金等轻金属时,取 $b_m=2d$。

③ 旋入端的螺孔深度取 $b_m+0.5d$,钻孔深度取 $b_m+d$。

④ 螺柱的公称长度为

$$L \geqslant \delta + 垫圈厚度 + 螺母厚度 + (0.2～0.3)d$$

然后选取与估算值相近的标准长度值作为 $L$ 值。

(3) 螺钉连接的画法。

螺钉按用途可分为连接螺钉和紧定螺钉等两种。前者用来连接零件,后者主要用来固定零件。连接螺钉的旋入端画法与双头螺柱连接画法相同,只有螺钉头部不同,图 7-20 所示的为螺钉头部的比例画法。

# 第 7 章　标准件及常用件

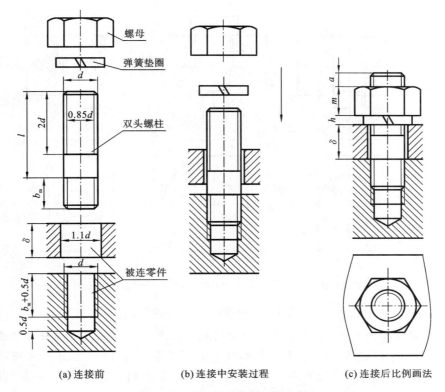

(a) 连接前　　　　(b) 连接中安装过程　　　　(c) 连接后比例画法

图 7-19　双头螺柱连接的比例画法

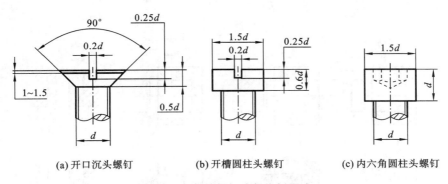

(a) 开口沉头螺钉　　　　(b) 开槽圆柱头螺钉　　　　(c) 内六角圆柱头螺钉

图 7-20　连接螺钉头部比例画法

连接螺钉用于当被连接的零件之一较厚,而装配后连接件受轴向力又不大的场合。即螺钉穿过薄零件的通孔而旋入厚零件的螺孔,螺钉头部压紧被连接件,如图 7-21 所示。

螺钉的长度 $l$ 可按下式来确定:
$$l=\delta+b_m$$
式中:$\delta$ 为光孔零件的厚度。计算出 $l$ 后,还需从螺钉的标准长度系列中选取与 $l$ 相近的标准值。

【注意】

在图 7-21(a)、(b)所示连接中,连接螺钉俯视图的螺钉开口方向都按与水平方向成 $45°$

# 156 机械制图

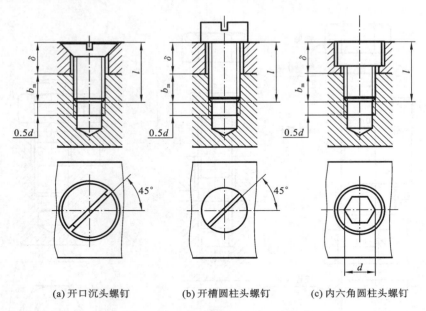

(a) 开口沉头螺钉　　　(b) 开槽圆柱头螺钉　　　(c) 内六角圆柱头螺钉

图 7-21　连接螺钉连接装配画法

方向画出,与投影方向不一致。注意这是螺钉的规定画法,若按投影画就是错误画法。

紧定螺钉用来固定两零件的相对位置,使它们不产生相对转动,如图 7-22 所示。欲将轴、轮固定在一起,可先在轮毂的适当部位加工出螺孔,然后将轮、轴装配在一起,以螺孔导向,在轴上钻出锥坑,最后拧入螺钉,即可限定轮、轴的相对位置,使其不产生轴向相对移动和径向相对转动。

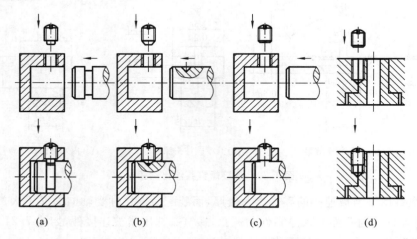

(a)　　　　(b)　　　　(c)　　　　(d)

图 7-22　紧定螺钉连接的装配画法

紧定螺钉端部有三种形式,柱端、锥端和平端,这三种紧定螺钉固定机件的原理各不相同。图 7-22(a)所示的为柱端紧定螺钉,它利用其端部小圆柱头插入另一机件的环槽(或小孔)中,起定位、固定作用,阻止机件移动。图 7-22(b)所示的为锥端紧定螺钉,其工作原理是利用端部锥面顶入机件上小锥坑,使螺钉端部的 90°锥顶角与轴上的 90°锥孔压紧,起轴向定位、固定作用。平端紧定螺钉依靠其平端平面与机件的摩擦力起定位作用(见图 7-22(c))。

柱端紧定螺钉能承受的横向力最大,锥端紧定螺钉的次之,平端紧定螺钉的最小。有时将紧定螺钉"骑缝"旋入两个机件的缝中,使螺孔在两个机件上各有一半,固定两机件的位置,这时称"骑缝螺钉"连接,通常使用平端螺钉旋入,如图 7-22(d)所示。

螺纹连接画法常见的错误如图 7-23 所示。

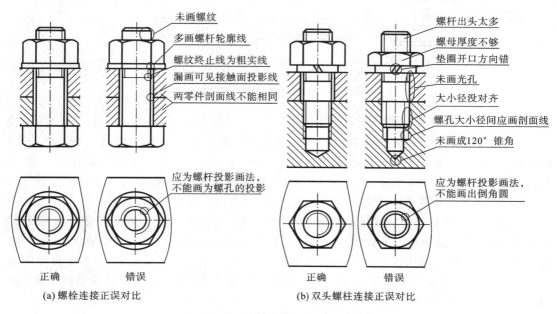

图 7-23　螺纹连接画法常见错误

## 7.2　键与销

### 7.2.1　键连接

键主要用于轴和轴上的零件(如带轮、齿轮等)之间的连接,起着固定零件与传递扭矩的作用。如图 7-24 所示,将键嵌入轴上的键槽中,再将带有键槽的齿轮装在轴上,当轴转动时,因为键的存在,齿轮就与轴同步转动,达到传递动力的目的。

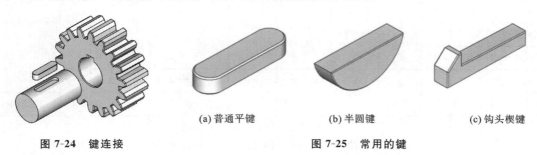

图 7-24　键连接　　　　　　　　　　图 7-25　常用的键

键的种类很多,常用的有普通平键、半圆键、钩头楔键等三种,如图 7-25 所示。其中普通平键应用最广,按形状的不同,可分为圆头普通平键(A 型),平头普通平键(B 型)和单圆头普通平键(C 型)等三种,其形状和尺寸如图 7-26 所示,在标注时 A 型平键省略 A 字。

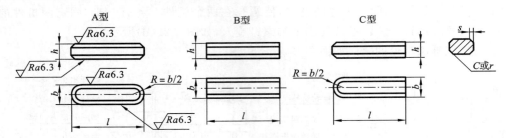

图 7-26 普通平键的型式和尺寸

普通平键的标注格式和内容为:|键| |型式代号| |宽度|×|长度| |标准代号|。例如:宽度 $b$ =18 mm,高度 $h$=11 mm,长度 $l$=100 mm 的圆头普通平键(A 型),其标注为"键 18×100 GB 1096—2003";宽度 $b$=18 mm,高度 $h$=11 mm,长度 $l$=100 mm 的平头普通平键(B 型),其标记为"键 B 18×100 GB 1096—2003";宽度 $b$=18 mm,高度 $h$=11 mm,长度 $l$=100 mm 的单圆头普通平键(C 型),其标记为"键 C 18×100 GB 1096—2003"。

常用普通平键的尺寸和键槽的断面尺寸,可按轴径查表 7-4(完整表见附录)。如图7-27 (a)、(b)所示的为轴和轮毂的键槽尺寸注法。例如,已知轴直径 $d$=25 mm,查表 7-4 得,键槽宽 $b$=8 mm,轴上键槽深 $t_1$=4 mm,则深度标注尺寸 $d-t_1$=21 mm;同理,毂上键槽深 $t_2$ =3.3 mm,则深度标注尺寸为 $d+t_2$=28.3 mm。根据表 7-4 还可以确定键及键槽长度 $l$ 及相关尺寸的极限偏差。

表 7-4 部分键槽的尺寸与极限偏差 (单位:mm)

| 轴 公称直径 $d$ | 键 公称尺寸 $b×h$ | 键槽 宽度 $b$ | | | | | | 深度 | | | | 半径 $r$ | |
|---|---|---|---|---|---|---|---|---|---|---|---|---|---|
| | | 公称尺寸 | 极限偏差 | | | | | 轴 $t_1$ | | 毂 $t_2$ | | | |
| | | | 正常连接 | | 紧密连接 | 松连接 | | 基本尺寸 | 极限偏差 | 基本尺寸 | 极限偏差 | | |
| | | | 轴 N9 | 毂 JS9 | 轴和毂 P9 | 轴 H9 | 毂 D10 | | | | | min | max |
| 自 6～8 | 2×2 | 2 | 0.004 −0.029 | ±0.0125 | −0.006 −0.031 | +0.025 0 | +0.060 +0.020 | 1.2 | +0.1 0 | 1.0 | +0.1 0 | 0.08 | 0.16 |
| >8～10 | 3×3 | 3 | | | | | | 1.8 | | 1.4 | | | |
| >10～12 | 4×4 | 4 | 0 −0.030 | ±0.0125 | −0.012 −0.042 | +0.030 0 | +0.078 +0.030 | 2.5 | | 1.8 | | | |
| >12～17 | 5×5 | 5 | | | | | | 3.0 | | 2.3 | | 0.16 | 0.25 |
| >17～22 | 6×6 | 6 | | | | | | 3.5 | | 2.8 | | | |
| >22～30 | 8×7 | 8 | 0 −0.036 | ±0.018 | −0.015 −0.051 | +0.036 0 | +0.098 +0.040 | 4.0 | +0.2 0 | 3.3 | +0.2 0 | | |
| >30～38 | 10×8 | 10 | | | | | | 5.0 | | 3.3 | | 0.25 | 0.40 |
| L 系列 | | 6,8,10,12,14,16,18,20,22,25,28,32,36,40,45,50,56, 63,70,80,90,100,110,125,140,160,180,200,220,250,280 | | | | | | | | | | | |

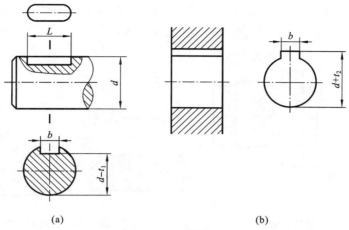

图 7-27 轴、毂上键槽尺寸的注法

图 7-28 所示的为普通平键连接画法。普通平键的两侧面是工作面,在装配图中,键的两侧面与轮毂、轴的键槽两侧面配合,键的底面与轴的键槽底面接触,所以都画一条线,而键的顶面与轮毂上键槽的底面之间应有间隙,为非接触面,因此要画两条线。按国家标准规定,键沿纵向剖切时,不画剖面线。

### 7.2.2 销

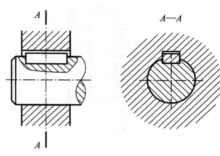

图 7-28 平键连接的画法

销主要用来固定零件之间的相对位置,主要起定位作用,也可用于连接和锁紧,如图 7-29 所示。常用的销有圆柱销、圆锥销、开口销等。

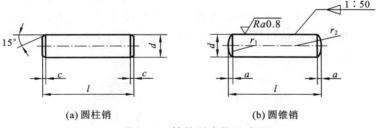

(a) 圆柱销　　　　　　　　(b) 圆锥销

图 7-29 销的型式及尺寸

销也是标准件,不需画零件图,它的型式、尺寸可查阅附录。

例如,公称尺寸 $d=6$ mm、公差带 m6、公称长度 $l=30$ mm、材料为钢、不经淬火、不经表面处理的圆柱销应标注为

销 GB/T 119.1 6m6×30

当 A 型圆锥销 $d=10, l=60$ 时,其标注为

销 GB/T 117　10×60

销的型式及尺寸规定画法如图 7-30 所示。

销定位的画法如图 7-30 所示,图 7-31 所示的为零件图上销孔的尺寸的注法,其中 $\phi 4$ 为所配圆锥销的公称直径。图 7-32 所示的为销连接的画法。

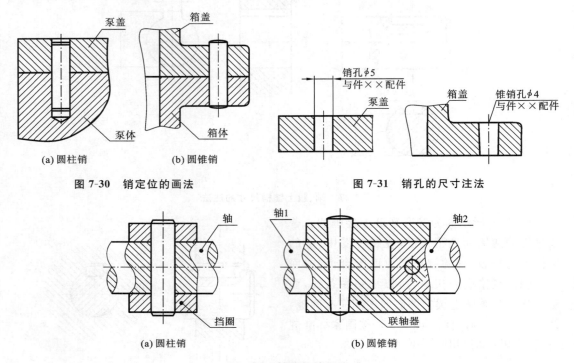

图 7-30　销定位的画法　　　　图 7-31　销孔的尺寸注法

图 7-32　销连接的画法

【注意】

用销来定位或连接两个零件时,它们的销孔应在装配时一起加工,因此,在销孔尺寸注法中应写明"与件××配作"。另外,在画圆锥销连接时,一定要把销的大头放在上面高出销孔 3～5 mm。销在定位或连接时外端面与被定位或连接的零件接触,画成一条线。

开口销是用来防止零件轴向松动的零件,常与锁紧螺母和垫圈一起使用,也有在小轴端部与垫片一起使用的,如图 7-33 所示。

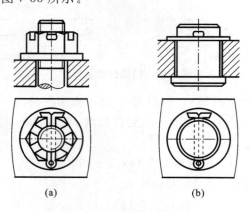

图 7-33　开口销连接画法

## 7.3 齿轮

### 7.3.1 齿轮的作用与种类

齿轮是机器设备中应用十分广泛的传动零件,用来传递运动和动力、改变轴的旋向和转速。常见的传动齿轮有三种。

(1) 圆柱齿轮,用于两平行轴之间的传动,图 7-34(a)所示的为直齿圆柱齿轮和斜齿圆柱齿轮。

(2) 圆锥齿轮,用于两相交轴(通常相交成 90°)之间的传动,如图 7-34(b)所示。

(3) 蜗轮蜗杆,用于两垂直交叉轴之间的传动,速比较大,如图 7-34(c)所示。

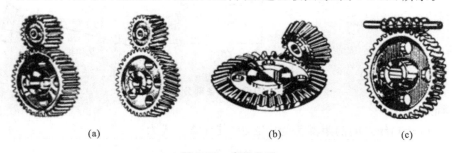

图 7-34 齿轮传动

### 7.3.2 齿轮各部分的名称及参数

齿轮为常用件,齿轮的参数中只有齿轮的模数、压力角已经标准化,其他参数都是非标准化的,齿轮上各部分名称如图 7-35 所示。

**1. 节圆与分度圆**

如图 7-35(a)所示,主动齿轮与从动齿轮连心线 $O_1O_2$ 上两相切的圆称为节圆。节圆是成对出现的,可看成两个纯滚动的圆,相切点称为啮合点。如图 7-35(b)所示,对一个标准齿轮而言,齿槽宽 $e$ 与齿厚 $s$ 在某圆周上的弧长相等的圆称为分度圆,它是设计、制造齿轮时,计算各部分尺寸的基准圆,用 $d$ 表示。当两标准齿轮正确啮合时,节圆直径与分度圆直径重合。

**2. 齿顶圆直径 $d_a$**

通过齿顶的圆柱面直径称为齿顶圆直径。

**3. 齿根圆直径 $d_f$**

通过齿根的圆柱面直径称为齿根圆直径。

**4. 齿距 $p$**

在分度圆上,相邻两齿对应齿廓之间的弧长称为齿距。

**5. 齿高 $h$,齿顶高 $h_a$,齿根高 $h_f$**

齿顶圆和齿根圆之间的径向距离称为齿高;齿顶圆与分度圆之间的径向距离称为齿顶高;齿根圆与分度圆之间的径向距离称为齿根高。

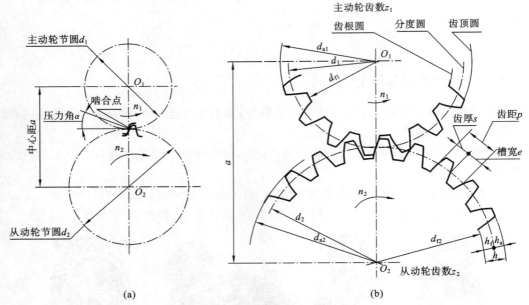

图 7-35 圆柱齿轮各部分的名称

**6. 中心距 $a$**

两啮合齿轮轴线之间的距离称为中心距,其计算公式为

$$a=\frac{d_1+d_2}{2}=\frac{m(z_1+z_2)}{2}$$

**7. 传动比 $i$**

主动齿轮的转数 $n_1$ 与从动齿轮的转数 $n_2$ 之比称为传动比。由 $n_1 z_1 = n_2 z_2$,可得

$$i=\frac{n_1}{n_2}=\frac{z_2}{z_1}$$

### 7.3.3 直齿圆柱齿轮的基本参数

**1. 齿数 $z$**

齿数是指齿轮上轮齿的个数。

**2. 模数 $m$**

由于分度圆的周长 $\pi d = zp$,所以 $d=(p/\pi)z$,$p/\pi$ 就称为齿轮的模数。模数以 mm 为单位,它是齿轮设计和制造的重要参数。为便于齿轮的设计和制造,减少齿轮成形刀具的规格及数量,国家标准对模数规定了标准值。模数的标准值如表 7-5 所示。

表 7-5 标准模数 $m$ （单位:mm）

| | |
|---|---|
| 第一系列 | 0.1,0.12,0.15,0.2,0.25,0.3,0.4,0.5,0.6,0.8,1,1.25,1.5,2,2.5,3,4,5,6,8,1,12,16,20,25,32,40,50 |
| 第二系列 | 0.35,0.7,0.9,1.75,2.25,2.75,(3.25),3.5,(3.75),4.5,5.5,(6.5),7,9,(11),14,18,22,28,(30),36,45 |

注:选用时,应优先采用第一系列,括号内的模数尽可能不用。

## 2. 压力角 α

相互啮合的一对齿轮,其受力方向(齿廓曲线的公法线方向)与运动方向之间所夹的锐角,称为压力角。同一齿廓的不同点上的压力角是不同的,在分度圆上的压力角,称为标准压力角。国家标准规定,标准压力角为 20°。

两标准直齿圆柱齿轮正确啮合传动的条件是模数和压力角均相等。

齿轮的基本参数 $z$、$m$、$\alpha$ 确定之后,齿轮各部分尺寸可按表 7-6 所示的公式计算。

表 7-6 外啮合标准直齿圆柱齿轮几何尺寸计算公式

| 基本参数:模数 $m$、齿数 $z$、压力角 20° | | |
|---|---|---|
| 各部分名称 | 代号 | 计算公式 |
| 分度圆直径 | $d$ | $d = mz$ |
| 齿顶高 | $h_a$ | $h_a = m$ |
| 齿根高 | $h_f$ | $h_f = 1.25\, m$ |
| 齿顶圆直径 | $d_a$ | $d_a = m(z+2)$ |
| 齿根圆直径 | $d_f$ | $d_f = m(z-2.5)$ |
| 齿距 | $p$ | $p = \pi m$ |
| 分度圆齿厚 | $s$ | $s = \dfrac{1}{2}\pi m$ |
| 中心距 | $a$ | $a = \dfrac{1}{2}(d_1 + d_2) = \dfrac{1}{2}m(z_1 + z_2)$ |

### 7.3.4 齿轮的画法

齿轮只有齿形结构是标准化的,其他结构如内孔直径、键槽、两端凸台等都是非标准结构,应按投影画视图。齿面形状通常为渐开线。齿轮的齿数一般都是奇数,使用全剖视图在投影表达上出现困难。由于齿面是标准化的结构,国家标准在处理齿形表达上采用了类似螺纹线的画法。国家标准 GB/T 4459.2—2003 对齿轮的画法规定如下。

**1. 单个圆柱齿轮的画法**

(1) 在视图中,齿顶圆和齿顶线用粗实线表示。分度圆和分度线用细点画线表示(分度线应超出轮廓 2~3 mm)。齿根圆和齿根线用细实线表示或省略不画,如图 7-36(a) 所示。

(2) 在剖视图中,当剖切平面通过齿轮的轴线时,轮齿一律按不剖绘制,这时齿根线用粗实线表示,如图 7-36(b) 所示。

(3) 当需要表示斜齿或人字齿的轮齿形状时,可在非圆的外形图上画三条与轮齿齿线方向相同的平行的细实线表示(或画三条人字形细实线),如图 7-36(c)、(d) 所示。

**2. 齿轮啮合的画法**

(1) 画两齿轮啮合图时,一般可采用两个视图(见图 7-37(a)),在其端面视图(反映为圆的视图)中,啮合区内的齿顶圆均用粗实线绘制,也可省略不画,相切的两节圆用点画线画出,两齿根圆省略不画(见图 7-37(b))。

(2) 在非圆投影的剖视图中,两齿轮节线重合,画点画线。齿根线画粗实线。齿顶线的画法是将一个齿轮的轮顶作为可见轮廓画成粗实线,另一个齿轮的齿顶被遮住画成虚线,如

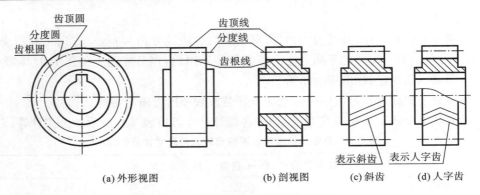

(a) 外形视图　　(b) 剖视图　　(c) 斜齿　(d) 人字齿

图 7-36　单个圆柱齿轮的规定画法

图 7-37(a)所示。

(3) 在非圆投影的外形图中,啮合区的齿顶线和齿根线不必画出,节线画成粗实线,如图 7-37(c)、(d)所示。

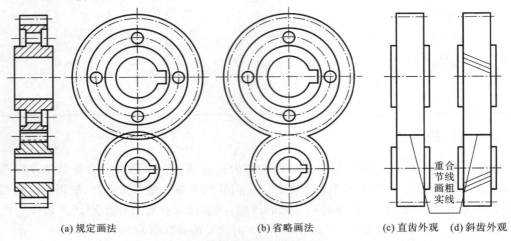

(a) 规定画法　　(b) 省略画法　　(c) 直齿外观　(d) 斜齿外观

图 7-37　圆柱齿轮啮合规定画法

【注意】 在剖视图中,两齿轮在啮合区应画出 5 条线的投影,即:两个齿轮的齿顶线,主动轮齿顶线为粗实线,从动轮齿顶线为虚线;两个齿轮的齿根线都为粗实线;两齿轮节圆相切只画一条节线为点画线。另外,每个齿轮的齿顶线与另一齿轮的齿根线存在 $0.25m(m$ 为模数)的径向间隙,如图 7-38 所示。

### 3. 齿轮与齿条啮合的画法

当齿轮的直径无限大时,齿轮就成为齿条。此时齿顶圆、分度圆、齿根圆和齿廓曲线都成为直线。齿轮和齿条啮合时,齿轮旋转,齿条做直线运动。齿轮和齿条啮合的画法与两圆柱齿轮啮合的画法基本相同。齿轮的节圆与齿条的节线相切,在剖视图中,应将啮合区内齿顶线之一画成粗实线,另一轮齿被遮挡部分画成虚线或省略不画,如图 7-39 所示。

### 4. 圆柱齿轮的零件图

图 7-40 所示的是圆柱齿轮的零件图,它的内容包括一组图形、一组完整的尺寸、必需的技术要求、制造齿轮所需要的基本参数。模数、齿数等齿轮参数和齿轮公差要求列表说明。

# 第 7 章 标准件及常用件

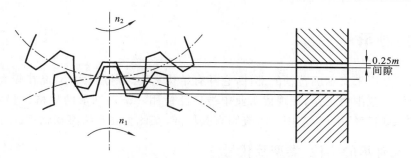

图 7-38 圆柱齿轮啮合区的规定画法

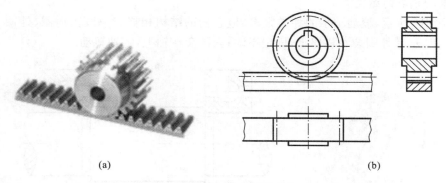

图 7-39 齿轮与齿条啮合的画法

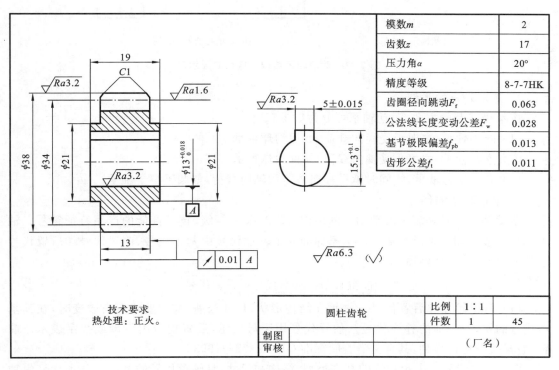

| 模数 $m$ | 2 |
|---|---|
| 齿数 $z$ | 17 |
| 压力角 $\alpha$ | 20° |
| 精度等级 | 8-7-7HK |
| 齿圈径向跳动 $F_r$ | 0.063 |
| 公法线长度变动公差 $F_w$ | 0.028 |
| 基节极限偏差 $f_{pb}$ | 0.013 |
| 齿形公差 $f_f$ | 0.011 |

技术要求
热处理：正火。

图 7-40 圆柱齿轮

## 7.4 滚动轴承

滚动轴承是用来支承旋转轴的部件,它具有结构紧凑、摩擦阻力小,能在较大的载荷、转速及较高的精度范围内工作,在现代工业中被广泛使用。滚动轴承的规格、型号较多,但都已标准化,由专门工厂生产,选用时可查阅有关标准,在此主要介绍滚动轴承。

### 7.4.1 滚动轴承的结构、类型及代号

**1. 滚动轴承的结构**

如图 7-41 所示,滚动轴承的种类很多,但它们的结构相似。一般由内圈、外圈、滚动体和保持架组成,其外圈装在机座上,固定不动;内圈套在轴上,随轴转动。

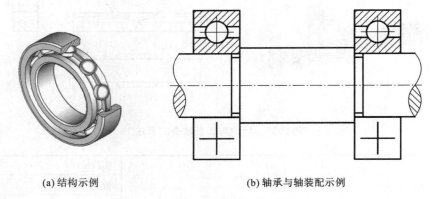

(a) 结构示例　　　　　　　　　　(b) 轴承与轴装配示例

**图 7-41　滚动轴承结构与通用装配示例**

**2. 滚动轴承的类型**

按承受载荷的方向,滚动轴承可分为如下三类。

(1) 向心轴承,主要承受径向载荷,如深沟球轴承。

(2) 推力轴承,主要承受轴向载荷,如推力球轴承。

(3) 向心推力轴承,能同时承受径向载荷和轴向载荷,如圆锥滚子轴承。

**3. 滚动轴承的代号**

滚动轴承代号是表示滚动轴承的结构、尺寸、公差等级、技术性能的产品特征符号。轴承代号一般打印在轴承端面上。国家标准规定轴承代号由基本代号、前置代号和后置代号三部分组成,其排列顺序为

$$\boxed{\text{前置代号}}\ \boxed{\text{基本代号}}\ \boxed{\text{后置代号}}$$

(1) 前置代号和后置代号　轴承在结构形状、尺寸公差、技术要求等有改变时,在其基本代号的左、右添加的补充代号。前置代号用字母表示,后置代号用字母或数字表示。前置、后置代号有许多种,其含义需查阅标准 GB/T 272—1993。

(2) 基本代号　表示轴承的基本类型、结构和尺寸,是轴承代号的基础。基本代号由轴承类型代号、尺寸系列代号和内径代号构成,其排列顺序为

| 类型代号 | 尺寸系列代号 | 内径代号 |

【说明】

类型代号用来说明轴承的类型,由1位数字或1~2位大写拉丁字母组成,如表7-7所示,类型代号"3"表示圆锥滚子轴承,"5"表示推力球轴承,"6"表示深沟球轴承。

表7-7 滚动轴承的类型代号

| 代号 | 轴承类型 | 代号 | 轴承类型 |
|---|---|---|---|
| 0 | 双列角接触球轴承 | 6 | 深沟球轴承 |
| 1 | 调心球轴承 | 7 | 角接触球轴承 |
| 2 | 调心滚子轴承和推力调心滚子轴承 | 8 | 推力圆柱滚子轴承 |
| 3 | 圆锥滚子轴承 | N | 圆柱滚子轴承 双列或多列用字母NN表示 |
| 4 | 双列深沟球轴承 | U | 外球面球轴承 |
| 5 | 推力球轴承 | QJ | 四点接触球轴承 |

尺寸系列代号用表示轴承的宽(高)度系数列代号(1位数字)和外径系列代号(1位数字),共2位数字左、右排列表示。常用尺寸系列代号可在表7-8中查取。若基本代号中的尺寸系列代号(第4位数字)为0时省略。如:尺寸系列代号"02"省略"0"后为"2"。

表7-8 滚动轴承的尺寸系列代号

| 直径系列代号 | 向心轴承 | | | | | | | 推力轴承 | | | |
|---|---|---|---|---|---|---|---|---|---|---|---|
| | 宽度系列代号 | | | | | | | 高度系列代号 | | | |
| | 8 | 0 | 1 | 2 | 3 | 4 | 5 | 6 | 7 | 9 | 1 | 2 |
| | 尺寸系列代号 | | | | | | | | | | |
| 7 | — | — | — | 17 | — | 37 | — | — | — | — | — | — |
| 8 | — | 08 | 18 | 28 | 38 | 48 | 58 | 68 | — | — | — | — |
| 9 | — | 09 | 19 | 29 | 39 | 49 | 59 | 69 | — | — | — | — |
| 0 | — | 00 | 10 | 20 | 30 | 40 | 50 | 60 | 70 | 90 | 10 | — |
| 1 | — | 01 | 11 | 21 | 31 | 41 | 51 | 61 | 71 | 91 | 11 | — |
| 2 | 82 | 02 | 12 | 22 | 32 | 42 | 52 | 62 | 72 | 92 | 12 | 22 |
| 3 | 83 | 03 | 13 | 23 | 33 | — | — | — | 73 | 93 | 13 | 23 |
| 4 | — | 04 | — | 24 | — | — | — | — | 74 | 94 | 14 | 24 |
| 5 | — | — | — | — | — | — | — | — | — | 95 | — | — |

内径代号表示轴承公称内径,一般也为2位数字组成,内径代号为00、01、02、03分别表示轴承公称内径10 mm、12 mm、15 mm、17 mm。当内径尺寸在20~480 mm(22、28、32除

外)的范围内时,内径尺寸为内径代号数字乘以 5。

因此,"基本尺寸代号"一般为 5 位数字组成,如"60000 型深沟球轴承"、"50000 型推力球轴承"和"30000 型圆锥滚子轴承"。只有宽度系列代号为"0",省略"0"后,基本尺寸代号从 5 位数字改变为 4 位数字。

**4. 滚动轴承标记**

滚动轴承标记的内容包括:名称、基本代号和国标号。

**例 7-2** 滚动轴承 30204 GB/T 297—1994 的含义是什么?

**解** 基本代号的含义为

3:类型代号,圆锥滚子轴承。

02:尺寸宽度系列代号,宽度不省略"0",直径系列代号为 2。

04:内径代号,内径=4×5 mm=20 mm。

**例 7-3** 滚动轴承 51203 GB/T 301—1995 的含义是什么?

**解** 基本代号的含义为

5:类型代号,推力球轴承。

12:尺寸宽度系列代号,宽度代号为 1,直径系列代号为 2。

04:内径代号,小于 4,查表后得,内径为 17 mm。

**例 7-4** 滚动轴承 6204 GB/T 276—2013 的含义是什么?

**解** 基本代号的含义为

6:类型代号,深沟球轴承。

2:尺寸宽度系列代号,(02)宽度代号省略 0,直径系列代号为 2。

04:内径代号,内径=4×5 mm=20 mm。

## 7.4.2 滚动轴承的画法

滚动轴承通常可用三种画法(GB/T 4459.7—1998)绘制,即规定画法、通用画法和特征画法。一般在画图前,应根据轴承代号从其标准中查出外径 $D$、内径 $d$、宽度 $B$、$T$ 后,按表比例画图。常用滚动轴承的规定画法和特征画法如表 7-9 所示。

表 7-9 常用滚动轴承的规定画法和特征画法

| 轴承名称及代号 | 结构形式 | 规定画法 | 特征画法 | 用途 |
|---|---|---|---|---|
| 深沟球轴承<br>GB/T 276—2013<br>(60000 型) | | | | 主要承受径向力 |

续表

| 轴承名称及代号 | 结构形式 | 规定画法 | 特征画法 | 用途 |
|---|---|---|---|---|
| 圆锥滚子轴承<br>GB/T 297—1994<br>（30000 型） | | | | 可同时承受径向力和轴向力 |
| 推力球轴承<br>GB/T 301—1995<br>（51000 型） | | | | 承受单方向轴向力 |

## 7.5 弹簧

弹簧是机械、电器设备中一种常用的零件，主要用于减振、夹紧、储存能量和测力等。弹簧的特点是去掉外力后能立即恢复原状。弹簧种类很多，目前，国家标准只对部分弹簧进行了标准化。常用的几种如图 7-42 所示。在此仅介绍圆柱螺旋弹簧，重点为压缩弹簧的各部分名称及其画法。

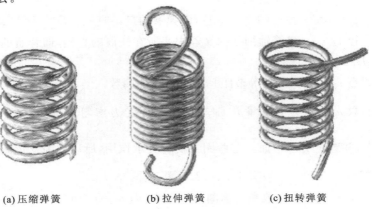

(a) 压缩弹簧　　　　(b) 拉伸弹簧　　　　(c) 扭转弹簧

图 7-42　圆柱螺旋弹簧

## 7.5.1 圆柱螺旋压缩弹簧各部分名称及尺寸关系

圆柱螺旋压缩弹簧工作时两端面与中心轴线应保持垂直、受力均匀、平稳移动。因此，在制造时，将两端弹簧并紧、磨平，这几圈仅起支承作用，称为支承圈。两端的支承圈有 1.5 圈、2 圈、2.5 圈三种，常见的为 2.5 圈。中间保持相等节距的圈称为有效圈，有效圈数是计算弹簧刚度时的圈数。有效圈数与支承圈数的总和是总圈数。画图时，圆柱压缩弹簧按标准选取以下参数，如图 7-43 所示。

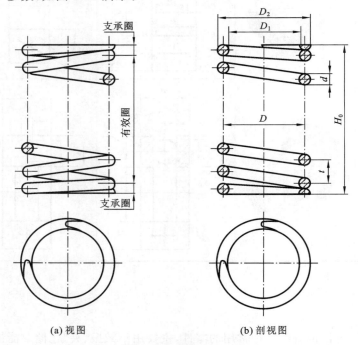

(a) 视图　　　　　　(b) 剖视图

图 7-43　圆柱螺旋压缩弹簧的画法

(1) 簧丝直径 $d$ ——制造弹簧所用金属丝的直径。

(2) 弹簧外径 $D_2$ ——弹簧的最大直径。

(3) 弹簧内径 $D_1$ ——弹簧的内孔直径，即弹簧的最小直径。$D_1 = D_2 - 2d$。

(4) 弹簧中径 $D$ ——弹簧轴剖面内簧丝中心所在柱面的直径，即弹簧的平均直径，$D = (D_2 + D_1)/2 = D_1 + d = D_2 - d$。

(5) 有效圈数 $n$ ——保持相等节距且参与工作的圈数。

(6) 支承圈数 $n_2$ ——为了使弹簧工作平衡，端面受力均匀，制造时将弹簧两端的 $\frac{3}{4}$ 至 $1\frac{1}{4}$ 圈压紧靠实，并磨出支承平面。这些圈主要起支承作用，所以称为支承圈。支承圈数 $n_2$ 表示两端支承圈数的总和。一般有 1.5、2、2.5 圈三种。

(7) 总圈数 $n_1$ ——有效圈数和支承圈数的总和，即 $n_1 = n + n_2$。

(8) 节距 $t$ ——相邻两有效圈上对应点间的轴向距离。

(9) 自由高度 $H_0$——未受载荷作用时的弹簧高度(或长度),$H_0 = nt + (n_2 - 0.5)d$。

(10) 弹簧的展开长度 $L$——制造弹簧时所需的金属丝长度,$L \approx n_1 \sqrt{(\pi D_2)^2 + t^2}$。

(11) 旋向——与螺旋线的旋向的含义相同,分为左旋和右旋两种。

### 7.5.2 圆柱螺旋压缩弹簧的规定画法

弹簧在图样中的画法无须按真实投影绘制,国家标准 GB/T 4459.4—2003 规定了弹簧的画法。

(1) 在平行于弹簧轴线的投影面上的视图中,各圈轮廓均画成直线,如图 7-43 所示。

(2) 螺旋弹簧均可画成右旋,但左旋弹簧不论画成左旋或右旋,均需注写旋向"左"字。

(3) 有效圈数大于 4 圈,可只画两端的 1~2 圈,而省略中间各圈。同时,图形的轴向长度也可适当缩短,如图 7-43 所示。

(4) 在装配图中,弹簧中间各圈采用省略画法时,弹簧后面被挡住的部分一般不画,可见部分可画到弹簧钢丝的断面轮廓或中心线处,如图 7-44(a)所示;簧丝直径小于 2 mm 的剖面可以用涂黑表示,如图 7-44(b)所示;当簧丝直径小于 1 mm 时,可采用示意画法,如图 7-44(c)所示。

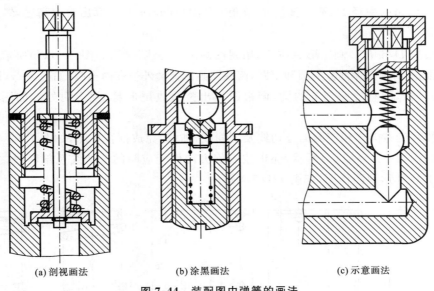

(a) 剖视画法　　　　(b) 涂黑画法　　　　(c) 示意画法

图 7-44　装配图中弹簧的画法

### 7.5.3 圆柱拉伸弹簧和圆柱扭转弹簧的画法简介

**1. 圆柱拉伸弹簧画法**

圆柱拉伸弹簧画法与压缩弹簧的画法基本相同,不同处如图 7-45 所示,两端多了一个钩子,各圈弹簧都按支承圈弹簧画法画出,中间部分弹簧可按省略画法画。

**2. 圆柱扭转弹簧画法**

圆柱扭转弹簧画法与压缩弹簧的画法基本相同,不同处如图 7-46 所示,两端多了一个段直弹簧丝。

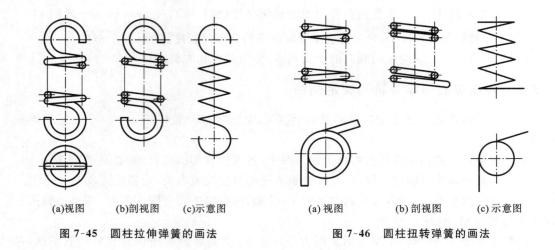

　　(a)视图　　(b)剖视图　　(c)示意图　　　　　　(a)视图　　(b)剖视图　　(c)示意图

　　　图 7-45　圆柱拉伸弹簧的画法　　　　　　　　图 7-46　圆柱扭转弹簧的画法

## 7.5.4　圆柱螺旋压缩弹簧的作图步骤

若已知弹簧的中径 $D$、簧丝直径 $d$、节距 $t$ 和圈数（$n_1$,$n_2$），先算出自由高度，然后再按下列步骤作图。

（1）根据 $D$ 和 $H$。画矩形 $ABCD$，俯视图画出中心线位置，如图 7-47(a)所示。

（2）根据 $d$，画支撑部分的圆和半圆，俯视图画出弹簧外径和内径圆，如图 7-47(b)所示。

（3）根据 $t$，画有效圈部分的圆，俯视图画出弹簧收尾形状（规定两处），如图 7-47(c)所示。

（4）按右旋方向作相应圈的公切线及剖面线，加深、完成剖视作图，如图 7-47(d)所示。

（5）同理，如图 7-47(c)所示，还可按右旋方向作相应圈的公切线及剖面线，去除被挡线，加深、完成外形视图作图，如图 7-47(e)所示。

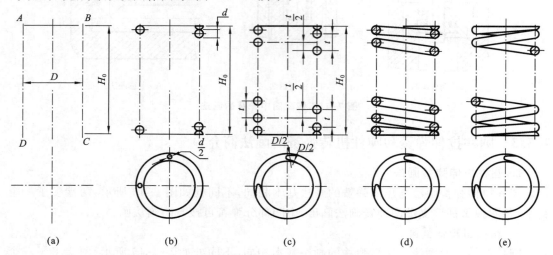

　(a)　　　　　　(b)　　　　　　(c)　　　　　　(d)　　　　　　(e)

图 7-47　圆柱螺旋压缩弹簧的作图步骤

## 7.5.5 螺旋压缩弹簧的标注

弹簧的标注由弹簧代号、类型、尺寸、精度代号、旋向代号、标准号、材料牌号以及表面处理等要素组成，即

| 弹簧代号 | 类型 | $d \times D \times H_0$ | 精度代号 | 旋向代号 | 标准号 | 材料牌号 | - 表面处理 |

例如，A 型螺旋压缩弹簧，材料直径 1.2 mm，弹簧中径 8 mm，自由高度 40 mm，刚度、外径、自由高度的精度为 2 级，材料为碳素弹簧钢丝 B 级，表面镀锌处理的左旋弹簧的标注为

$$YB1.2 \times 8 \times 40\text{-}2 \text{ LH GB/T } 2089\text{—}2009, B \text{ 级-D-Zn}$$

## 7.5.6 螺旋压缩弹簧的零件图

图 7-48 所示的为圆柱螺旋压缩弹簧的零件图。弹簧的参数应直接标注在图形上，若直接注写有困难，可以在技术要求中说明。如图 7-48 所示，在轴线水平放置的弹簧主视图上，注出了完整的尺寸和尺寸公差，表面粗糙度等，同时用文字叙述技术要求，并在零件图上方用图解表示弹簧受力的压缩长度。螺旋压缩弹簧的力学性能曲线应画成粗实线。其中：$P_1$—弹簧的预加负荷；$P_2$—弹簧的最大负荷；$P_3$—弹簧允许的极限负荷。

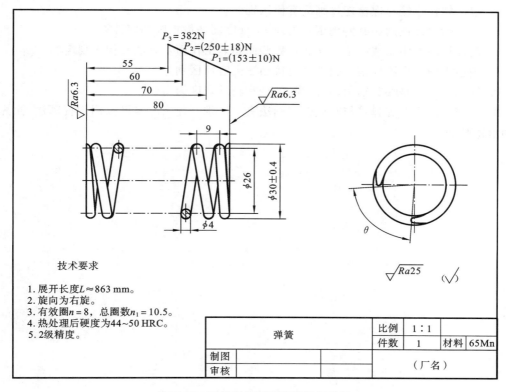

图 7-48 圆柱螺旋压缩弹簧的零件图

## 本章小结

本章主要介绍标准件和常用件。由于标准件和常用件上的标准要素已经标准化了,它们的结构、尺寸、技术要求特性等,在有关标准中均可查阅。所以在一般用途的绘图中没必要画出它们的真实投影,而采用了规定的较简略的表示方法。但是图上必须给出它们的类型、大小和规格的代号和标准。

螺纹和螺纹紧固件的连接在工程图上应用广泛,其规定画法也不复杂,但应注意经常会出现的错误,在学习时要给予重视。齿轮、键、销、轴承和弹簧等,要注意规定画法与投影的区别,涉及的参数计算要能正确选择公式、了解计算方法。本章的重点是它们的画法。为了深入理解,还应学习有关专业知识和查阅设计手册。

## 思考题

1. 螺杆和螺纹通孔的画法是如何规定的?
2. 不通螺孔与螺纹通孔有哪些区别?
3. 螺栓连接画法中哪些是接触画法?哪些是不接触画法?有什么规定?
4. 双头螺柱连接与螺栓连接画法有何区别?
5. 齿轮啮合部位画法有何规定?齿顶圆、分度圆和齿根圆如何计算?
6. 键连接画法中哪些面是工作面?哪些面是非工作面?画法有什么规定?
7. 销连接画法中圆柱销与圆锥销连接画法上有何区别?
8. 轴承 60203 是哪类轴承,其内径、外径和轴承宽度为多少?
9. 弹簧画法中右旋弹簧与左旋弹簧画法有何区别?什么时候可以用剖视画法、涂黑画法和示意画法?

# 第 8 章 零 件 图

零件是组成机器或部件的基本单位。任何机器或部件都是由若干零件按一定要求装配而成的。如图 8-1 所示的铣刀头是专用在铣床上的一个部件,装上铣刀盘就可用来铣削平面。它由带轮、轴、座体、端盖等 16 种零件组成。

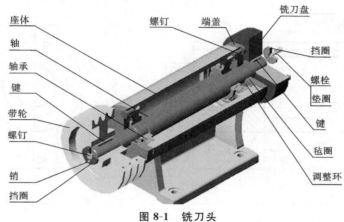

图 8-1 铣刀头

根据零件在机器或部件中的作用和标准化的程度,零件大致可分为三类。

**1. 一般零件**

这类零件的结构、形状通常根据它在部件中的作用和制造工艺等要求决定。一般零件按照它们的结构特点又可分成轴套类、盘盖类、叉架类、箱体类等。如上述铣刀头中的座体、端盖、轴等。

**2. 传动零件**

传动零件起传递动力和运动的作用,如齿轮、蜗轮、带轮、链轮、丝杠等。这类零件的主要结构已经标准化,并有规定画法。

**3. 标准件**

标准件主要起零件的连接、支承、密封等作用,如螺栓、螺母、垫圈、键、滚动轴承等。这类零件的结构、尺寸、画法和标注已全部标准化。

机器或部件中,除标准件外,其余零件,一般均应绘制零件图。

本章主要介绍绘制和阅读一般零件图的基本知识。

## 8.1 零件图的作用、内容和画图步骤

### 8.1.1 零件图的基本作用

要生产出合格的机器或部件,首先必须制造出合格的零件。而零件又是根据零件图来

进行制造和检验的。零件图是用来表示零件结构形状、大小及技术要求的图样,是直接指导制造、检验零件的重要技术文件。

零件图体现设计人员的设计思想、设计意图。因此,规范地、正确地、清晰地绘制零件图是对工程技术人员的最基本的要求。

### 8.1.2 零件图的内容

图 8-2 所示的是套筒的零件图,一张零件图应具备以下内容。

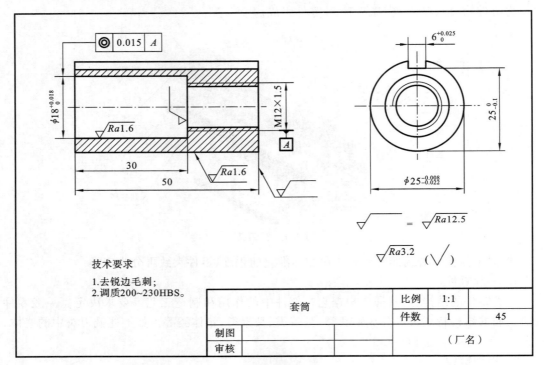

图 8-2 套筒

(1) 一组视图 完整、清晰地表达零件的内、外形状和结构。综合应用视图、剖视、断面、局部放大视图及其他规定画法等。

(2) 一组尺寸 正确、完整、清晰、合理地表达零件各部分的大小和各部分之间的相对位置关系。

(3) 技术要求 用于表示或说明零件在加工、检验过程中所需达到的技术指标。如表面粗糙度、尺寸公差、几何公差、热处理要求等。技术要求常用符号或文字来表示,文字一般注写在标题栏上方图样空白处。

(4) 标题栏 标题栏位于图样的右下角。它一般由更改区、签字区、其他区、名称及代号区组成。填写的内容主要有零件的名称、材料、数量、日期、图的编号、比例,以及描绘、审核人员签字等内容。学校制图练习一般用简易标题栏,如图 8-3 所示的套筒标题栏。

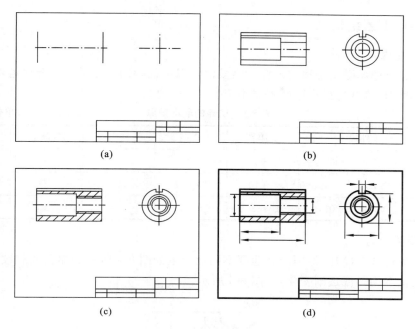

图 8-3 套筒的绘图步骤

## 8.1.3 绘制零件图的步骤

在实际工作中,绘制零件图可分为测绘、拆图两种,前者是通过测量仪从实物上测量数值画出零件图,后者是在装配图上拆画零件图。但最后画出的结果是一致的。

以套筒零件图为例,零件图的基本画图步骤如下(见图 8-3)。

(1) 分析零件的结构、形状及加工方法,合理选择视图的表达方案。
(2) 根据视图数量和视图比例选择图幅的大小。
(3) 画图框、标题栏及各视图定位基准线、中心线,并注意各视图之间预留尺寸标注的地方。
(4) 由主视图开始,画各视图主要轮廓线,注意投影关系。
(5) 画出各视图上的细节,如螺孔、销孔、倒角、圆角等。
(6) 检查底图后加深,画出剖面线、标注尺寸。
(7) 标注图上的技术要求,如几何公差、表面粗糙度、尺寸公差及文字要求等。
(8) 填写标题栏。
(9) 最后进行检查,检查无错误以后,在标题栏内签字。

## 8.2 零件上的常见结构与尺寸

零件的结构形状除了要满足设计要求外,还要考虑制造和加工工艺的一些特点,使所绘制的零件图,既保证零件的工作性能,又要便于制造。下面根据现有的一般生产水平,介绍一些常见工艺结构,供制图时参考。

## 8.2.1 铸造工艺结构

**1. 最小壁厚**

铸件的最小壁厚受到金属熔液流动性及浇注温度的限制。为了避免金属熔液在未充满砂型之前就凝固,铸件的最小壁厚不应小于表 8-1 所列数值。

表 8-1 铸件的最小壁厚　　　　　　　　　　　　　　　　　　（单位:mm）

| 铸造方法 | 铸件尺寸 | 灰铸铁 | 铸钢 | 可锻铸铁 | 铝合金 | 钢合金 |
|---|---|---|---|---|---|---|
| 砂型 | <200×200 | 6 | 8 | 5 | 3 | 3～5 |
| | >200×200－500×500 | 7～10 | 10～12 | 6 | 4 | 6～8 |
| | >500×500 | 15～20 | 15～20 | | 6 | |

**2. 壁厚要均匀**

为了避免铸件在冷却时,因冷却速度不同而产生如图 8-4 所示的缩孔或裂纹,设计时铸件的壁厚应基本均匀或逐渐变化,如图 8-5 所示。

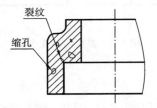

图 8-4　铸件缩孔与裂纹

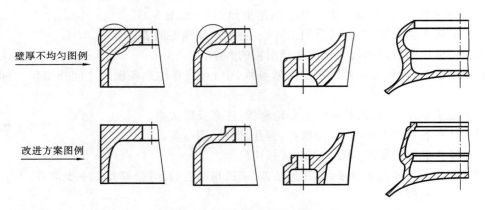

图 8-5　铸件壁厚调整方法

为了保证铸件的强度,可以采用加肋的方法来保证壁厚逐渐变化。外、内壁与肋的厚度应依次减薄,相差约为 20% 左右,如图 8-6 所示铸件中,外壁厚尺寸>内壁厚尺寸>肋厚尺寸。

**3. 起模斜度**

为了造型时起模方便,一般沿模型起模方向做出约 1∶10～1∶20 的斜度,如图 8-7(a)

所示,这个斜度称为起模斜度。在铸件上也有相应的起模斜度。斜度较小时,零件图中可以不画出,如图 8-7(b)所示。

**4. 铸造圆角**

在铸件转角处应当做成圆角,方便起模,防止砂型在尖角落砂和浇注时溶液冲坏砂型,也避免金属在冷却收缩过程中,在尖角处产生裂缝或缩孔,如图 8-8 所示。

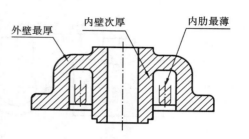

图 8-6　铸件内、外壁与肋的厚度

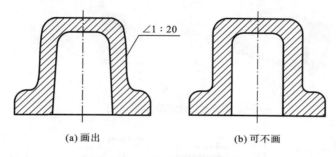

图 8-7　铸造件的起模斜度

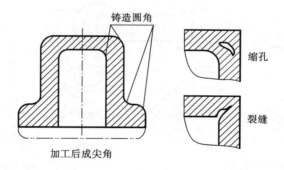

图 8-8　铸造圆角

铸造圆角在零件图中应该画出,半径较小时,可徒手绘制。铸件经机加工后,铸造圆角被削平画成尖角,如图 8-8 所示。其半径尺寸标注常集中在技术要求中,如"未注圆角为 $R3 \sim R5$"。

由于存在铸造圆角,铸件表面的相惯线就变得不明显了。为了方便读图,以区分不同表面,在零件图中仍要画出这条交线,通常该线称为过渡线,用细实线画出,其画法与相惯线画法基本一致,但不能与其他线接触。

过渡线的三种常见画法如下。

(1) 当两曲面相交时,过渡线不应与圆角轮廓线相连,如图 8-9(a)所示;当两曲面轮廓线相切时,过渡线应在切点附近断开,如图 8-9(b)所示。

(2) 当肋板与圆柱组合时,过渡线的画法取决于肋的断面形状及相交、相切关系,如图 8-10 所示。

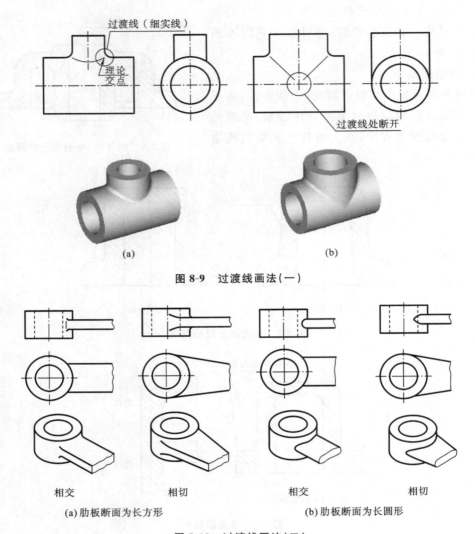

图 8-9 过渡线画法（一）

图 8-10 过渡线画法（二）

(3) 当画平面与平面、平面与曲面相交的过渡线时，应在转角处断开，并加画过渡圆弧，其弯向与铸造圆角的弯向一致，如图 8-11 所示。

## 8.2.2 机械加工工艺结构

### 1. 倒角和倒圆

为了防止划伤手和便于装配，在轴或孔的端部一般都加工出倒角。常见倒角为 45°，也有 30°或 60°的，如图 8-12 所示。为了避免应力集中，在阶梯孔或阶梯轴的转角处往往加工成圆角。

倒角和倒圆的尺寸可查阅附录表 I-1。当倒角为 45°时，在倒角的宽度前加注符号"C"，如 C2；非 45°倒角，要分开标注角度和宽度，如图 8-12 所示标注。

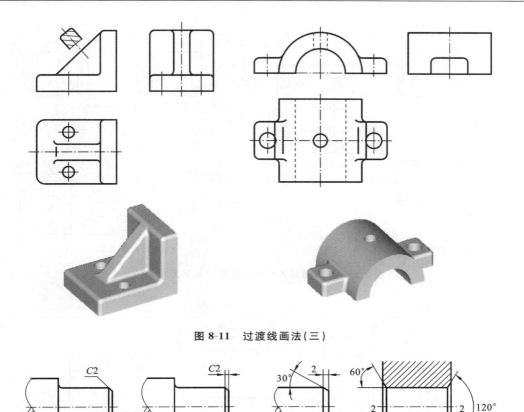

图 8-11 过渡线画法(三)

图 8-12 倒角和倒圆及其尺寸注法

**2. 螺纹退刀槽和砂轮越程槽**

在切削加工中,为了便于退刀或使砂轮可稍微越过加工面,常在待加工表面的末端先加工出退刀槽或砂轮越程槽。

退刀槽和越程槽的型式和尺寸,可查阅附表 I-2。其尺寸注法,常按"槽宽×槽深"、"槽宽×直径"标注,如图 8-13 所示标注。

**3. 凸台和沉孔**

为了使两零件表面接触良好,应尽量减少加工表面。通常在铸件上设计出凸台、沉孔或凹槽,如图 8-14 所示。

**4. 钻孔结构**

在零件上钻盲孔时,其孔的底部有一个 120°的锥角,是自然形成的,属于必带的工艺结构,不必注尺寸;而钻孔深度尺寸标注时,不应包括锥坑深度,如图 8-15(a)所示。钻阶梯孔时,交接处画成顶角为 120°的圆台,其画法及尺寸标注法如图 8-15(b)所示。

在钻孔时,为了避免钻孔轴线偏斜或钻孔时折断钻头,钻头的轴线应尽量与被钻零件的表面垂直,如图 8-16 所示。

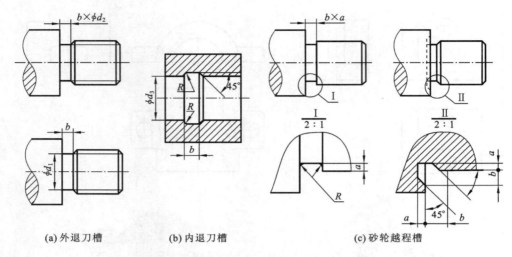

图 8-13 退刀槽和砂轮越程槽形状及其尺寸标注

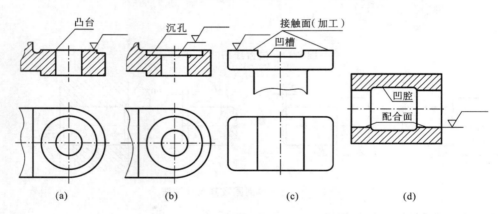

图 8-14 凸台与凹坑

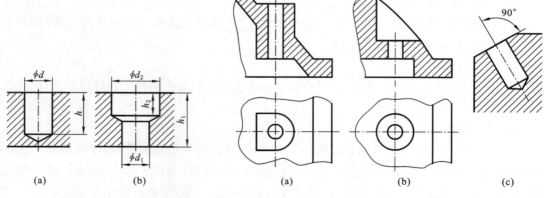

图 8-15 盲孔与阶梯孔　　　　图 8-16 钻孔端面结构

## 5. 滚花

有些调节手柄、调节旋钮为了防止操作时打滑,常将头部加工出滚花。滚花有两种标准形式:直花和网纹,如图 8-17 所示。

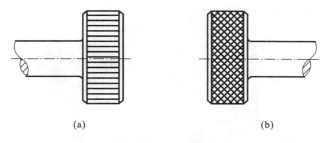

图 8-17　手柄直花和网纹

## 8.3　零件的视图选择

在选择零件的表达方案时,既要考虑完整、清晰地表达零件内外形状和结构,又要考虑制图简便,读图方便,力求表达方法和图形的数量都比较适当。

零件的种类繁多,除了标准零件外,常用零件分为四大类,即轴套类,盘盖类、叉架类和箱(壳)体类。本节主要讨论这四类零件的视图选择。

### 8.3.1　选择表达方案的方法和步骤

零件图表达方案的选择包括视图、表达方法和确定图形数量等。

**1. 主视图的选择**

主视图是表达零件最主要的视图,其选择是否合理直接关系到读图、画图是否方便,最终影响整个零件的表达方案。主视图的选择应考虑以下两个方面。

**1) 选择主视图的位置**

(1) 符合零件的加工位置　轴套类,盘盖类零件主视图的选择应尽量符合零件的主要加工位置,这样便于工人加工操作时读图,如图 8-18 所示。

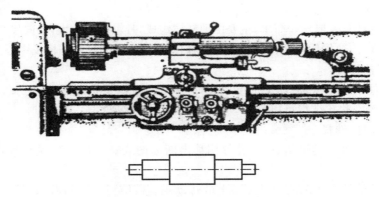

图 8-18　轴在车床上的加工位置

（2）符合零件的工作位置　叉架类、箱体类零件主视图的选择应尽量符合零件在机器或部件中的工作位置，如图 8-19 所示。主视图按照工作位置绘制，便于与装配图联系，校核零件的形状和尺寸的正确性；另外，这样读图比较形象。如果加工位置和工作位置不固定，则宜取安放自然平稳作为画主视图的位置。

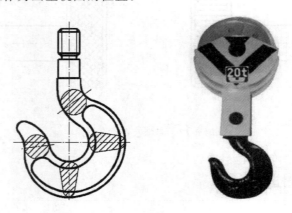

图 8-19　吊钩主视图符合工作位置

**2）选择主视图的投射方向**

在主视图位置已定的条件下，应从左、右、前、后四个方向，选择最能反映零件主要结构形状和各部分之间相对位置关系的一面作为主视图。

**2. 其他视图的选择**

选择其他视图时，应以主视图为基础，按零件形状的特点，用基本视图或在基本视图上取剖视，以表达主视图中尚未表达清楚的主要结构和主要形状；在基本视图上没有表达清楚的次要结构、局部结构，再用一些辅助视图（如局部视图、断面图、斜视图等）加以表达。

所选择的一组视图，每个视图都应有表达的重点，各个视图相互配合、补充而不重复，尽量使图形数量适当；布图时，有关的视图尽可能保持直接的投影关系。

## 8.3.2　典型零件的视图选择与尺寸标注

**1. 轴套类零件**

**1）结构分析**

轴套类零件结构一般比较简单，主要由回转体组成，且轴向尺寸大，径向尺寸小；另外这类零件一般起支承、传动的作用，因此，常带有轴肩、键槽、螺纹、砂轮越程槽及中心孔等结构。

**2）主视图的选择**

轴套类零件常在车床、磨床上加工成形，按加工位置确定主视图，轴线水平放置，大头在左、小头在右，键槽和孔结构可以朝前。一般只画一个主视图。

**3）其他视图的选择**

对于轴套类零件上的键槽、中心孔等用移出断面图表达；轴肩、砂轮越程槽等可用局部放大图表达。

实例分析：图 8-20 所示的为铣刀头上的传动轴，各部分均为同轴回转的圆柱体，有三个键槽，一个砂轮越程槽（3×1），一个螺纹孔。主视图取轴线水平放置，键槽朝上，断开后的缩短绘制。以两处局部剖视图和两个移出断面图来表达键槽、螺纹孔的深度;采用两处局部视图表达键槽的形状;采用一个局部放大视图表达砂轮越程槽的形状。

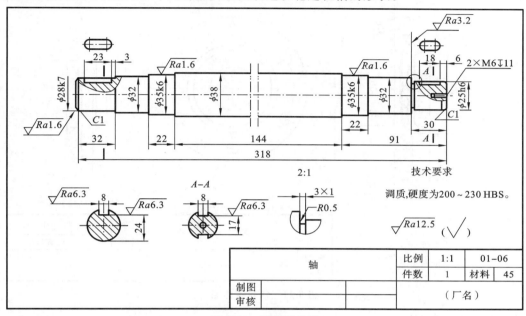

图 8-20 轴的零件图

**2. 盘盖类零件**

**1)结构分析**

盘盖类零件主体结构也是同轴回转体,但径向尺寸一般大于轴向尺寸,内部结构复杂,包括各种端盖、法兰盘、齿轮、带轮等盘状零件。

**2)主视图的选择**

盘盖类零件的毛坯有铸件或锻件,机械加工以车削为主,常按加工位置确定主视图,将轴线水平放置,以垂直轴线的方向作为主视图的投影方向。

**3)其他视图的选择**

通常选择左视图来表达零件的外形和各种孔、轮辐等的数量及其分布情况,如果还有其他细小结构,则需增加局部放大视图。

实例分析:图 8-21 所示的为铣刀头上的端盖,主视图采用全剖视图表达端盖的内部结构,左视图表达安装孔的位置及端盖形状,局部放大视图表达了毛毡孔的形状。

**3. 叉架类零件**

**1)结构分析**

叉架类零件结构差异很大,许多都是歪斜结构,多见于连杆、摇杆、拨叉等,一般起连接、支承、操纵调节等作用。

**2)主视图的选择**

这类零件主视图主要由形状特征和工作位置来确定。

**3)其他视图的选择**

由于这类零件形状变化比较大,常需要用斜视图、斜剖视图,以及局部视图、断面图等表

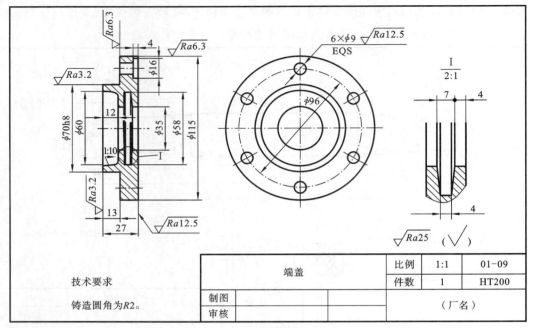

图 8-21 端盖零件图

达内外形状和细部结构。

实例分析：如图 8-22 所示为支架零件图，但加工位置和工作位置都固定。因此，主视图的选择主要根据形体分析法确定，使用了三个基本视图。

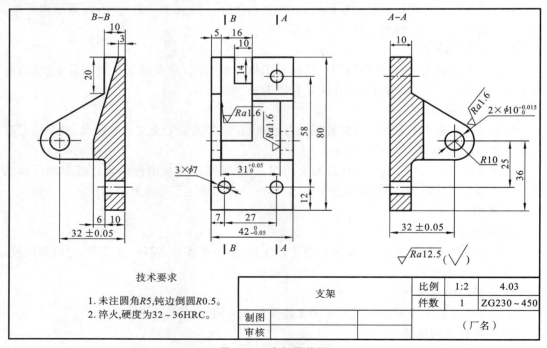

图 8-22 支架零件图

**4. 箱体类零件**

**1）结构分析**

箱体类零件是组成机器或者部件的主要零件之一，其内、外结构形状一般都比较复杂，多为铸件。主要用来支承、包容和保护运动的零件或其他零件。

**2）主视图的选择**

这类零件的主视图主要根据形状特征和工作位置确定。常采用单一剖切平面、阶梯剖、旋转剖等来表达内部结构。

**3）其他视图的选择**

对于主视图还未表达清楚的内部机构和形状，需采用其他基本视图或者剖视图来表达；局部结构常采用局部视图、斜视图、断面视图等来表达。

实例分析：图8-23所示为铣刀头上的座体，主视图采用全剖视图表达座体的内部结构，左视图采用局部剖视图表示安装孔、螺纹孔的位置及端面形状，局部的俯视图表达了底板的安装孔的形状。

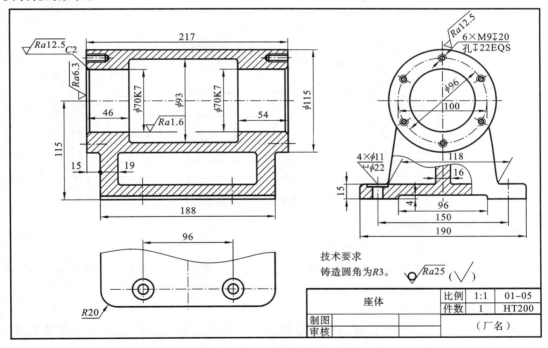

图8-23 座体零件图

## 8.3.3 零件图上的尺寸标注

零件图上所注的尺寸是零件加工、检验的依据。因此，零件图标注的尺寸，应当满足正确、完整、清晰和合理的要求。所谓合理，指标注的尺寸既要保证设计要求，又要符合加工、测量等工艺要求。要做到这一点，需要一定的专业知识和生产实践经验，本节只简单介绍零件尺寸标注合理性的基本知识。

## 1. 正确选择尺寸基准

尺寸基准是指标注尺寸的起点，即用来确定其他几何元素位置的一组点、线、面。按其用途不同，尺寸基准分为设计基准和工艺基准。

**1）设计基准**

用来确定零件在机器或部件中准确位置的基准称为设计基准，大多是确定零件在机器中位置的点、线或面。

**2）工艺基准**

零件在加工、测量时使用的基准为工艺基准，大多是加工时用做零件定位、对刀和测量起点的点、线或面。

应当尽可能将设计基准与工艺基准重合，以减小误差。若两个基准不能重合，则在保证设计要求前提下，应满足工艺基准要求。每个零件都有长、宽、高三个度量方向，每个方向至少有一个基准，也称为主要基准；如图 8-24 所示，当零件较复杂，某些方向需要附加一些辅助基准时，主要基准与辅助基准之间应有尺寸联系。

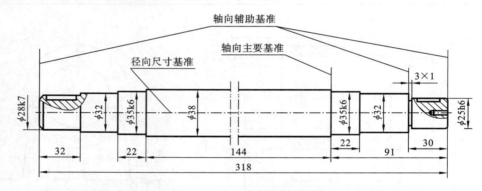

图 8-24 零件上的尺寸基准

## 2. 尺寸标注的注意事项

（1）功能尺寸应从设计基准出发直接标出。

（2）功能尺寸是指直接影响零件装配精度和工作性能的重要尺寸，如图 8-24 所示 $\phi 35k6$、$\phi 28k7$、$\phi 25h6$ 都是配合尺寸，在径向尺寸上直接注出。

（3）避免注成封闭尺寸链

封闭尺寸链必然使各段长度的误差总和小于或等于总长度误差，这给加工带来难度。因此，应在封闭尺寸链中选择最次要的尺寸空出不注，如图 8-25 所示。

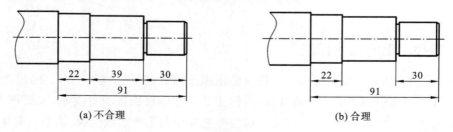

图 8-25 标注封闭尺寸链

(4) 有联系的尺寸应协调一致地标出,如图 8-26 所示。

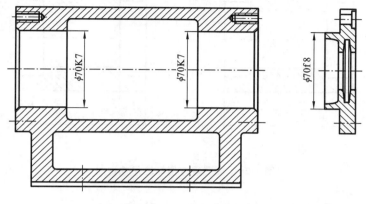

图 8-26　有联系尺寸的标注

(5) 标注尺寸应满足工艺要求如下。

① 按加工顺序标注尺寸,便于工人读图和加工,如图 8-27 所示。

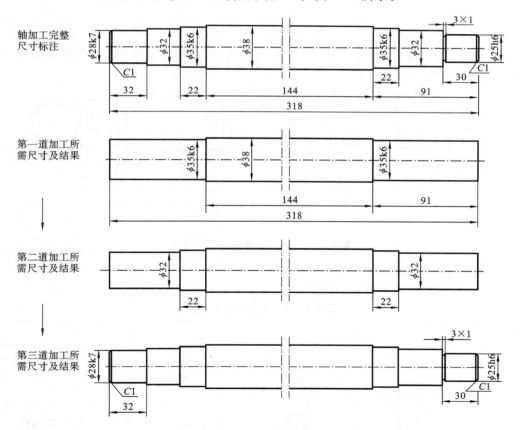

图 8-27　按加工顺序标注尺寸

② 标注尺寸要便于测量,如图 8-28、图 8-29 所示。

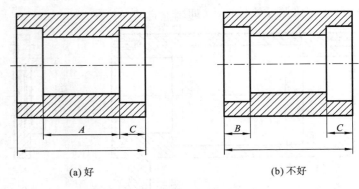

图 8-28 按测量方便标注尺寸(一)

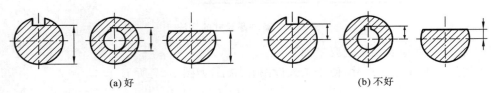

图 8-29 按测量方便标注尺寸(二)

③ 按加工工序不同分别注出尺寸,如图 8-30 所示,应把车工和铣工工序所需的尺寸分别标注在上、下边。

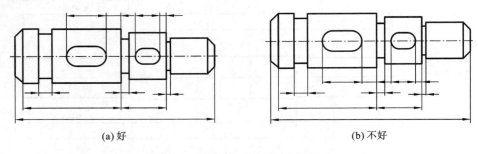

图 8-30 按加工工序不同标注尺寸

### 3. 零件上常见孔的尺寸标注

常见孔的尺寸标注如表 8-2 所示。

表 8-2 常见孔尺寸的标注法

| 类型 | 尺寸的标注法 | 说明 |
|---|---|---|
| 光孔 | 4×φ4↧10  C1 | "4×φ4"表示直径为 4 mm,均匀分布的 4 个光孔;"C1"表示光孔口带有 C1 倒角圆 |

续表

| 类型 | 尺寸的标注法 | 说　　明 |
|---|---|---|
| 螺孔 | 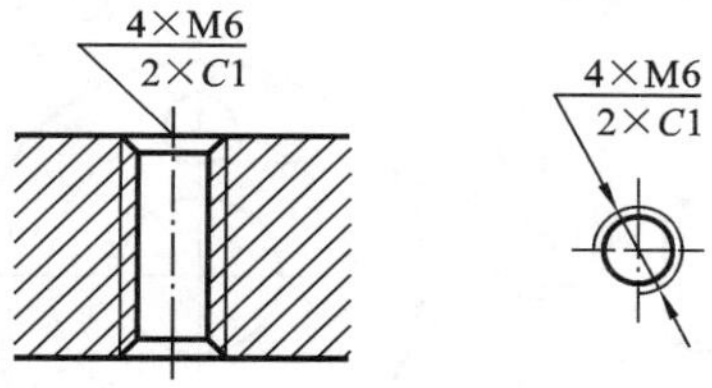 4×M6　2×C1 | "4×M6"表示公称直径为 6 mm,均匀分布的 4 个螺孔;"2×C1"表示螺孔两端口都带有 C1 倒角圆 |
| 螺孔 | 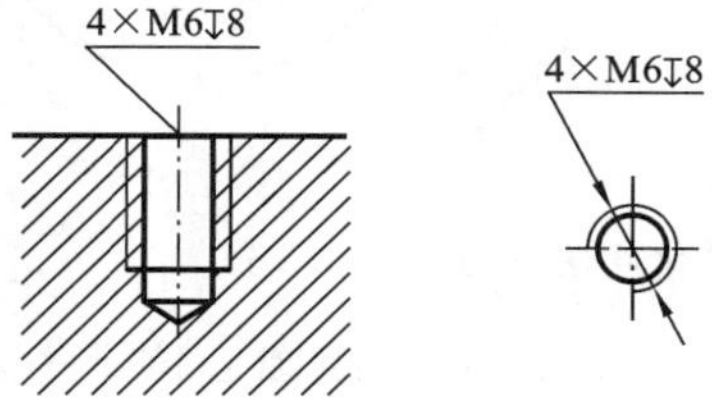 4×M6↧8 | "4×M6"表示公称直径为 6 mm,均匀分布的 4 个螺孔;"↧8"表示螺孔深度为 8 mm,钻孔深度无要求,可以不标 |
| 沉孔 | 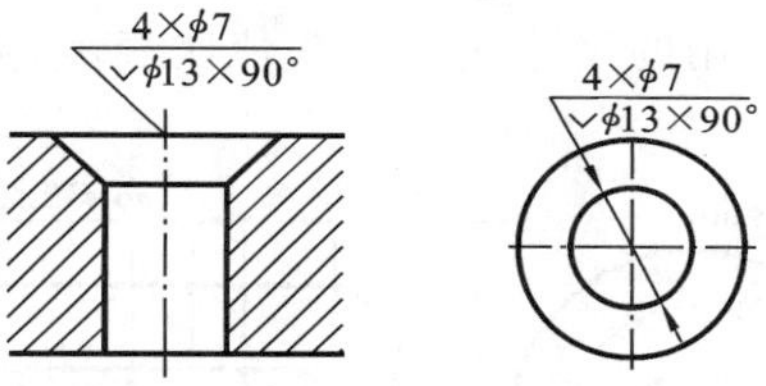 4×φ7　⌵φ13×90° | "4×φ7"表示内孔直径为 7 mm,均匀分布的 4 个光孔;"⌵"为埋头孔符号;"φ13×90°"表示光孔口带有锥形孔,直径为 φ13,锥角为 90° |
| 沉孔 | 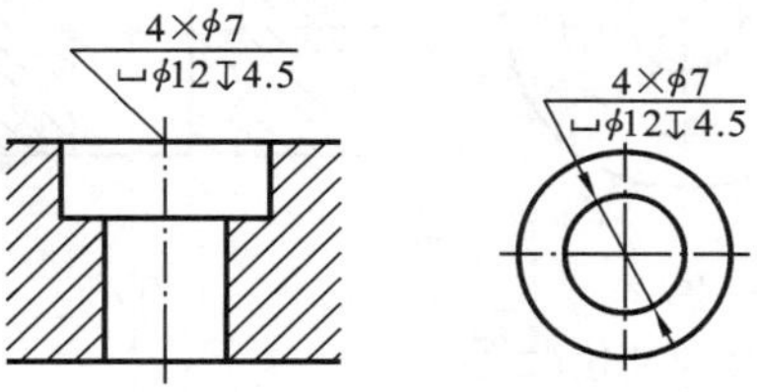 4×φ7　⌴φ12↧4.5 | "4×φ7"表示内孔直径为 7 mm,均匀分布的 4 个光孔;"⌴"为沉孔符号;"φ12↧4.5"表示沉孔直径为 φ12,深度为 4.5 mm |
| 沉孔 | 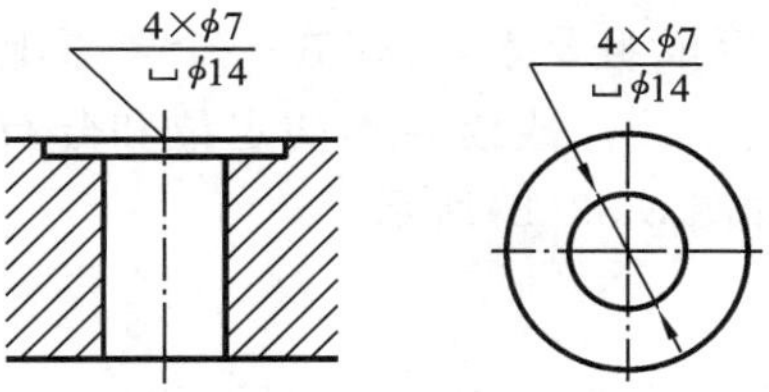 4×φ7　⌴φ14 | "4×φ7"表示内孔直径为 7 mm,均匀分布的 4 个光孔;"⌴"为沉孔符号;"φ14"表示沉孔直径为 φ14;无深度表示,则为工艺上的锪平结构,画图一般画 1 mm 深度,加工时一般锪平到不出现毛坯面为止 |
| 中心孔 |  GB/T4459.5-B2.5/8　GB/T4459.5-A4/8.5　GB/T4459.5-A1.6/3.35 | 上图表示 B 型中心孔,完工后在零件上保留;<br>中图表示 A 型中心孔,在零件上保留与否都可以;<br>下图表示 A 型中心孔,完工后在零件上不许保留 |

**4. 尺寸的简化标注**

为了简化绘图工作,国家标准 GB/T 16675.2—2012 规定了尺寸的若干简化注法。使用简化注法时要注意,简化必须保证不引起误解和歧义。在此前提下,应力求制图简便。

(1) 标注尺寸时,可使用单边箭头,如图 8-31(a)所示;也可以采用带箭头的指引线,如图 8-31(b)所示;还可以采用不带箭头的指引线,如图 8-31(c)所示。

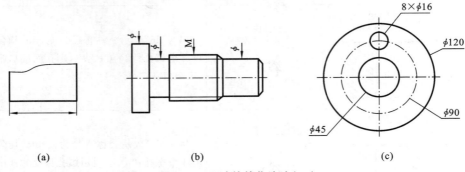

图 8-31　尺寸的简化注法(一)

(2) 一组同心圆弧的尺寸简化标注,如图 8-32(a)所示;一组圆心位于一条直线上的多个不同心圆弧的尺寸简化标注,如图 8-32(b)所示;一组同心圆的尺寸简化标注,如图 8-32(c)所示;尺寸较多的台阶孔,它们的尺寸可用共用的尺寸线和箭头依次表示,如图 8-32(d)所示。

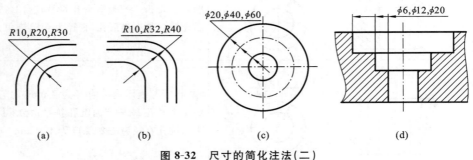

图 8-32　尺寸的简化注法(二)

(3) 在同一图形中,对于尺寸相同的孔、槽等成组要素,可仅在一个要素上注出其尺寸和数量,并用"EQS"表示"均布",如图 8-33(a)所示。但成组要素的定位和分布情况在图形中已明确时,可不标注其角度,并省略"EQS",如图 8-33(b)所示。

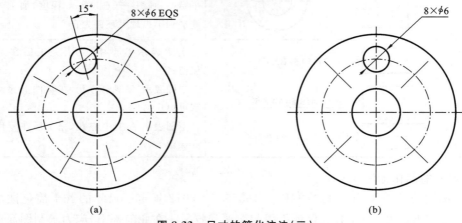

图 8-33　尺寸的简化注法(三)

(4) 从同一基准出发的尺寸,可按照图 8-34 所示的形式标注。

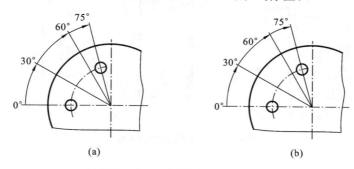

图 8-34　尺寸的简化注法(四)

## 8.4　零件图上的技术要求

现代化工业生产的特点是规模大,协作单位多,互换性要求高。为了正确协调各生产部门和准确衔接各生产环节,必须有一种协调手段,使分散的局部的生产部门和生产环节保持必要的技术统一,成为一个有机的整体,以实现互换性生产。

那么什么叫做互换性呢?

在同一规格的一批零件和部件中,任取其一,不需任何挑选或附加修配(如钳工修配),就能装在机器(或部件)上,达到规定的功能要求,则说这样的零、部件具有互换性。如汽车、自行车、缝纫机、钟表上的零部件等。

零件图上除了视图和各种尺寸标注外,还应有以下一些技术要求:如极限与配合、几何公差、表面粗糙度等。国家对工程图样中的技术要求颁布了所有标准。在机械设计和制造中,采用标准化的极限与配合、几何公差、表面粗糙度等是保证产品质量的重要手段,是实现互换性生产的基础。

### 8.4.1　极限与配合

极限与配合是尺寸标注中的一项重要技术要求,主要反映孔与轴的极限与配合。"极限"主要反映机器零件使用要求与制造工艺之间的矛盾;"配合"则反映组成机器零件之间的关系。国家标准 GB/T 1800.1—2009、GB/T 1800.2—2009、GB/T 1800—2009 等对尺寸的极限与配合分别进行了标准化。

下面基于以下三个方面介绍极限与配合的内容。

(1) 零件加工制造时必须给尺寸一个允许变动的范围。

(2) 零件之间在装配中要求一定的松紧配合。

(3) 零部件的互换性要求。

以孔 $\phi 20^{+0.021}_{\ \ 0}$、轴 $\phi 20^{-0.007}_{-0.020}$ 为例,如图 8-35 所示,简要介绍极限与配合相关内容。

**1. 极限与配合的基本术语**

**1) 有关"尺寸"的术语和定义**(GB/T 1800.1—2009)

(1) 公称尺寸　设计给定的尺寸,代号分别为 $D$(孔)、$d$(轴)。例:孔、轴的公称尺寸

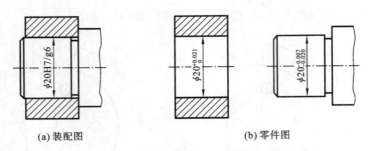

图 8-35 孔与轴的极限与配合

为 $\phi 20$。

(2) 实际尺寸　零件加工后测量所得的尺寸,代号分别为 $D_a$(孔)、$d_a$(轴)。

(3) 极限尺寸　允许尺寸变化的两个界限值,统称为极限尺寸。其中孔、轴所允许的最大尺寸称为上极限尺寸,代号分别为 $D_{max}$、$d_{max}$;其中孔、轴所允许的最小尺寸称为下极限尺寸,代号分别为 $D_{min}$、$d_{min}$。极限尺寸是为了限制加工零件的实际尺寸变动范围。例:

$$D_{max}=\phi 20.021, \quad D_{min}=\phi 20$$
$$d_{max}=\phi 19.993, \quad d_{min}=\phi 19.980$$

**2) 有关"公差与偏差"的术语与定义**

极限的有关术语的含义如图 8-36 所示。

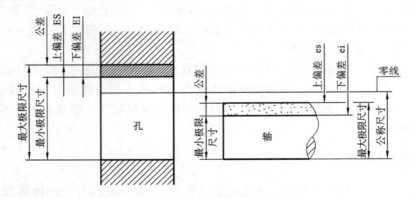

图 8-36 极限的有关术语解释

(1) 极限偏差　极限偏差是指极限尺寸减公称尺寸所得代数差。极限偏差又分为上偏差和下偏差,孔的上(下)偏差代号为 ES(EI),轴的上(下)偏差代号为 es(ei)。偏差值可以为正、负或零值。

上偏差＝上极限尺寸－公称尺寸, 下偏差＝下极限尺寸－公称尺寸

例:　　ES=20.021 mm−20 mm=+0.021 mm,　EI=20 mm−20 mm=0 mm
　　　　es=19.993 mm−20 mm=−0.007 mm,　ei=19.980 mm−20 mm=−0.020 mm

(2) 尺寸公差(简称公差)　允许尺寸的变动量,孔、轴的公差分别用 $T_h$ 和 $T_s$ 表示。公差是没有正负的绝对值。

公差＝最大极限尺寸－最小极限尺寸＝上偏差－下偏差

例:　　$T_h=D_{max}-D_{min}=ES-EI=+0.021$ mm$-0$ mm$=0.021$ mm

$$T_s = d_{max} - d_{min} = es - ei = -0.007 \text{ mm} - (-0.020 \text{ mm}) = 0.013 \text{ mm}$$

(3) 零线与公差带　零线是在公差与配合图解(简称公差带图)中,表示公称尺寸的一条直线。通常零线表示公称尺寸。零线之上的偏差为正,零线之下的偏差为负。

公差带是由代表上偏差和下偏差或上极限尺寸和下极限尺寸的两条直线所限定的一个区域(见图8-37)。

(4) 标准公差　标准公差是指国标规定的用于确定公差带大小的任一公差。用代号"IT"和阿拉伯数字组合表示。根据公差等级不同,国标规定标准公差分为 20 个等级,即 IT01,IT0,IT1,IT2,…,IT18。从 IT01 到 IT18,等级依次降低,而相应的标准公差值依次增大。表 8-3 所示的为标准公差值。

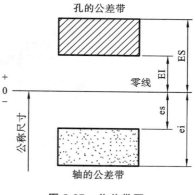

图 8-37　公差带图

表 8-3　标准公差数值(GB/T 1800.1—2009)

| 公称尺寸/mm | | 标准公差等级 | | | | | | | | | | | | | | | | | | |
|---|---|---|---|---|---|---|---|---|---|---|---|---|---|---|---|---|---|---|---|---|
| | | /μm | | | | | | | | | | | /mm | | | | | | | |
| 大于 | 至 | IT01 | IT0 | IT1 | IT2 | IT3 | IT4 | IT5 | IT6 | IT7 | IT8 | IT9 | IT10 | IT11 | IT12 | IT13 | IT14 | IT15 | IT16 | IT17 | IT18 |
| — | 3 | 0.3 | 0.5 | 0.8 | 1.2 | 2 | 3 | 4 | 6 | 10 | 14 | 25 | 40 | 60 | 0.1 | 0.14 | 0.25 | 0.40 | 0.60 | 1.0 | 1.4 |
| 3 | 6 | 0.4 | 0.6 | 1 | 1.5 | 2.5 | 4 | 5 | 8 | 12 | 18 | 30 | 48 | 75 | 0.12 | 0.18 | 0.30 | 0.48 | 0.75 | 1.2 | 1.8 |
| 6 | 10 | 0.4 | 0.6 | 1 | 1.5 | 2.5 | 4 | 6 | 9 | 15 | 22 | 36 | 58 | 90 | 0.15 | 0.22 | 0.36 | 0.58 | 0.90 | 1.5 | 2.2 |
| 10 | 18 | 0.5 | 0.8 | 1.2 | 2 | 3 | 5 | 8 | 11 | 18 | 27 | 43 | 70 | 110 | 0.18 | 0.27 | 0.43 | 0.70 | 1.10 | 1.8 | 2.7 |
| 18 | 30 | 0.6 | 1 | 1.5 | 2.5 | 4 | 6 | 9 | 13 | 21 | 33 | 52 | 84 | 130 | 0.21 | 0.33 | 0.52 | 0.84 | 1.30 | 2.1 | 3.3 |
| 30 | 50 | 0.6 | 1 | 1.5 | 2.5 | 4 | 7 | 11 | 16 | 25 | 39 | 62 | 100 | 160 | 0.25 | 0.39 | 0.62 | 1.00 | 1.60 | 2.5 | 3.9 |
| 50 | 80 | 0.8 | 1.2 | 2 | 3 | 5 | 8 | 13 | 19 | 30 | 46 | 74 | 120 | 190 | 0.30 | 0.46 | 0.74 | 1.20 | 1.90 | 3.0 | 4.6 |
| 80 | 120 | 1 | 1.5 | 2.5 | 4 | 6 | 10 | 15 | 22 | 35 | 54 | 87 | 140 | 22 | 0.35 | 0.54 | 0.87 | 1.40 | 2.20 | 3.5 | 5.4 |
| 120 | 180 | 1.2 | 2 | 3.5 | 5 | 8 | 12 | 18 | 25 | 40 | 63 | 100 | 160 | 250 | 0.40 | 0.63 | 1.00 | 1.60 | 2.50 | 4.0 | 6.3 |

注:公称尺寸小于或等于 1 mm 时,无 IT14～IT18。完整表见附录表 A-1。

例:$T_h = 0.021$,$T_s = 0.013$,查表 8-3 可知,孔为 IT7,轴为 IT6。

(5) 基本偏差　如图 8-38 所示,国家标准规定的,用于确定公差带相对于零线位置的那个偏差,称为基本偏差。除 JS 和 js 外,一般指靠近零线的偏差。基本偏差一般与公差等级无关。

基本偏差代号用拉丁字母表示。大写表示孔,小写表示轴。在 26 个字母中除去易与其他代号混淆的 I、L、O、Q、W 外,再加上七个用两个字母表示的代号(CD、EF、FG、JS、ZA、ZB、ZC),共有 28 个代号,即孔和轴各有 28 个基本偏差。其中 JS 和 js 相对于零线完全对称,它们的基本偏差可以是上偏差或是下偏差。

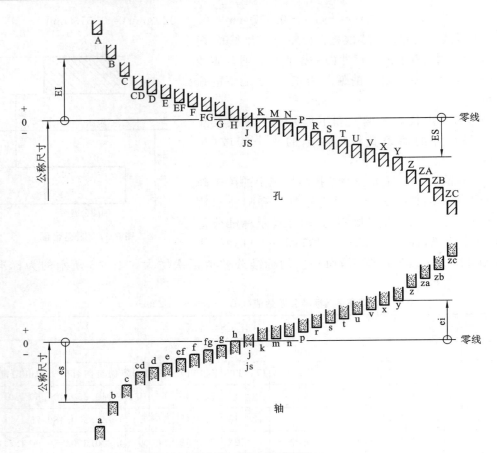

图 8-38　基本偏差系列

对于轴，a～h 的基本偏差为上偏差 es，其绝对值依次减小，j～zc 的基本偏差为下偏差 ei，其绝对值依次增大。其值可查附表轴的基本偏差表。

对于孔，A～H 的基本偏差为下偏差 EI，其绝对值依次减小，J～ZC 的基本偏差为上偏差 ES，其绝对值依次增大。其值可查附表孔的基本偏差表。

**3) 有关配合的术语和定义**

公称尺寸相同，相互结合的孔、轴公差带之间的关系，称为配合。

(1) 配合制　配合制包括基孔制与基轴制。

基孔制是基本偏差为一定的孔的公差带与不同基本偏差轴的公差带形成各种配合的一种制度。基孔制中的孔为基准孔，其下偏差为零，代号为"H"，如图 8-39(a)所示。

基轴制是基本偏差为一定的轴的公差带与不同基本偏差孔的公差带形成各种配合的一种制度。基轴制中的轴为基准轴，其上偏差为零，代号为"h"，如图 8-39(b)所示。

(2) 配合的类别　配合的类别分为间隙配合、过盈配合和过渡配合三种。

间隙配合：孔比轴大，孔的公差带在轴的公差带之上，如图 8-40(a)所示。

过盈配合：轴比孔大，孔的公差带在轴的公差带之下，如图 8-40(b)所示。

过渡配合：可能具有过盈，也可能具有间隙的配合，但都很小，孔的公差带与轴的公差带

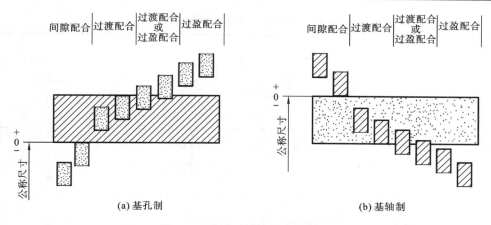

图 8-39　基孔、基轴制配合示意图

重合。当孔的实际尺寸减去相配合的轴的实际尺寸所得的代数差为正时是间隙配合,为负时是过渡配合,如图 8-40(c)所示。

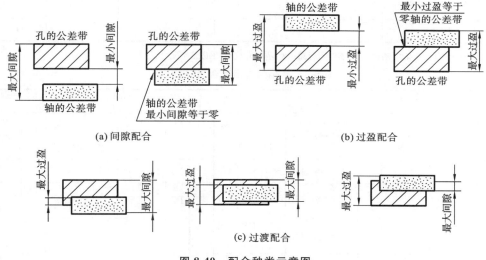

图 8-40　配合种类示意图

**2. 国家标准规定的配合**

基准孔和基准轴与各种非基准件配合时,得到各种不同性质的配合,如:A～H 和 a～h 与基准件配合,形成间隙配合;J～N 和 j～n 与基准件配合,基本上形成过渡配合,P～ZC 和 p～zc 与基准件配合,基本上形成过盈配合。

国家标准根据机械工业产品生产使用的需要,考虑到定值刀具、量具规格的统一,在尺寸≤500 mm 的范围内,规定了基孔制和基轴制的优先(基孔制、基轴制各 13 种)和常用配合(基孔制 59 种,基轴制 47 种),如表 8-4、表 8-5 所示。

**3. 极限与配合代号的组成及在图样上的标注**

**1) 公差带代号的组成**

公差带的代号由基本偏差代号与公差等级代号组成,如 H7、h6、M8、d9 等。

表 8-4　基孔制常用配合、优先配合

| 基孔制 | 轴 |||||||||||||||||||||
|---|---|---|---|---|---|---|---|---|---|---|---|---|---|---|---|---|---|---|---|---|---|
| | a | b | c | d | e | f | g | h | js | k | m | n | p | r | s | t | u | v | x | y | z |
| | 间隙配合 |||||||| 过渡配合 ||| 过盈配合 |||||||||||
| H6/ | | | | | | f5 | g5 | h5 | js5 | k5 | m5 | n5 | p5 | r5 | s5 | t5 | | | | | |
| H7/ | | | | | | f6 | g6 | h6 | js6 | k6 | m6 | n6 | p6 | r6 | s6 | t6 | u6 | v6 | x6 | y6 | z6 |
| H8/ | | | | | e7 | f7 | g7 | h7 | js7 | k7 | m7 | n7 | p7 | r7 | s7 | t7 | u7 | | | | |
| | | | | d8 | e8 | f8 | | h8 | | | | | | | | | | | | | |
| H9/ | | | c9 | d9 | e9 | f9 | | h9 | | | | | | | | | | | | | |
| H10/ | | | c10 | d10 | | | | h10 | | | | | | | | | | | | | |
| H11/ | a11 | b11 | c11 | d11 | | | | h11 | | | | | | | | | | | | | |
| H12/ | | b12 | | | | | | h12 | | | | | | | | | | | | | |

注：带有▶阴影的格中轴公差代号与同行第一列基准孔代号组成优先配合代号。

表 8-5　基轴制常用配合、优先配合

| 基轴制 | 孔 |||||||||||||||||||||
|---|---|---|---|---|---|---|---|---|---|---|---|---|---|---|---|---|---|---|---|---|---|
| | A | B | C | D | E | F | G | H | JS | K | M | N | P | R | S | T | U | V | X | Y | Z |
| | 间隙配合 |||||||| 过渡配合 ||| 过盈配合 |||||||||||
| /h5 | | | | | | F6 | G6 | H6 | JS6 | K6 | M6 | N6 | P6 | R6 | S6 | T6 | | | | | |
| /h6 | | | | | | F7 | G7 | H7 | JS7 | K7 | M7 | N7 | P7 | R7 | S7 | T7 | U7 | | | | |
| /h7 | | | | | E8 | F8 | | H8 | JS8 | K8 | M8 | N8 | | | | | | | | | |
| /h8 | | | | D8 | E8 | F8 | | H8 | | | | | | | | | | | | | |
| /h9 | | | | D9 | E9 | F9 | | H9 | | | | | | | | | | | | | |
| /h10 | | | | D10 | | | | H10 | | | | | | | | | | | | | |
| /h11 | A11 | B11 | C11 | D11 | | | | H11 | | | | | | | | | | | | | |
| /h12 | | B12 | | | | | | H12 | | | | | | | | | | | | | |

注：带有▶的格中孔公差代号与同行第一列基准轴制代号组成优先配合代号。

**2）配合代号的组成**

配合代号由组成配合的孔、轴公差带代号表示，写成分数形式，分子为孔的公差带代号，分母为轴的公差带代号，如 H8/s7、K7/h6 等。

**3) 在图样中的标注**

必须在公称尺寸右边标注配合代号。极限偏差数值比公称尺寸数值字体小一号；偏差为正或负时，必须写"＋"或"－"符号，偏差为零时例外；上、下偏差以 mm 为单位，偏差分别写在公称尺寸的右上角和右下角，并与公称尺寸底线平齐；上、下偏差的小数应对齐；上、下偏差相等时，可写在一起，用"±"加极限偏差值表示。且极限偏差字体与公称尺寸数字体相同。

（1）在零件图中的注法有三种形式。

① 只标注公差带代号，如图 8-41(b)所示，在孔或轴的公称尺寸右边，该标注适用于大批量生产。

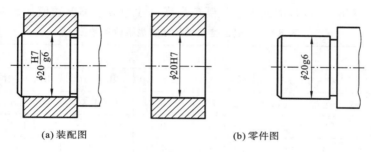

图 8-41　配合代号标注（一）

② 在孔或轴的公称尺寸右边标注上、下偏差，如图 8-42(b)所示。该标注适用于单件小批量生产。

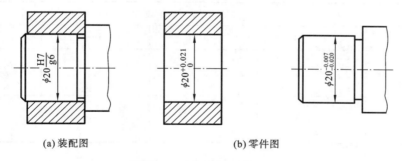

图 8-42　配合代号标注（二）

③ 混合标注，如图 8-43(b)所示，在孔或轴的基本尺寸右边同时标注公差带代号和上、下偏差，这时上、下偏差必须加上括号。该标注适用于产量不确实场合。

（2）在装配图中的标注：如图 8-41(a)、图 8-42(a)、图 8-43(a)所示，用分数形式标注配合代号，其中，分子用大写字母表示孔的公差代号，分母用小写字母表示轴的公差代号。

**4. 一般线性尺寸公差**

一般公差在图样上不单独标注，是指在车间正常加工条件下可保证的公差。主要用于较低精度的非配合尺寸，可不检验。这能简化制图，节省图样设计时间。采用一般公差的尺寸，要在相关图样的标题栏附近或技术要求、技术文件中注出一般公差的标准号和一般公差等级。如选取一般公差的中等级（m）时，标注为：GB/T 1804—m，一般公差等级线性尺寸的

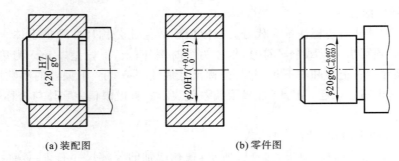

图 8-43 配合代号标注（三）

极限偏差数值如表 8-6 所示，倒圆半径与倒角高度尺寸的极限偏差数值如表 8-7 所示。

表 8-6 一般公差线性尺寸的极限偏差数值　　　　　　　　　　（单位：mm）

| 公差等级 | 尺寸分段 | | | | | | | |
| --- | --- | --- | --- | --- | --- | --- | --- | --- |
| | 0.5～3 | >3～6 | >6～30 | >30～120 | >120～400 | >400～1000 | >1000～2000 | >2000～4000 |
| f(精密级) | ±0.05 | ±0.05 | ±0.1 | ±0.15 | ±0.2 | ±0.3 | ±0.5 | — |
| m(中等级) | ±0.1 | ±0.1 | ±0.2 | ±0.3 | ±0.5 | ±0.8 | ±1.2 | ±2 |
| c(粗糙级) | ±0.2 | ±0.3 | ±0.5 | ±0.8 | ±1.2 | ±2 | ±3 | ±4 |
| v(最粗级) | — | ±0.5 | ±1 | ±1.5 | ±2.5 | ±4 | ±6 | ±8 |

表 8-7 倒圆半径与倒角高度尺寸的极限偏差数值　　　　　　　（单位：mm）

| 公差等级 | 尺寸分段 | | | |
| --- | --- | --- | --- | --- |
| | 0.5～3 | >3～6 | >6～30 | >30 |
| f(精密级) | ±0.2 | ±0.05 | ±1 | ±2 |
| m(中等级) | | | | |
| c(粗糙级) | ±0.4 | ±1 | ±2 | ±4 |
| v(最粗级) | | | | |

## 8.4.2 几何公差

被测零件要素的实际形状对其理想形状的变动量称为形状误差；被测的零件要素的实际位置对其理想位置的变动量称为位置误差。形状和位置误差简称几何误差。

为了满足零件装配后的功能要求，保证零件的互换性和经济性，必须对零件的几何误差予以限制，即几何公差（形状和位置公差的简称），几何公差是几何误差所允许的变动全量。

对于一般零件来说，它的几何公差可由尺寸公差、加工机床的精度等加以保证。但对有些要求较高的零件，则需要在零件图上标注出有关的几何公差。

**1. 几何公差代号**

几何公差代号由几何特征符号、几何公差框格、指引线、几何公差数值、有关符号及基准符号等组成。

1) 特征符号

几何公差的特征符号如表 8-8 所示。

表 8-8 几何公差的特征符号

| 公差类型 | 特征项目 | 符　　号 | 有无基准 |
|---|---|---|---|
| 形状公差 | 直线度 | — | 无 |
| | 平面度 | ▱ | 无 |
| | 圆度 | ○ | 无 |
| | 圆柱度 | ⌭ | 无 |
| | 线轮廓度 | ⌒ | 无 |
| | 面轮廓度 | ⌒ | 无 |
| 方向公差 | 平行度 | ∥ | 有 |
| | 垂直度 | ⊥ | 有 |
| | 倾斜度 | ∠ | 有 |
| | 曲线度 | ⌒ | 有 |
| | 曲面度 | ⌒ | 有 |
| 位置公差 | 位置度 | ⊕ | 有或无 |
| | 同心度（用于中心点） | ◎ | 有 |
| | 同轴度（用于轴线） | ◎ | 有 |
| | 对称度 | ═ | 有 |
| | 线轮廓度 | ⌒ | 有 |
| | 面轮廓度 | ⌒ | 有 |
| 跳动公差 | 圆跳动 | ↗ | 有 |
| | 全跳动 | ⌮ | 有 |

2）几何公差框格的绘制和填写

在技术图样中，几何公差采用代号标注，当无法采用代号标注时，允许在技术要求中用文字说明。几何公差的代号及基准符号绘制和填写要求如图 8-44 所示。

**2. 几何公差图样上的标注方法**

（1）当被测要素为轮廓或表面时，箭头可置于要素的轮廓线或轮廓线延长线上，但必须与尺寸线明显错开，如图 8-45(a)、(b) 所示。

（2）当被测要素为轴线、中心平面或由带尺寸要素确定的点时，箭头的指引线应与尺寸线的延长线重合，如图 8-45(c) 所示。同理，基准代号的竖线也应与尺寸线的延长线对齐，粗短横线贴近其尺寸界线，如图 8-32(d) 所示。

（3）基准符号中的方框用细实线绘绘制，基准字母均应水平书写，字母高度与图样中字体相同。为了不引起误解，基准字母不用 E、I、J、M、O、P、L、R、F 表示。

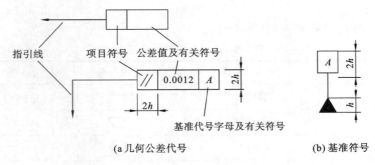

图 8-44 几何公差代号和基准符号

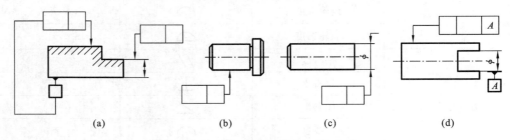

图 8-45 几何公差标注要点

**3. 几何公差标注示例**

几何公差标注示例如图 8-46 所示,由图 8-46 可知:

(1) $\phi16f7$ 圆柱表面圆柱度公差为 0.005 mm;

(2) M8×1-7H 的轴线相对 $\phi16f7$ 轴线的同轴度公差为 0.1 mm;

(3) SR75 球面相对 $\phi16f7$ 轴线跳动公差为 0.03 mm。

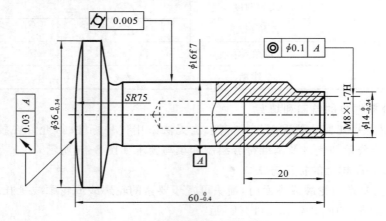

图 8-46 几何公差标注示例

### 8.4.3 表面粗糙度

**1. 表面粗糙度的概念**

零件表面经加工后,会留有微观的凸凹不平的刀痕,这种加工表面上具有较小间距和峰谷所组成的微观几何形状特性,称为表面粗糙度,如图 8-47 所示。

表面粗糙度对零件的工作精度、耐磨性、密封性等都有直接的影响,是反映零件质量好坏的标志之一,表面粗糙度越低,其表面质量越好,耐磨、耐腐蚀、耐疲劳性就越好,而且也比较美观,但加工成本则越高。所以,应在满足使用要求的前提下,合理选用表面粗糙度值,以降低生产成本。

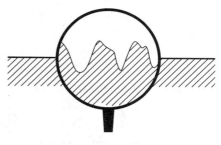

图 8-47 零件表面轮廓

**2. 表面粗糙度主要参数**(GB/T 1031—2009)

评定表面粗糙度的主要参数有两个(高度参数):$Ra$(轮廓算术平均偏差值),$Rz$(轮廓最大高度)。

**1) 轮廓算术平均偏差 $Ra$**

在一个取样长度内纵坐标值 $Z(x)$ 绝对值的算术平均值称为轮廓算术平均偏差值,如图 8-48 所示。用公式表示为

$$Ra = \frac{1}{l}\int_0^l |Z(x)|\,\mathrm{d}x$$

$Ra$ 用表面粗糙度测量仪器测量,运算过程由仪器自动完成。标准 $Ra$ 的数值如表 8-9 所示。

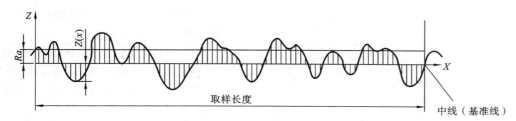

图 8-48 零件的轮廓曲线和表面粗糙度参数(一)

表 8-9 $Ra$ 及 $lr$、$ln$ 选用表

| $Ra/\mu m$ | | ≥0.008~0.02 | >0.02~0.1 | >0.1~0.2 | >2.0~10.0 | >10.0~80 |
|---|---|---|---|---|---|---|
| 取样长度 $lr/mm$ | | 0.08 | 0.25 | 0.8 | 2.5 | 8.0 |
| 评定长度 $ln/mm$ | | 0.4 | 1.25 | 4.0 | 12.5 | 40 |
| $Ra$(系列)/$\mu m$ | 第一系列 | 0.012,0.025,0.050,0.100,0.20,0.40,0.80,1.60,3.2,6.3,12.5,25,50,100 ||||||
| | 第二系列 | 0.008,0.010,0.016,0.020,0.032,0.040,0.063,0.080,0.125,0.160,0.25,0.32,0.50,0.63,1.00,1.25,2.0,2.5,4.0,5.0,8.0,10.0,16,20,32,40,63,80 ||||||

注:(1) 第一系列 $Ra$ 数值应优先采用。

(2) $ln$ 是评定轮廓所必需的一段长度,一般为 5 个取样长度。

**2) 轮廓最大高度 $Rz$**

在同一取样长度内,最大轮廓峰高 $Zp_{\max}$ 和最大轮廓谷深 $Zv_{\max}$ 之和的高度称为轮廓最

大高度。峰顶线和谷底线平行于中线且分别通过轮廓最高点和最低点。如图 8-49 所示,用公式表示为

$$Rz = Zp_{max} + Zv_{max}$$

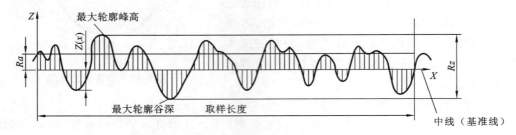

图 8-49　零件的轮廓曲线和表面粗糙度参数(二)

在以上两个评定参数中,$Ra$ 最为常用。表 8-10 所示的是 $Ra$ 的不同数值和表面情况对应的加工方法和应用举例。

表 8-10　表面粗糙度与应用

| $Ra/\mu m$ | 表面特征 | 主要加工方法 | 应用举例 |
|---|---|---|---|
| 50 | 明显可见刀痕 | 粗车、粗铣、粗刨、钻、粗纹锉刀和粗砂轮加工 | 粗加工表面,一般很少应用 |
| 25 | 可见刀痕 | | |
| 12.5 | 微见刀痕 | 粗车、刨、立铣、平铣、钻 | 不接触表面,不重要的接触面,如螺钉孔、倒角、机座底面等 |
| 6.3 | 可见加工痕迹 | 精车、精铣、精刨、铰、镗、粗磨等 | 没有相对运动的零件接触面,如箱、盖、套间要求紧贴的表面、键槽工作表面;相对运动速度不高的接触面,如支架孔、衬套、带轮轴孔的工作表面 |
| 3.2 | 微见加工痕迹 | | |
| 1.6 | 看不见加工痕迹 | | |
| 0.8 | 可辨加工痕迹方向 | 精车、精铰、精拉、精镗、精磨等 | 要求很好密合的接触面,如与滚动轴承配合的表面、锥销孔等;相对运动速度较高的接触面,如滑动轴承的配合表面、齿轮轮齿的工作表面等 |
| 0.4 | 微辨加工痕迹方向 | | |
| 0.2 | 不可辨加工痕迹方向 | | |
| 0.1 | 暗光泽面 | 研磨、抛光、超级精细研磨等 | 精密量具的表面、极重要零件的摩擦面,如气缸的内表面、精密机床的主轴颈、坐标镗床的主轴颈等 |
| 0.05 | 亮光泽面 | | |
| 0.025 | 镜状光泽面 | | |
| 0.012 | 雾状镜面 | | |
| 0.006 | 镜面 | | |

**3. 表面粗糙度的符号、注法及其含义**

**1)表面粗糙度的符号**

零件图上一般对零件的表面都有一定的表面粗糙度要求,又称表面结构要求,表面粗糙度图形符号的比例和尺寸按国标 GB131—2006 的规定绘制,如图 8-50、表 8-11 所示。

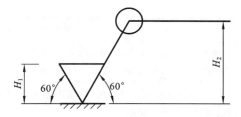

图 8-50　表面粗糙度图形符号及其画法

表 8-11　图形符号和附加标注的尺寸　　　　　　　　　　（单位：mm）

| 数字和字母高度 $h$（见 GB/T 14690） | 2.5 | 3.5 | 5 | 7 | 10 | 14 | 20 |
|---|---|---|---|---|---|---|---|
| 符号线宽 $d'$ | 0.25 | 0.35 | 0.5 | 0.7 | 1 | 1.4 | 2 |
| 字母线宽 $d$ | | | | | | | |
| 高度 $H_1$ | 3.5 | 5 | 7 | 10 | 14 | 20 | 28 |
| 高度 $H_2$ | 7.5 | 10.5 | 15 | 21 | 30 | 42 | 60 |

**2）表面粗糙度的注法及含义**

表面粗糙度的图形符号种类、名称、尺寸及其含义如表 8-12 所示；完整图形符号和表面结构代号实例参见表 8-13。$Ra$ 的单位为 $\mu m$（微米）。

表 8-12　表面粗糙度所用的符号及其含义

| 符号 | 含义及说明 | 表面粗糙度要求的注写位置 |
|---|---|---|
| ∨ | 基本图形符号，表示表面可用任何方法获得。当不加注表面粗糙度参数值或有关说明时，仅适用于简化代号标注 | a——注写表面粗糙度的单一要求；<br>b——注写两个或多个表面粗糙度要求。位置 a 注写第一表面粗糙度要求；b 注写第二表面粗糙度要求；<br>c——注写加工方法、表面处理、涂层等工艺要求，如车、磨、镀等；<br>d——加工纹理方向符号；<br>e——加工余量（mm）<br>在上述三个符号长边上加小圆，表示图形周边各面有相同的表面粗糙度要求 |
| ∀ | 扩展图形符号，在基本图形符号加一短划，表示表面是用去除材料的方法获得。如车、铣、磨等机械加工 | |
| ∅ | 扩展图形符号，在基本图形符号加一小圆，表示表面是用不去除材料方法获得。如铸、锻、冲压变形等，或者是用于保持原供应状况的表面 | |
| ∇ ∀ ∅ | 完整图形符号，在上述三个符号的长边上均可加一横线，以便注写对表面粗糙度特征的补充信息 | |

表 8-13　完整图形符号和表面结构代号

| 序号 | 符号 | 含义及说明 |
|---|---|---|
| 1 | $\sqrt{Ra3.2}$ | 表示去除材料，$Ra$ 的上限值为 $3.2\ \mu m$，评定长度为 5 个取样长度（默认），"16% 规则"（默认） |

续表

| 序号 | 符号 | 含义及说明 |
|---|---|---|
| 2 | $\sqrt{Ra3.2}$ | 表示用任意加工方法，$Ra$ 的上限值为 3.2 $\mu m$，评定长度为 5 个取样长度（默认），"16％规则"（默认） |
| 3 | $\sqrt{Rzmax3.2}$ | 表示不允许去除材料，$Rz$ 的最大值为 3.2 $\mu m$，评定长度为 5 个取样长度（默认），"最大规则" |
| 4 | $\sqrt{\begin{array}{c}URa3.2\\LRa1.6\end{array}}$ | 表示去除材料，$Ra$ 的上限值为 3.2 $\mu m$，$Ra$ 的下限值为 1.6 $\mu m$，评定长度为 5 个取样长度（默认），"16％规则"（默认） |
| 5 | $\sqrt{\begin{array}{c}Ra3.2\\Rz1.6\end{array}}$ | 表示去除材料，$Ra$ 的上限值为 3.2 $\mu m$，$Rz$ 的上限值为 6.3 $\mu m$，评定长度为 5 个取样长度（默认），"16％规则"（默认） |

**3）表面粗糙度的评定规则及注法**

16％规则：运用本规则时，当被检表面测得的全部参数值中，超过极限值的个数不多于总个数的 16％时，该表面合格。

最大规则：运用本规则时，被检的整个表面上测得的参数值一个也不应超过给定的极限值。

其中 16％规则为默认规则，不需标注，如 $Ra\ 3.2$；反之，则应用最大规则，需在参数符号后面注出 max，如 $Ra\ max\ 3.2$。

**4）表面粗糙度在图样中的注法举例**

（1）表面粗糙度原则上是每个面标注一次。其符号的尖角要指向需加工的面，并且一定标注在材料外面。

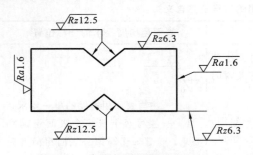

图 8-51 表面粗糙度标注实例（一）

（2）表面粗糙度的注写和读取方向与尺寸的注写和读取方向一致。表面粗糙度要求可标注在轮廓线上，其符号应从材料外指向并接触表面。表面粗糙度代号只能水平朝上或垂直朝左，如图 8-51 所示。

（3）必要时，表面粗糙度也可用带箭头或黑点的指引线引出标注，如图 8-52 所示。

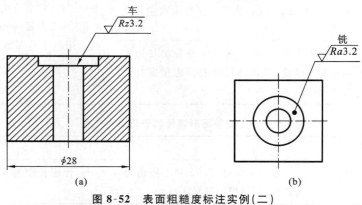

图 8-52 表面粗糙度标注实例（二）

(4) 在不致引起误解时，表面粗糙度要求可以标注在给定的尺寸线上，如图 8-53 所示。

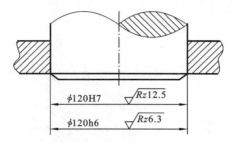

图 8-53　表面粗糙度标注实例（三）

(5) 表面粗糙度要求可标注在几何公差框格的上方，如图 8-54 所示。

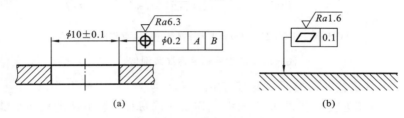

图 8-54　表面粗糙度标注实例（四）

(6) 圆柱和棱柱表面的表面粗糙度要求只标注一次，如图 8-55(a)所示。如果每个棱柱表面有不同的表面要求，则应分别单独标注，如图 8-55(b)所示。

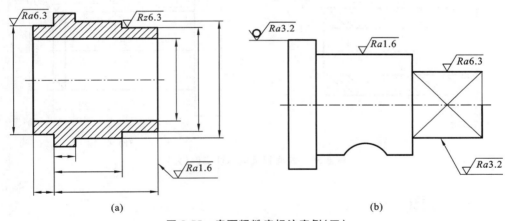

图 8-55　表面粗糙度标注实例（五）

(7) 表面粗糙度要求在图样中的简化注法如下。

① 有相同表面结构要求的简化注法。

工件的多数（包括全部）表面有相同的表面结构要求时，统一标注在图样的标题栏附近，如图 8-56 所示。用带字母的完整符号，以等式的形式，在图形或标题栏附近，对有相同表面结构要求的表面进行简化标注，如图 8-57 所示。用表面结构符号，以等式的形式给出对多个表面共同的表面结构要求，如图 8-58 所示。

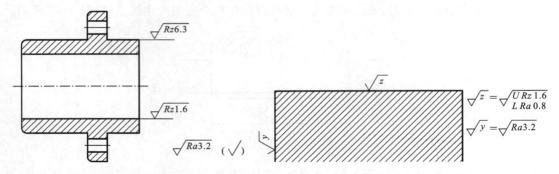

图 8-56 表面粗糙度标注实例(六)　　　图 8-57 表面粗糙度标注实例(七)

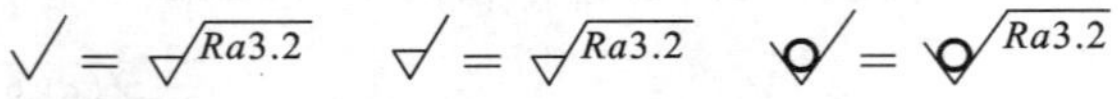

(a) 未指定加工工艺　(b) 要求去除材料　(c) 不允许去除材料

图 8-58 表面粗糙度标注实例(八)

② 两种或多种工艺获得的同一表面的注法。

用几种不同的工艺方法获得同一表面,当需要明确每种工艺方法的表面粗糙度要求时,可按图 8-59(a)所示标注(Fe 表示基体材料是钢,Ep 表示加工工艺是电镀)。图 8-59(b)所示的是三个连续的加工工序获得零件表面质量的标注方法。

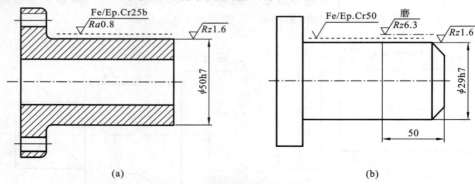

图 8-59 表面粗糙度标注实例(九)

## 8.5 看零件图

零件图是付诸生产实践的图样,作为一名工程技术人员,必须具备读图的能力。

读图时,要根据零件图,弄清零件的名称、材料、结构形状、尺寸和技术要求等,从而明确零件的全部功能和质量要求,制定出加工零件的可行性方案。

### 8.5.1 看零件图的方法和步骤

**1. 看标题栏**

了解零件的名称、材料、比例等,同时联系典型零件的分类,初步认识零件的类型、大小等情况。

除了看标题栏外,还应尽可能参看装配图及相关零件图,进一步了解零件的功能以及它与其他零件的关系。

**2. 分析视图、想象形状**

分析视图时应先确定主视图,然后弄清各视图名称、投影方向、剖切位置,明确各视图所表达零件的结构特点。首先明确零件的主体结构,然后进行各部分的细致分析,深入了解,想象出零件的完整形状。

**3. 尺寸分析**

根据零件的类别及整体构形,分析长、宽、高各方向的尺寸标注基准,弄清主要基准和主要尺寸。

**4. 技术要求分析**

技术要求的分析包括极限与配合、几何公差、表面粗糙度及技术要求说明,它们都是零件图的重要组成部分。阅读零件图时也要认真进行分析。

**5. 综合归纳**

综合上面的分析,将零件的结构形状、尺寸标注和技术要求等内容综合起来,就能比较全面地看懂这张零件图。有时为了看懂比较复杂的零件图,还需参考有关的技术资料,包括该零件所在的部件装配图以及与它相关的零件图。

## 8.5.2 分析下列零件图

现以图 8-60 所示零件为例,介绍看零件图的方法和步骤。

**1. 看标题栏**

从标题栏中了解零件的名称为拖板,材料为 HT200。

**2. 表达方案分析**

(1) 找出主视图,并分析。
(2) 看其他视图,明确其相互位置和投影关系。
(3) 凡有剖视、断面处要找到剖切平面位置。
(4) 凡有局部视图和斜视图的地方,要明确投影部位和投影方向。
(5) 看有无局部放大图及简化画法。

该托板零件图由四个视图组成,分别为主视图、左视图、俯视图、移出断面。主视图采用两处局部剖;俯视图采用一处局部剖;左视图表达外形,用于补充表示某些形体的相关位置。断面从 $D—D$ 处切开,主要用来表示 $\phi 12$ 和 $\phi 20$ 两个通孔的连接状态。

**3. 形体分析和线面分析**

(1) 从基本视图来了解大致轮廓,再分几个较大的独立部分进行形体分析,逐一看懂。
(2) 对外部结构逐个分析。
(3) 对内部结构逐个分析。
(4) 对不便于形体分析的部分采用线面分析。

如图 8-61(a)所示,该拖板零件 6 个基本体组成,其中 1、3、4、5 号件属于叠加体,2、6 号件圆柱体属于挖切形体。组合叠加后形状如图 8-61(b)和(c)所示。其中,1 号板上的两个

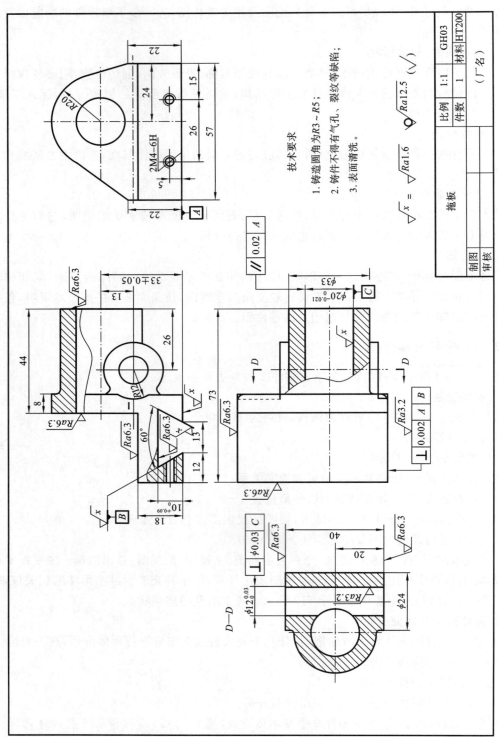

图 8-60 托板零件图

工艺螺孔起固定其燕尾槽与滑道之间运动的作用(立体图内未画出螺孔)。

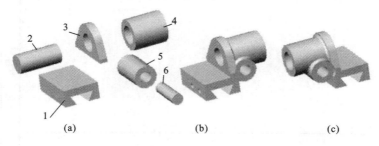

图 8-61 托板

**4．尺寸分析**

(1) 进行形体分析和结构分析,找出尺寸基准。

(2) 从基准出发,弄清各部的定形尺寸和定位尺寸。

(3) 分清主要尺寸和次要尺寸。

(4) 明确零件总体尺寸。

如图 8-60 所示零件,其各部分的形体尺寸按形体分析法确定。标注尺寸的基准是:长度方向以左端面为基准,注出的定位尺寸有 73 mm 和 12 mm;宽度方向以 $\phi 20$ 孔轴线为基准,注出的定位尺寸有 24 mm 和 20 mm;高度方向的基准是内燕尾槽底面,注出的定位尺寸有 $33\pm 0.05$ mm、10 mm、18 mm。其他尺寸请读者自行分析。

**5．技术要求分析**

根据图上标注的表面粗糙度要求、尺寸公差、几何公差及其他技术要求,加深了解零件的结构特点和加工要求。

由于图 8-60 所示的零件是铸件,多数表面为不去除材料表面。其中 $\phi 20$ 的内孔及内燕尾槽两侧面的表面粗糙度要求最高,主要起减小与其他运动件之间的摩擦阻力的作用。

图中有四处尺寸公差标注:$33\pm 0.05$ mm,表示 $\phi 20$ 内孔的轴线与底面距离是加工中必须要保证的重要定位基准和辅助基准;另外三个尺寸公差,都表示重要的定形尺寸。

图中有三处几何公差标注,即两个垂直度和一个平行度要求。

最后,从文字技术要求可知,该零件的铸造圆角为 $R3\sim R5$;铸件不得有气孔、裂纹等缺陷;加工完成后应将表面清洗后存放。

**6．综合归纳**

综合上面的分析,在对零件的结构、形状、特点、功能等有了全面了解后,才能达到读懂零件图的目的。上述方法与步骤只是针对一般情况而言的。

读零件图时,尽可能利用实物或装配图对照进行,可以进一步了解零件上每个结构在机器或部件中的作用,加深对零件图的了解。

## 8.5.3 读零件图

读图 8-62、图 8-63 所示的零件图,分析其特点。

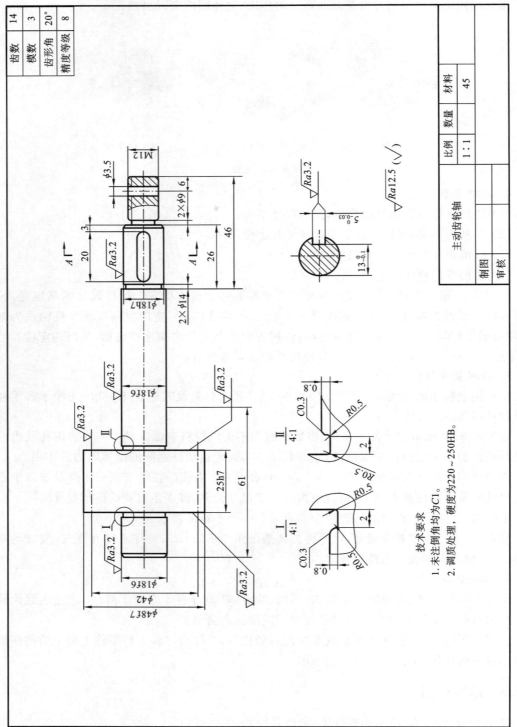

图 8-62 主动齿轮轴

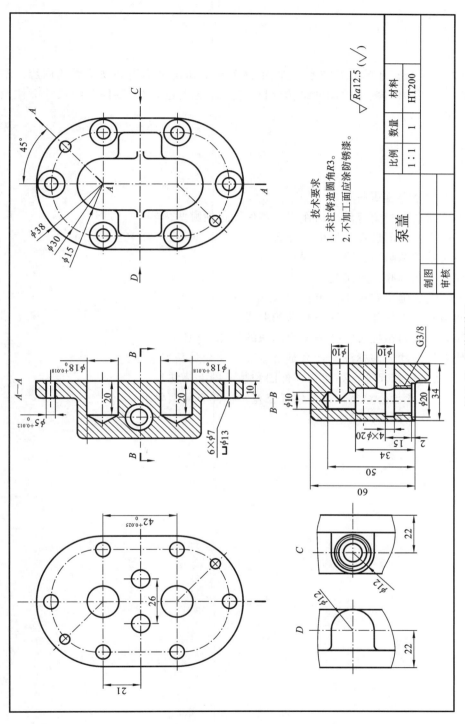

图 8-63 泵盖零件图

## 本章小结

零件图是机械行业的重要技术文件,零件图基本知识是学生必须掌握的内容。本章主要讨论了零件图的内容、零件图的结构分析、零件图的表达方案、零件图的尺寸标注及技术要求注写等知识。

## 思考题

1. 零件的分类有哪些?
2. 零件图在生产中起什么的作用?零件图包括哪些内容?
3. 零件图主视图选择的原则是什么?
4. 一般零件图画图分哪些步骤?
5. 零件上有哪些常见工艺结构?
6. 过渡线的画法有哪些规定?
7. 倒角的含义是什么?标注有哪些形式?
8. 什么是表面粗糙度?举例说明标注的注意事项。
9. 什么是尺寸公差标注?什么是公差带?什么是基本偏差?
10. 什么是配合尺寸?如何在零件图和装配图上标注?
11. 什么是形状公差?什么是位置公差?标注有什么要求?
12. 简述读零件图的基本步骤。

# 第 9 章 装 配 图

机器是由零件(或部件、组件)组成的。表达一台机器或一个部件的图样称为装配图。其中表示部件的图样,称为部件装配图;表示一台完整机器的图样,称为总装配图或总图。

本章内容将介绍装配图的内容、视图画法、装配尺寸、装配结构的合理性及读装配图的方法和由装配图拆画零件图的方法。

## 9.1 装配图的作用和内容

### 9.1.1 装配图的作用

装配图是生产中重要的技术文件。用它表示机器或部件的结构形状、装配关系、工作原理和技术要求。设计时,一般先画出装配图,根据装配图绘制零件图。装配时,根据装配图把零件装配成部件或机器,同时,装配图又是安装、调试、操作和检修机器或部件的重要技术文件。

如图 9-1 所示的铣刀头,是专用铣床上的一个部件,供装铣刀盘用。它是由座体、转轴、带轮、端盘、滚动轴承、键、螺钉、毡圈等组成。图 9-2 所示的是铣刀头的装配图,其工作原理是:电动机的动力通过 V 带带动带轮旋转,带轮通过键将运动传递给轴,轴将动力通过键传递给刀盘,从而实现铣削加工。

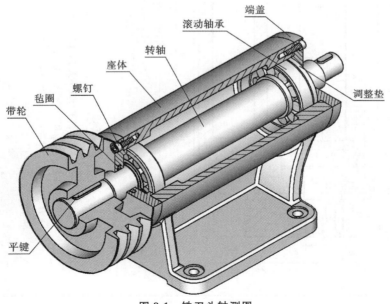

图 9-1 铣刀头轴测图

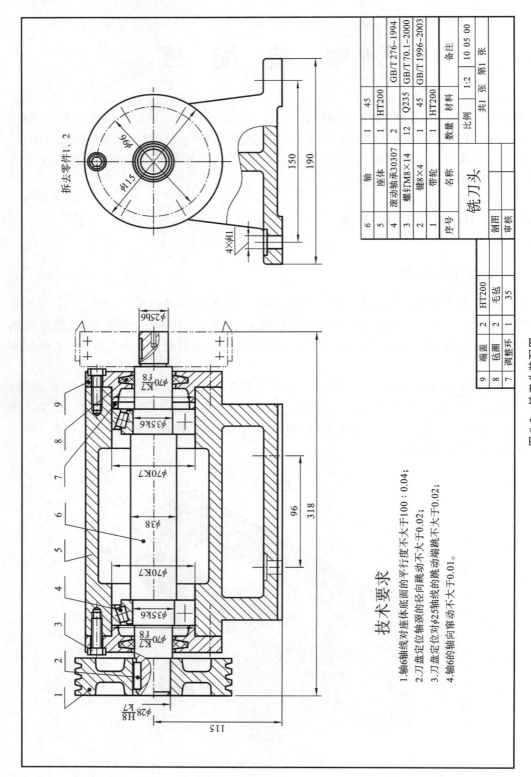

图 9-2 铣刀头装配图

### 9.1.2 装配图的内容

由图 9-2 可知,装配图一般应包括以下几方面内容。

**1. 一组视图**

用一组图形来表达机器或部件的工作原理、装配关系、各零件的主要结构形状等。图 9-2 所示装配图,是采用主、左两个视图来表达其结构的(全剖的主视图和局部剖的左视图)。

**2. 必要的尺寸**

必要的尺寸包括部件或机器的规格(性能)尺寸、配合尺寸、外形尺寸、部件或机器的安装尺寸和其他重要尺寸。

**3. 技术要求**

技术要求用来说明部件或机器的装配、安装、检验和运转等方面的要求。无法在视图中表示时,一般在明细栏的上方或左侧用文字写出。

**4. 零部件序号、明细栏和标题栏**

在装配图中,应对每个不同的零部件编写序号,并在明细栏中依次填写序号、名称、件数、材料和备注等内容。标题栏一般应包括部件或机器的名称、比例、图号及设计、制图、审核人员的签名等。标准栏的格式和尺寸应按 GB/T 10609.1—2008 的规定绘制,学生作业建议采用简化标题栏绘制,明细栏建议采用图 9-2 所示的格式。

## 9.2 装配图的表达方法及合理结构

### 9.2.1 装配图的表达方法

装配图表达方法,除了零件图所用的表达方法(视图、剖视图、断面图)外,还有一些规定画法和特殊画法。

**1. 装配图的规定画法**

(1) 两零件接触表面和配合表面只画一条公用的轮廓线,不接触表面和非配合表面画两条线,如图 9-3 所示,即使间隙很小也要夸大画成两条线。

(2) 两个(或两个以上)零件相互邻接时,不同零件的剖面线方向应相反,或者方向一致、间隔不等,如图 9-3 所示。同一零件在各个视图上的剖面线应一致,如图 9-2 所示座体 1 的主视图和左视图的剖面线一致。当零件厚度小于 2 mm 时,剖切后允许用涂黑代替剖面线,如图 9-4 所示的垫片 5。

(3) 对于紧固件和实心零件(如螺钉、螺栓、螺母、垫圈、键、销、球及轴等),若剖切平面通过它们的基本轴线,则这些零件按不剖绘制,仍画外形,如图 9-3 所示的螺钉;需要时,可采用局部剖视。当剖切平面垂直于这些零件的轴线时,则应画出剖面线,如图 9-4 所示 C—C 剖视上的轴上的螺钉的画法。

**2. 装配图的特殊画法**

**1) 拆卸画法**

在装配图中,当某些零件遮住了需要表达的其他结构或装配关系,而这些零件在其他视

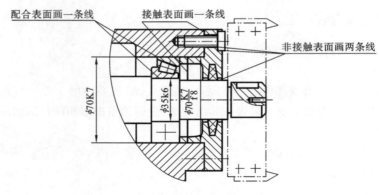

图 9-3　装配图规定画法

图上已表达清楚时,假想拆去一个或几个零件后绘制出视图的方法,称为拆卸画法,如图9-2所示铣刀头装配图中,为表达左端盖上螺钉的装配位置,左俯视图就是拆去了带轮1和键2后画出的。采用拆卸画法,需要说明时应在相应视图上标出"拆去零件××"。

【注意】

不能为了减少画图工作量大量使用拆卸画法拆去不好画的零件,从而影响了装配图形状和功能的表达。

**2）沿结合面剖切画法**

为表达装配体的某些内部结构,在两零件的结合面处剖切后进行投影的画法,称为沿结合面剖切画法。如图 9-4 所示转泵装配图中,C—C 剖视图是沿泵盖与泵体结合面剖切后投影得到的。此时,零件的结合面不画剖面线,而被剖切的零件必须画出剖面线。

**3）假想画法**

表示与本部件有关的相邻零件(部件)可采用双点画线画出,这种表示方法称为假想画法。如图 9-2 所示主视图中铣刀盘和图 9-4 所示主视图中的形体,都有助于说明工作原理及了解安装情况。表达运动零件的极限位置时,也可以使用假想画法,如图 9-5 所示俯视图中曲柄的极限位置。

**4）单独表示某个零件的画法**

在装配图中,为了表示某个重要零件的结构形状,可另外单独画出该零件的某个视图,但必须在所画视图的上方注出该零件名称和字母名称,在相应视图附近用箭头指明投影方向,并注上同样的字母。如图 9-4 中单独画出了泵盖 6 的 $A$ 向视图。

**5）夸大画法**

在装配图中,当绘制厚度很小的薄片、直径很小的孔、微小间隙等时,若无法按全图比例正常绘出,或正常绘出不能清晰表达结构或造成图线密集难以区别,则该部分可不按原比例而夸大画出,如图 9-2 所示的间隙和图 9-4 所示的垫片厚度等的夸大画法。

【注意】

夸大要适度,若适度夸大仍然不能满足要求,则可考虑用局部放大画法画出。

**3. 装配图的简化画法**

常用的简化画法有以下几种。

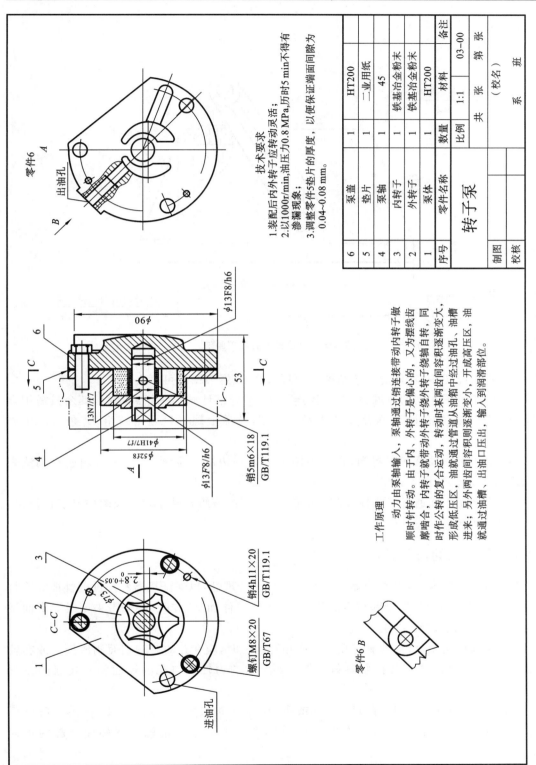

图 9-4 转子泵装配图中采用的特殊画法

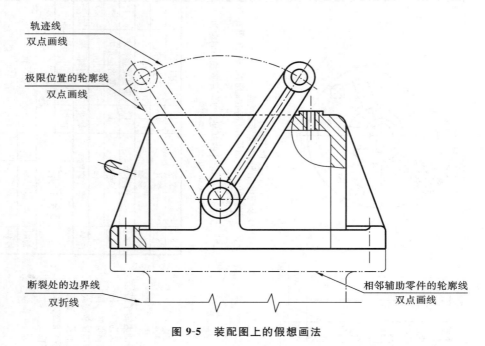

图 9-5 装配图上的假想画法

(1) 在装配图中,零件的工艺结构,如圆角、倒角、退刀槽等可不必画出。

(2) 对于若干相同的零件组,如螺栓连接等,可详细地画出一组或几组,其余只需用点画线表示其装配位置即可,如图 9-2 所示左视图,端盖上螺钉只画出一组,其余只画中心位置。

(3) 对于滚动轴承和密封圈,在剖视图中可以一边用规定画法,另一边用通用画法表示,如图 9-2 所示轴承 4 画法。

(4) 当剖切平面通过某些标准产品部件和组合件,该组合件在其他视图中已表达清楚,可以只画出外形。

## 9.2.2 装配图的合理结构

在设计和绘制装配图时,应该考虑装配结构的合理性,以保证机器和部件的性能。不合理的结构不仅影响装配性能和精度的要求,而且给零件加工、装配、维修带来困难。下面举例说明几种常用的装配结构。

(1) 当轴和孔配合,且轴肩与孔的端面相互接触时,应在孔的接触端面制成倒角或在轴肩根部切槽,以保证两零件接触良好。图 9-6 所示的为轴肩与孔的端面相互接触的正误对比。

(2) 当两个零件接触时,在同一方向或在径向方向的接触面一般只能是一个,这样既可满足装配要求,制造也较方便。图 9-7(a)、(b)所示的为平面接触和圆柱面接触的正误对比。

(3) 为了保证两零件在装配前后不降低装配精度,通常用圆柱销或圆锥销将两零件定

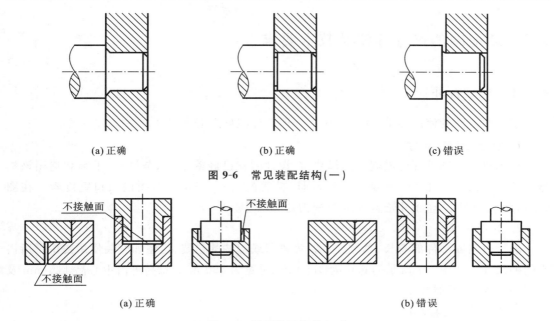

图 9-6　常见装配结构（一）

图 9-7　常见装配结构（二）

位，如图 9-8(a)所示。为了加工和装拆的方便，在可能的条件下，最好将销孔做成通孔，如图 9-8(b)所示。

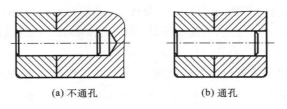

图 9-8　常见装配结构（三）

（4）如图 9-9 所示，为了方便轴承拆卸，轴肩直径应小于轴承内环厚度；轴承或其他安装在轴上的零件，设计上应保证安装时螺母端面轴向力作用在被固定的零件上，即轴宽度小于轴承宽度。

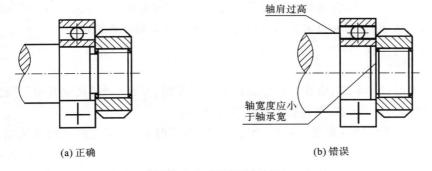

图 9-9　常见装配结构（四）

## 9.3 装配图的尺寸标注及技术要求

### 9.3.1 尺寸标注

根据装配图的使用要求,在装配图上一般应标注如下五类尺寸。

**1. 性能(规格)尺寸**

表示机器或部件性能或规格的尺寸,在设计时就已经确定,也是设计、了解和选用该机器或部件的依据。如滑动轴承的孔径、阀门接管的尺寸、机用平口钳的钳口宽度等。在图9-2 所示装配图中,轴的中心高 115 可视为这类尺寸。

**2. 外形尺寸**

表示机器或部件的总长、总宽、总高,为机器或部件的包装、运输和安装使用提供了所占空间的尺寸。如图 9-2 所示的总长为 318 mm、总宽为 190 mm、总高可由中心高 115 mm 及端盖外径 $\phi$115 近似算出。

**3. 装配(配合)尺寸**

装配(配合)尺寸表示两零件间配合性质的尺寸。为了保证装配体的性能,在装配图上,只要零件间有配合,都需要注出零件间的配合尺寸。即在配合尺寸数字的后面用分数形式注明配合代号。如图 9-2 所示装配图中的 $\phi$28H8/k7。但孔或轴与轴承配合时,滚动轴承是已经按标准制好的外购件,不需再注明其配合代号,只需注明与轴承内、外圈相配合的孔和轴的配合代号即可,如图 9-2 所示装配图中的 $\phi$70K7 和 $\phi$35k6 就是装配尺寸。

**4. 安装尺寸**

安装尺寸表示将机器或部件安装在地基上或与其他机器或部件相连接时所需的尺寸。如图 9-2 所示装配图中座体底板孔中心距 96 mm、150 mm 及孔径 $\phi$11 等。

**5. 其他重要尺寸**

还有一些是在设计中确定,又不属于上述几类尺寸的一些重要尺寸,但是它们是在设计中经过计算或选定的重要尺寸,这些尺寸直接影响机器的性能和质量。所以应当标注出来。如运动零件的极限尺寸、各轴间的中心距、重要齿轮的分度圆直径、偏心距、装配间隙、重要的轴向设计尺寸、主要零件的结构尺寸等。如图 9-4 所示装配图中偏心 $2.8^{+0.05}_{0}$ mm。

【注意】 装配图中,一般零件上的结构尺寸是不需要标注出来的。

### 9.3.2 技术要求

装配图上的技术要求,应注写在标题栏上方或左侧,并在标题"技术要求"下逐条编号,如图 9-2 和图 9-4 所示。一般包括下列三方面的内容。

(1) 装配过程中的技术要求,如装配前清洗、装配时加工、制定的装配方法以及必须保证的精度等。

(2) 检验、试验中的技术要求,如检验、试验的条件、方法和质量要求等。

(3) 使用要求,如产品的基本性能、规格及使用时注意事项等。

## 9.4 装配图的零(部)件序号和明细栏

### 9.4.1 零(部)件序号

为了便于读图,便于图样管理,装配图中所有零、部件都必须编写序号,同一装配图中相同的零(部)件只编写一个序号,并在标题栏上方填写与图中序号一致的明细栏,明细栏也称明细表。

编注序号要做到按照顺序、排列整齐、布置均匀、清晰醒目。

在所指的零、部件的可见轮廓内画一圆点,然后从圆点开始画一指引线(细实线),在指引线的另一端画一水平线或圆(细实线),在水平线上或圆内注写序号,如图9-10(a)所示。序号字高比该装配图中所注尺寸数字高度大一号或两号。

对于薄片或细小零件,可在指引线末端画出箭头,并指向该部分的轮廓,如图9-10(b)所示。

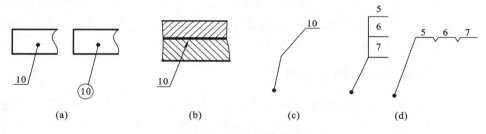

**图 9-10 序号的编注方法**

指引线彼此不能相交,但它通过有剖面线的区域时,不应与剖面线平行,也不要将指引线画成垂直线和水平线。

需要时,指引线可以画成折线,但只允许折一次,如图9-10(c)所示。

对于相同的几个零件,一般只要从一处引出,编一个序号。

对一组紧固件以及装配关系清楚的零件组,可采用公共指引线,如图9-10(d)所示。

零、部件序号沿水平或垂直方向排列整齐、按序注写,其顺序可按顺时针或逆时针方向排列,如图9-2和图9-4所示。

部件中的标准件可与一般零件一样编写序号;也可以不编写序号,而将标准件的数量与规格直接标注在图中的指引线上。

### 9.4.2 明细栏

明细栏是装配图中所有零件(部件)的详细目录。内容有序号、代号、名称、材料、数量及备注等。明细栏画成表格形式,应紧靠在标题栏的上方,如图9-2所示。填写明细栏应注意如下事项。

(1) 如果标题栏上方地方不够,可将其余部分在标题栏的左边接着绘制。

(2) 明细栏中的零件序号,按顺序由下而上填写,以便必要时增加零件项目。

（3）在生产实际中，常把明细栏与装配图分开，单独画在另一张图纸上，与其他图纸装订成册，作为装配图的附件，这时零件的序号应按顺序由上向下填写。

（4）填写标准件的名称时，还应写出规格尺寸，如"螺钉 M8×14"，并将标准代号 GB/T 70.1—2000 填入备注栏里，如图 9-2 所示。也可以将零件名称、规格和标准代号都写入名称栏。

（5）材料栏填写材料牌号，标准紧固件和部（组）件一般不填材料。

（6）明细栏中的"数量"，是指装配图所表示的部件或机器中相同零件的数量。

（7）为了便于生产管理，对部件中所有一般零件都应编写代号并填入代号栏。在学校学生作业中可省略代号栏不画。

## 9.5　画装配图的方法和步骤

装配图作为一种设计方案，是在进行产品或部件设计时，根据设计要求画出来的；装配图也可以作为检查手段，是在完成零件设计后，根据部件所属的零件图画成的。两种情况下画出的装配图应该是一致的，但绘图时的零件条件不一样，后者零件形状完全确定，主要用于检查零件之间的尺寸是否存在冲突，而前者零件形状未确定，还需要进一步设计其中的非标准件。因此，装配图的画法有一定的区别。

### 9.5.1　画装配图应表达的主要内容

画机器（部件）的装配图与画零件图一样都有一组视图，可采用第 6 章机件形状的表达方法和本章装配图规定画法、特殊画法和简化画法。但与零件图表达内容上有一个重大区别就是，装配图中的视图不再是以表达装配体上的零件形状为主，而是以表达零件之间装配关系和工作原理为主。在装配图中所采用视图可能有许多零件的形状不确定，但零件间的装配关系是明确的，工作原理也能从图样中看出来。因此，在画装配图之前，首先要对机器（部件）实物或装配示意图进行仔细分析，了解各零件间的装配关系和部件的工作原理。从而确定需要表达的装配线（由轴或螺钉等连接在一起的几个零件称为装配线），然后根据装配线的多少和位置布置决定视图数量和表达方法。

### 9.5.2　装配图视图选择原则

装配图画法必须符合投影关系，符合国家标准规定，并且要求图样清晰、合理，便于读者阅读和理解。装配图表达时采用的视图表达方法也很重要，主要有如下视图选择原则。

（1）表示装配关系（装配线）信息最多的那个视图应作为主视图。

（2）在满足要求的前提下，视图或剖视图的数量为最少。

（3）尽量避免使用虚线表达装配体上的结构和装配关系。

（4）应避免不必要的细节重复。

### 9.5.3　画装配图的两种方法

画装配图通常有两种方法可以采用。

（1）从各装配线的核心零件开始，"由内向外"，按照装配关系逐层扩展，画出各个零件，最后画壳体、箱体等支撑、包容零件。此种方案的优点是，核心零件一般是实心件或标准件，可按不剖画图，零件之间的遮挡关系明确，不必"先画后擦"零件上一些被挡住的轮廓线，画图过程与设计过程一致，作图效率较高。

（2）先将支撑和包容的零件画出。这些零件通常是体量较大，结构较复杂的壳体或箱体、支架等。然后，按照装配关系画出其他零件。此种方法称为"由外向内"画法。该方法多用于根据已有的零件"拼画"装配图的场合。优点是画图过程与零件装配过程一致，比较形象，利于空间想象。缺点是经常要擦去被挡住的轮廓线。

## 9.5.4 由零件图画装配图的方法和步骤

下面以图 9-1 和 9-2 所示的铣刀头装配图为例，说明由零件图画装配图的方法和步骤。

**1. 画装配图前的准备工作**

画装配图前，首先要了解所画部件各零件之间的相对位置和连接关系，并了解部件的工作原理，其工作原理在 9.1 节已经说明，铣刀头的装配示意图如图 9-11 所示。其装配关系是：带轮、键、端盖、座体、轴承、调整环装配在转轴上，而转轴通过两个滚动轴承支承，安装在座体内，两端都有一个带通孔由六个螺钉轴向固定的端盖，通孔内填毡圈来密封。调整环用来调整轴承与端盖的轴向之间的松紧程度。

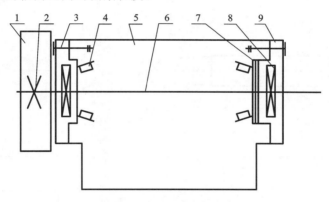

图 9-11 铣刀头装配示意图

画装配图与画零件图一样，应先确定表达方案，也就是视图选择。首先选定部件的安放位置和选择主视图，然后再选择其他视图。

**2. 主视图的选择**

一般将机器或部件按工作位置放正，这样对于指导该部件装配都会带来方便。在部件的工作位置确定后，接着就选择部件的主视图方向。经过比较，应选用能清楚地反映主要装配关系的装配线和工作原理的那个视图作为主视图，并采取适当的剖视，比较清楚地表达各个主要零件以及零件间的相互关系。图 9-2 所示的铣刀头主视图，采用了通过装配体的主要轴线的全剖视图，同时剖面也通过了两个螺钉连接的辅助装配线，零件之间的装配关系非常明确。

## 3. 其他视图的选择

确定了主视图后,再选择能反映其他装配关系、外形及局部结构的视图,以补充主视图中没有表达清楚的部分。如图 9-2 所示,主视图虽然清楚地反映了各零件间的主要装配关系和工作原理,可是其座体外形结构以及端盖上六个一组的螺钉装配位置关系还没有表达清楚。于是选取拆去带轮的左视图,使端盖上的六个螺钉安装位置直观表达出来。在左视图上对座体进行了局部剖,补充反映了座体的外形结构、支承板形状、安装孔形状及位置。

## 4. 确定比例和图幅

确定了部件的视图表达方案后,根据视图表达方案以及部件的大小与复杂程度,选取适当比例,安排各视图的位置,从而选定图幅,便可着手画图。采用"由内向外"画还是"由外向内"画法,可视作图方便而定。本例采用"由内向外画"。

## 5. 布置视图位置画出轴 6 形状

在安排各视图位置时,要注意留有供编写零(部)件序号、明细栏以及注写尺寸和技术要求的位置。

画图时,画出各视图的主要轴线(装配干线)、对称中心线和作图基线(某些零件的基面或端面)。由主视图开始,几个视图配合进行。如图 9-12 所示,用 H 或 2H 铅笔轻画出图框线、定位线,以及画出标题栏和明细表的表格框,并画出轴 6 的主视图和左视图,轴 6 上两个端结构用局部表示。

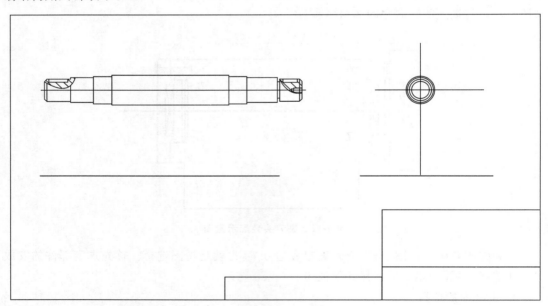

图 9-12　画铣刀头装配图(一)

## 6. 画出轴 6 上安装的主要零件

如图 9-13 所示,利用两轴肩的定位位置,先采用简化画法画出轴 6 上两个滚动轴承形状,再利用轴承端面定位,在右端画出一个调整环 7 的投影,接着在两端分别画出两个端盖 9 的主视图和左视图上的投影。

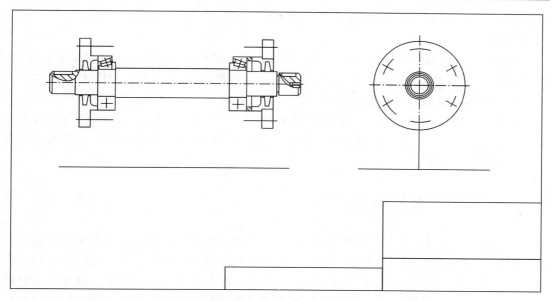

图 9-13　画铣刀头装配图(二)

【注意】

轴承 4 与轴 6 是配合表面,按接触面画成一条线;而端盖内孔与轴 6 是非接触表面,应画两条线。

**7. 画出其他零件并修改装配线的连接画法**

如图 9-14 所示,先画出座体 5 的主视图和左视图上的可见部分投影,并在座体左视图上作局部剖,反映支承板的断面形状及安装孔的形状。然后,在主视图上画出带轮 1 的全剖投影。最后按键连接画法完成键 2 与带轮 1 和轴 6 的连接画法,完成左、右端盖上螺钉 3 与

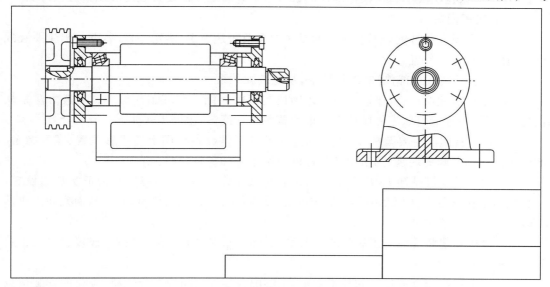

图 9-14　画铣刀头装配图(三)

端盖座体 5 的螺钉连接画法,完成毡圈 8 在端盖 9 内槽中与轴 6 的密封画法。

**【注意】**

毡圈是非金属材料,剖面线选用 45°的交叉直线。被挡住的轮廓线应及时擦去。另外,在左视图上,有六组螺钉外形可见,可用省略画法只画出一组,其他标出定位线即可。

**8. 检查加深完成尺寸和文字注写**

底稿线完成后,需经校核,再加深,画剖面线,注尺寸,还可以把要安装的铣刀用假想的双点画线画出。最后,编写零、部件序号,填写明细栏,再经校核,签署姓名。完成后的铣刀头装配图如图 9-2 所示。

## 9.6 读装配图及拆画零件图

装配图在工业生产中比零件图还重要,它是伴随机器(部件)从设计到制造和使用以及维修都要用到的技术图样。在设计过程中,要按照装配图来拆画零件图;在装配机器时,要按照装配图来装配零件和部件;在技术交流时,需要参看装配图来了解工作原理和机械结构;在机器维修、保养期间,技术人员要按照装配图的工作原理查找问题,按图上给出的装配关系拆卸和组装零件。因此,从事工程技术的工作人员都必须能够读懂装配图。

读装配图的目的,是从装配图中了解部件(或机器)的性能、工作原理、装配关系以及零件的主要结构形状。

### 9.6.1 读装配图的方法和步骤

**1. 概括了解**

从标题栏和有关资料中了解部件(或机器)的名称、主要用途以及零件性能要求等。并从其零件数目、比例大小、材料、标准件的数量来估计装配体的复杂程度和制造方法等。

**2. 确定视图关系**

分析装配图上各视图、剖视、断面的投影关系及表达意图,确定主视图,并找出主要装配线的辅助装配线的位置。

**3. 深入了解机器(部件)的工作原理,掌握装配关系**

大概了解装配图后,需要进一步深入阅读装配图才能了解其工作原理。一般方法是从主视图入手,最好能对照零件图或有关说明资料进行阅读,主要步骤如下:

(1) 从主视图的主要装配线入手,通过对照各零件在各视图上的投影位置、序号指示、剖面线方向和间隔的区别,判断出各零件的轮廓范围和大致形状。

(2) 利用所学机械知识,从装配图名称获得其工作原理的一些设想,为证实那些设想,从装配图上找出各零件相互作用的动作,观察是否能实现设想的机械动作,从而判断出机器(部件)的确切工作方式。

(3) 分析其他装配线与主装配线的关系,了解各零件之间的配合关系、连接、定位、密封和润滑的方法。

(4) 阅读装配图上的尺寸和技术要求,了解配合零件之间的配合性质,重要的安装信息和使用要求。达到初步从装配图上能正确指出拆卸或安装机器上各零件时的顺序。

**4. 深入分析被遮挡零件的结构形状**

根据装配图规定画法、特殊画法和简化画法，弄清被挡住的和表达不完整的零件的结构形状，也对零件上省略的工艺结构做出正确的判断，为后面拆画零件图做好准备。

**5. 由装配图拆画零件图**

在设计过程中，需要由装配图拆画零件图，简称拆图。拆图时，应对零件的作用进行分析，然后分离该零件（即把该零件从与其组装的其他零件中分离出来）。具体方法是在各视图的投影轮廓中画出该零件的范围，结合分析，补齐所缺的轮廓线。有时还需要根据零件表达的要求，重新安排视图。选定和画出视图以后，应按零件图的要求，注写尺寸和技术要求。

以上步骤不是绝对的，而是相互关联、相互交错的。这里的介绍和下述读装配图举例，仅作为学习时的参考。能否读懂装配图，关键在于是否掌握投影原理和是否具有一定的机械工程知识及实践经验。

### 9.6.2 读装配图举例

**例 9-1** 读联动夹持杆接头的装配图，并拆卸 3 号零件，画零件图，如图 9-15 所示。

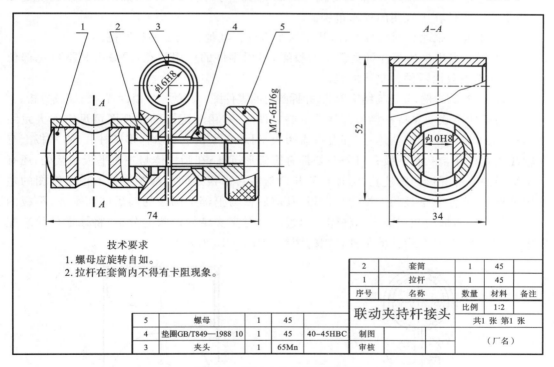

图 9-15 联动夹持杆接头装配图

**解** 解题步骤如下。

（1）概括了解。

联动夹持杆接头是检验用夹具中的一个通用标准部件，用来连接检测用仪表的表杆。它由四种非标准零件和一种标准零件组成。

（2）确定视图关系。

装配图中有两个基本视图,主视图采用局部剖视,清晰地表达了部件的工作原理和各组成零件的装配关系;左视图采用 A—A 剖视及上部的局部剖视,进一步反映左方和上方两处夹持部位的结构和夹头零件的内、外形状。

(3) 深入分析工作原理和装配关系。

从装配图名"联动夹持杆接头"初步可知,工作原理与对杆的夹持方法有关。查找该部件作用资料可知,它是用来连接检测仪表表杆的装置。当使用检测仪表时,在拉杆 1 左方的上下通孔 $\phi 10H8$ 和夹头 3 上部的前后通孔 $\phi 16H8$ 中分别装入 $\phi 10f7$ 和 $\phi 16f7$ 的表杆,旋紧螺母 5 至能同时夹持两个表杆,即收紧夹头 3 的缝隙,可夹持上部圆柱孔的表杆,同时,拉杆 1 沿轴向向右移动,改变它与套筒 2 上下通孔的同轴位置,就可夹持拉杆左边通孔内的表杆。

(4) 分析、读懂零件的结构形状并拆画零件图。

分析零件形状时,首先要把该零件从装配图中分离出来,具体方法如下。

① 从明细栏,了解零件的名称和作用。

② 通过零件序号的指引、剖切部位的剖面线方向与间隔相同的特点以及装配图规定画法,找出这个零件在主视图的投影范围。

③ 运用投影原理和剖面线特征,找出这个零件在其他视图上的投影范围。

④ 根据分离出来的零件可见部位的投影,运用零件的作用特点,想象出其不可见部位的投影,从而想象出零件的整体形状。

现以"夹头 3"为例,分析其结构形状,并拆画它的零件图。其他零件由读者自行阅读分析。

夹头是这个联动夹持杆接头部件的主要零件之一,由装配图的主视图可见它的大致结构形状:上部是一个半圆柱体;下部左右为两块平板,在平板上有阶梯形圆柱孔,右平板上有同轴线的圆柱孔,左、右平板孔口外壁处都有圆锥形沉孔;在圆柱体与左右平板相接处,还有一个贯通的下部开口的圆柱孔,圆柱孔的开口与左右平板之间的缝隙连通。由装配图的左视图可见,夹头左右平板的上端为矩形板,其前后壁与上部半圆柱的前后端面平齐;平板的下端是与上端矩形板相切的半圆柱体。通过以上对夹头结构形状的分析,将该零件从装配图中分离出来,并补全被其他零件遮挡的图线,如图 9-16 所示。

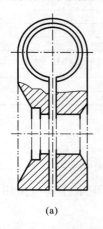
(a)

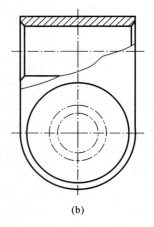
(b)

图 9-16 由联动夹持杆接头装配图中分离和补全夹头的两个视图

考察图 9-16 所示的两个视图可以确定该表达方案,加注尺寸以后,就可以完整地表达夹头零件的形状。按照零件图的要求,正确、完整、清晰并尽可能合理地标注了尺寸,包括装配图中已注出的夹头圆柱孔尺寸及公差,在加注技术要求后,就完成了拆画夹头零件图的任务,如图 9-17 所示。

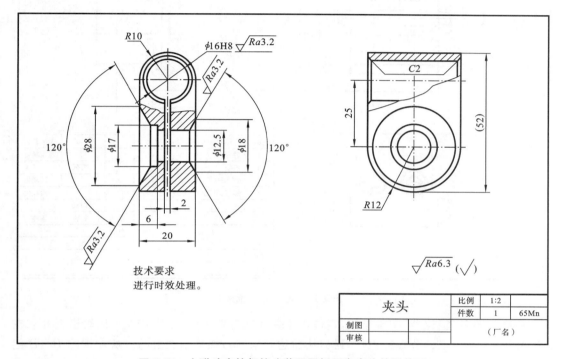

**图 9-17 由联动夹持杆接头装配图拆画出夹头的零件图**

【注意】

标注尺寸时,除了考虑装配图上的 $\phi16H8$、52 mm 和 34 mm 尺寸和配合要求外,其他尺寸是根据零件图上尺寸标注要求从装配图中整数量取的,技术要求可参考同类零件注写。

**例 9-2** 读定位器装配图,拆卸板 1 零件,并画其零件图,要求用适当的方法表达形体并标注尺寸,表面粗糙度和技术要求省略,如图 9-18 所示。

**解** 解题步骤如下。

(1) 概括了解。

从图名和工程机械知识可知,定位器是车床上限制刀架移动的部件。从明细表中零件的名称和数量可知共有 6 个零件,其中有 3 个标准件和 3 个非标准件。从材料栏可知,需要制作的 3 个非标准件中有 2 个是铸造件。

(2) 确定视图关系。

装配图中有三个基本视图,主视图采用通过螺钉 5 的 A—A 剖视,清晰地表达了该部件第一个主要装配线的装配关系。左视图采用通过固定螺钉 2 的 B—B 剖视,进一步反映第二个装配线的装配关系。俯视图是一个外形图,表达该部件上部外形和结构。

(3) 深入分析工作原理和装配关系。

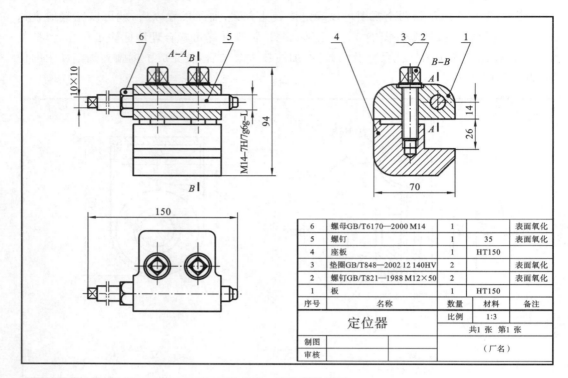

图 9-18 定位器装配图

从装配图名"定位器"初步可知,定位器主要功能有两个:一是固定在车床轨道上并靠在刀架旁边;二是可以调节螺钉顶住刀架,从而达到限制刀架移动的目的。从左视图 B—B 剖视可看出,旋转螺钉 2 可实现定位器上方板 1 与下方板座 4 的夹紧功能,即实现定位器固定在车床导轨上的第一个工作目标。同样,从主视图的 A—A 剖视可知,松开螺母 6,旋转螺钉 5,可以使其向左移动,顶住刀架后拧紧螺母 6 将螺钉 5 锁紧,从而可限制定位器的位置。

(4) 分析、读懂零件的结构形状并拆画板 1 的零件图。

从左视图板 1 的指引线按投影和剖面线范围,确定其形状大致是一个长方块。从主视图看,左、右两端面被同一 M14 螺孔穿过,对应俯视图看,其外端正面上各有一个方凸台,用来保证螺母 6 工作面的平整和减少加工面。另外,从左视图和俯视图可以判断出,上表面有两处可以穿 M12 螺钉的光孔,两个光孔上面都带一个沉孔。拆去其他零件,板 1 的可见部分如图 9-19 所示。

考虑板 1 在装配图上的位置本身就处于工作位置,与其零件图表达视图一致,只是左右凸台未表达清楚,因此,补齐被挡轮廓线,增加一个右视图(外形图)。注齐尺寸,俯视图上增加对称中心线,表明板 1 是左右对称零件,简化了尺寸注写,如图 9-20 所示。最后得到板 1 的零件图表达方案(按题意未注表面粗糙度和技术要求)。

【注意】

俯视图中两个光孔圆是看不见的,要根据左视图直径画出。螺钉 5 拆去后,板 1 的主视图和左视图上的孔按 M14 螺孔画法画出。

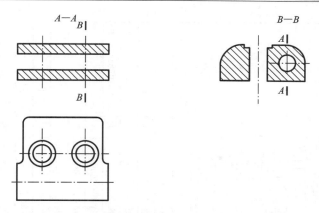

图 9-19　由定位器装配图分离板 1 的三视图可见部分

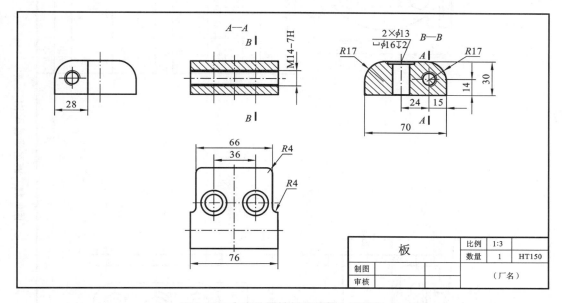

图 9-20　由定位器械拆画的板 1 零件图

**例 9-3**　读旋塞阀装配图,拆卸塞子 6 并画零件图,要求用适当的方法表达形体并标注尺寸,表面粗糙度和技术要求省略,如图 9-21 所示。

**解**　解题步骤如下。

(1) 概括了解。

从图名和工程机械知识可知,旋塞阀是安装在管路中用来控制管路中液体流量的装置。从明细表中零件的名称和数量可知,共有 9 种零件,其中有 3 种标准件、4 种非标准件和 1 种填料与 1 个垫片。从材料栏可知,需要制作的 4 个非标准件中有 3 个是铸造件,另一个零件塞子 6 是中合金材料制造的,也是密封要求最高的关键零件。

(2) 确定视图关系。

装配图中有三个基本视图,主视图采用半剖视加局部剖视,清晰地表达了主要装配线的装配关系和两个螺柱连接线的装配关系。左视图也采用半剖视,进一步反映主装配线的装

**234** 机械制图

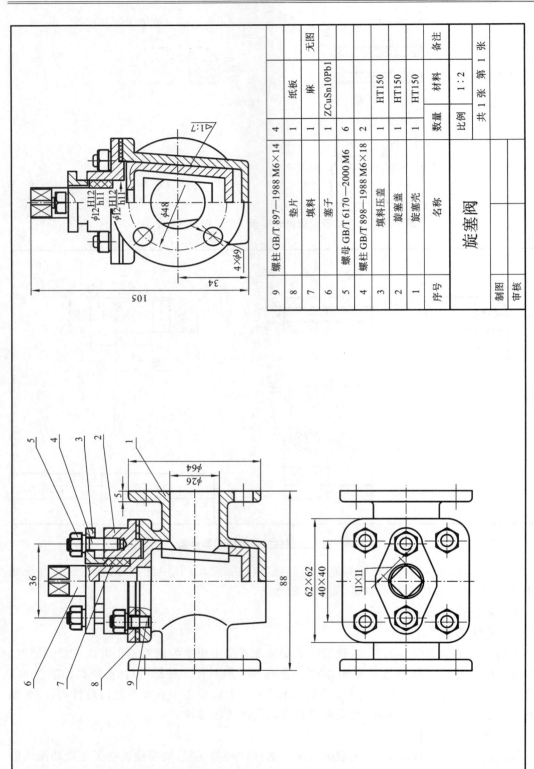

图9-21 旋塞阀装配图

配关系,并说明了旋塞壳 1 上的旋塞盖 2 外形及塞子 6 两端液体进出口的形状。俯视图是一个外形图,表达该装置外形和螺柱连接数量,以及填料压盖 3 的形状、塞子 6 顶端方杆的形状等。

(3) 深入分析工作原理和装配关系。

从装配图名"旋塞阀"可初步知道,只要将塞子 6 旋转 90°,就可以实现将管路中液体介质关闭的功能。从主视图和左视图半剖视图中可以看出,由于塞子 6 下部的外圆锥面与旋塞壳 1 的内圆锥面是配合的,故可以用扳手旋转塞子 6 顶端方头。从两个视图上可见塞子上有一贯穿孔,若贯穿孔正对旋塞壳孔,管路内介质可以流通,若将塞子旋转 90°,管路关闭。这就是它的工作原理。

从图 9-21 所示装配图上还可以看出旋塞阀的防泄漏原理,即在旋塞盖 2 上用四组螺柱连接旋塞壳 1,中间再安放垫片 8,拧紧螺母就可防止介质沿连接面泄漏;同样,塞子 6 的圆柱杆也会因间隙泄漏,因此,在旋塞阀上部用填料盖和填料组成了一个轴向防泄漏装置,当旋紧螺母 5 时,填料盖下移,填料压实,减小了塞子的圆柱杆的径向间隙,旋转力矩加大,密封性加强。

(4) 分析、读懂零件的结构形状并拆画"塞子 6"的零件图。

从图 9-21 所示装配图可以初步确定,塞子 6 是由上部带阶梯孔的两段圆柱与空心圆锥体组成的结构,其中圆锥体左右两端各有一个相同并贯穿的梯形孔。如图 9-22 所示的是将塞子 6 按投影关系并根据剖面线方向与间隔取出的三视图可见部分。如图 9-23 所示的是将图 9-22 所示的塞子的三视图可见部分进行整理,补齐缺少部分投影的三视图。

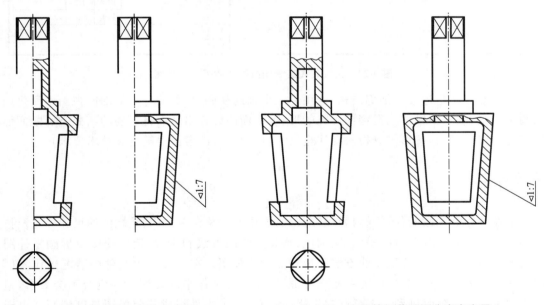

图 9-22 由旋转阀装配图分离塞子 6 的三视图可见部分

图 9-23 由旋转阀装配图分离出塞子 6 的完整三视图

从图 9-23 所示塞子零件图可知,塞子 6 是属于轴套类零件,按零件图的表达方法分析,塞子 6 在图 9-23 所示的表达方法并不怎么合适,这是因为装配图上的位置是工作位置,但作为零件图,应改为按加工位置布置视图才好。即要将图 9-23 所示的主视图轴线改为水平放置,如图 9-24 所示,主视图采用局部剖,露出空心部分,增加左视图将实心轴上的方形及圆形表达清楚。

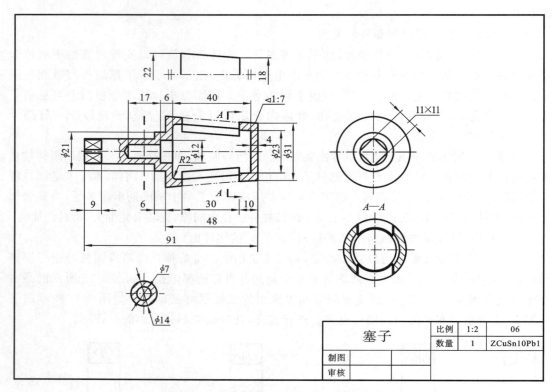

图 9-24　由旋转阀装配图拆画的塞子 6 零件图

为了能更清楚地表达细部结构,选用了三个辅助视图,顶部的一个局部向视图用简化画法画了一半,表示圆锥体上贯穿梯形孔的形状;下面两处移出断面将主要的两处空心断面形状表达出来。最后,按形体分析法标注全尺寸(按题意未注表面粗糙度和技术要求)。

## 本章小结

本章介绍装配图的作用和内容、装配图的表达方法及合理结构、装配图的尺寸标注及技术要求、装配图的零(部)件序号和明细栏、画装配图的方法和步骤、读装配图及拆画零件图等六项内容,重点是画装配图的方法和步骤及读装配图。在工程技术文件中装配图比零件图更重要。因此,对于非机械类专业学生来说,在今后工作中画装配图的机会不会太多,但读装配图还是会随时碰到。本章按学生能读懂 6~9 个零件组成的装配图难度编写。由于前面对装配图的知识已经做介绍,在学习本章内容时已有一定的基础,但切记不能满足一些表面的了解。要认真对本章给出的各类装配图进行详细阅读。为了进一步提高看装配图能力,还需要看一些零件数更多的装配图,必要时看一些补充的零件图等技术文件,并加强机械加工实践经验的积累。

## 思考题

1. 装配图的作用是什么？
2. 装配图内容有哪些？重点表达什么？
3. 装配图有哪些规定画法和特殊画法？
4. 如何识别装配图上的装配线？
5. 装配图的尺寸标注与零件图尺寸标注有什么不同？
6. 解释什么是性能(规格)尺寸、外形尺寸、装配(配合)尺寸、安装尺寸。
7. 装配图中零件序号应如何排列？
8. 简述从装配图上拆画零件图时,零件图的表达方法是否与装配图上同一零件表达方法一致。

# 第 10 章　计算机二维绘图基础

交互式计算机绘图技术已经成为一种成熟的实用工具，目前很多软件都可以满足绘制工程图的需要。AutoCAD 作为辅助绘图工具，以其完善的功能、强大的二次开发潜力，广泛应用于机械、建筑设计等领域。

AutoCAD 不仅能绘制二维图形，还具有三维造型功能并能生成各种二维投影图。本篇主要介绍 AutoCAD 2009"AutoCAD 经典"模式下的二维绘图和编辑功能，及其在机械制图中的应用。

## 10.1　AutoCAD 基础知识

### 10.1.1　AutoCAD 界面、文件基本操作

安装 AutoCAD 2009 后，系统会自动在 Windows 桌面上生成对应的快捷方式图标。双击该快捷图标，即可启动 AutoCAD 2009。

#### 10.1.1.1　AutoCAD 2009 经典工作界面

AutoCAD 2009 的工作界面有二维草图与注释、三维建模及 AutoCAD 经典等形式。单击操作界面右下角的"切换工作空间"按钮，在弹出的菜单中，单击"AutoCAD 经典"命令，出现如图 10-1 所示的操作界面。本篇所有操作均在"AutoCAD 经典"模式下进行。

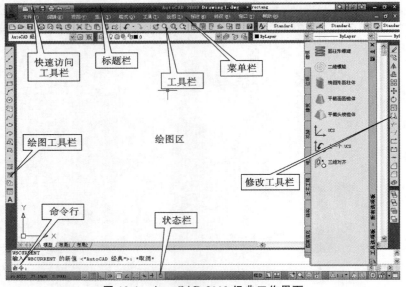

图 10-1　AutoCAD 2009 经典工作界面

**1. 标题栏**

在 AutoCAD 2009 中文版操作界面的最上端是标题栏。在标题栏中，显示了系统当前正在运行的应用程序和用户正在使用的图形文件。在第一次启动 AutoCAD 2009 时，在标题栏中，将显示 AutoCAD 2009 在启动时创建并打开的图形文件的名称"Drawing1.dwg"。

**2. 菜单栏**

在 AutoCAD 2009 标题栏的下方是菜单栏，同其他 Windows 程序一样，AutoCAD 2009 的菜单也是下拉形式的，并在菜单中包含子菜单。AutoCAD 2009 的菜单栏中包含 12 个菜单："文件"、"编辑"、"视图"、"插入"、"格式"、"工具"、"绘图"、"标注"、"修改"、"参数"、"窗口"、"帮助"。这些菜单几乎包含了 AutoCAD 2009 的所有命令。

**3. 工具栏**

工具栏是一组按钮工具的集合，把光标移动到某个按钮上，稍停片刻即在按钮的一侧显示相应的功能提示，然后，单击按钮就可以启动相应的命令。

（1）工具栏的打开和关闭。将光标放在操作界面中已打开的任何工具栏上右击，系统会打开一个浮动菜单，如图 10-2 所示，单击在工具栏操作界面显示的快捷菜单中要选取的菜单名，系统在操作界面中打开该工具栏；反之，关闭工具栏。

（2）工具栏的"固定"、"浮动"与"打开"。工具栏可以在绘图区"浮动"显示，此时显示该工具栏标题，并可关闭该工具栏，可以拖动"浮动"工具栏到绘图区边界，使它变为"固定"工具栏，此时该工具栏标题隐藏。也可以把"固定"工具栏拖出，使它成为"浮动"工具栏。

有些工具栏按钮的右下角带有一个小三角下拉按钮，单击小三角下拉按钮会打开相应的工具栏，将光标移动到某一按钮上并单击，该按钮就变为当前显示的按钮。单击当前显示的按钮，即可执行相应的命令。

图 10-2　工具栏快捷菜单

**4. 快速访问工具栏和交互信息工具栏**

（1）快速访问工具栏。该工具栏包括"新建"、"打开"、"保存"、"放弃"、"重做"和"打印"6 个最常用的工具按钮。用户也可以单击此工具栏后面的小三角下拉按钮选择设置需要的常用工具。

（2）交互信息工具栏。该工具栏包括"搜索"、"速博应用中心"、"通信中心"、"收藏夹"和"帮助"5 个常用的数据交互访问工具按钮。

**5. 功能区**

包括"常用"、"插入"、"注释"、"参数化"、"视图"、"管理"和"输出"7 个选项卡，在功能区中集成了相关的操作工具，方便用户使用。用户可以单击功能区选项板后面的按钮，控制功能的展开与收缩。打开或关闭功能区的操作方法如下。

● 命令行：RIBBON（或 RIBBONCLOSE）。

● 菜单:选择菜单栏的"工具"→"选项板"→"功能区"命令。

**6. 绘图区**

绘图区是指标题栏下方的大片空白区域,绘图区是用户使用 AutoCAD 绘制图形的区域,用户要完成一幅设计图形,其主要工作都是在绘图区中完成。

在绘图区中,有一个作用类似光标的十字线,其交点坐标反映了光标在当前坐标系中的位置。在 AutoCAD 中,将该十字线称为光标,十字线的方向与当前用户坐标系的 X、Y 轴方向平行。

**7. 坐标系图标**

在绘图区的左下角,有一个箭头指向的图标,称为坐标系图标,表示用户绘图时所使用的坐标系样式。坐标系图标的作用是为点的坐标确定一个参照系。根据工作需要,用户可以选择将其关闭,其方法是,选择菜单栏的"视图"→"显示"→"UCS 图标"→"打开"命令。

**8. 命令行窗口**

命令行窗口是输入命令名和显示命令提示的区域,默认命令行窗口布置在绘图区下方,由若干文本行构成。AutoCAD 通过命令行窗口,反馈各种信息,也包括出错信息,因此,用户要时刻关注在命令行窗口中出现的信息。

**9. 状态栏**

状态栏在操作界面的底部,左端显示绘图区中光标定位点的坐标 X、Y、Z 值,右端依次有"捕捉模式"、"栅格显示"、"正交模式"、"极轴追踪"、"对象捕捉"、"对象捕捉追踪"、"允许/禁止动态 UCS"、"动态输入"、"显示/隐藏线宽"和"快捷特征"等 10 个功能开关按钮。单击这些开关按钮,可以实现这些功能的开和关。

**10. 布局标签**

AutoCAD 系统默认设定一个"模型"空间和"布局 1"、"布局 2"图样空间布局标签。

AutoCAD 的空间分模型空间和图样空间两种。模型空间是通常绘图的环境,而在图样空间中,用户可以创建叫做"浮动视口"的区域,以不同视图显示所绘图形。用户可以在图样空间中调整浮动视图并决定所包含视图的缩放比例。如果用户选择图样空间,则可打印多个视图,也可以打印任意布局的视图。AutoCAD 系统默认打开模型空间,用户可以通过单击操作界面下方的布局标签,选择需要的布局。

**11. 滚动条**

在 AutoCAD 的绘图区下方和右侧还提供了用来浏览图形的水平和竖直方向的滚动条。拖动滚动条中的滚动块,可以在绘图区按水平或垂直两个方向浏览图形。

**12. 状态托盘**

状态托盘包括一些常见的显示工具和注释工具按钮,包括模型与图样空间转换按钮,如图 10-3 所示,通过这些按钮可以控制图形或绘图区的状态。

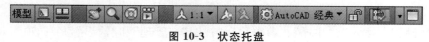

图 10-3　状态托盘

### 10.1.1.2　文件基本操作

新建文件、打开已有文件、保存文件、删除文件等内容都是进行 AutoCAD 2009 操作最基础的知识。

**1. 新建文件**

新建文件的方式有以下两种。

- 菜单栏：选择菜单栏的"文件→新建"命令。
- 工具栏：单击"标准"工具栏的"新建"按钮。

执行上述操作后，系统打开如图 10-4 所示的"选择样板"对话框。一般选择"无样板打开-公制"的模式新建一个文件。

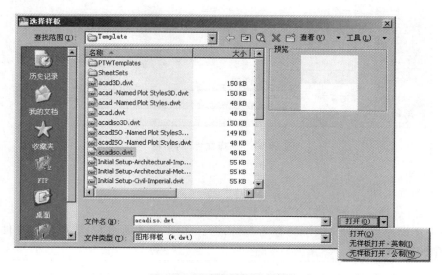

图 10-4 "选择样板"对话框

**2. 打开文件**

打开文件的方式有以下两种。

- 菜单栏：选择菜单栏的"文件→打开"命令。
- 工具栏：单击"标准"工具栏的"打开"按钮。

执行上述操作后，打开"选择文件"对话框，如图 10-5 所示，在"文件类型"下拉列表框中用户可选.dwg 文件、.dwt 文件、.dxf 文件和.dws 文件。.dws 文件是包含标准图层、标注样式、线型和文字样式的样板文件；.dxf 文件是用文本形式存储的图形文件，能够被其他程序读取，许多第三方应用软件都支持.dxf 格式。

**3. 保存文件**

保存文件的方式有以下两种。

- 菜单栏：选择菜单栏的"文件→保存"命令。
- 工具栏：单击"标准"工具栏的"保存"按钮。

执行上述操作后，若文件已命名，则系统自动保存文件，若文件未命名（即为默认名 Drawing1.dwg），则系统打开"图形另存为"对话框，如图 10-6 所示，用户可以重新命名保存。在"保存于"下拉列表框中指定保存文件的路径，在"文件类型"下拉列表框中指定保存文件的类型。

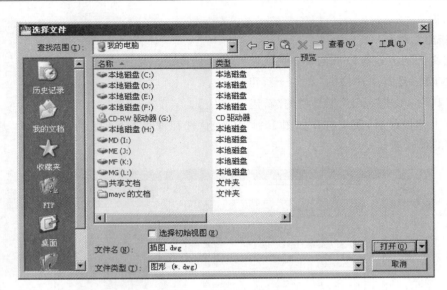

图 10-5 "选择文件"对话框

**4. 另存为**

另存为的方式如下。

● 菜单栏：选择菜单栏的"文件→另存为"命令。

执行上述操作后，打开"图形另存为"对话框。如图 10-6 所示，系统用新的支件名保存，并为当前图形更名。

图 10-6 "图形另存为"对话框

**5. 退出**

退出的方式有以下两种。

● 菜单栏：选择菜单栏的"文件→退出"命令。

● 按钮：单击 AutoCAD 操作界面右上角的"关闭"按钮 ⊠。

执行上述操作后，若用户对图形所做的修改尚未保存，则系统会弹出如图 10-7 所示的警告对话框。单击"是"按钮，系统将保存文件，然后退出；单击"否"按钮，系统将不保存文件。若用户对图形所做的修改已经保存，则直接退出。

图 10-7 系统警告对话框

## 10.1.2 命令基本操作方法

### 10.1.2.1 命令输入方式

AutoCAD 交互绘图时必须输入必要的指令和参数。AutoCAD 有多种命令输入方式，下面以画直线为例，介绍命令输入方式。

**1. 在命令行输入命令名**

命令字符可不区分大小写，例如，命令"LINE"。执行命令时，在命令行提示中经常会出现命令选项。

**2. 在命令行输入命令缩写字**

如 L(Line)、C(Circle)、Z(Zoom)、R(Redraw)、M(Move)、CO(Copy)、E(Erase)等。

**3. 选择"绘图"菜单栏中对应的命令**

选择"绘图"菜单栏对应的命令，在命令行窗口中可以看到对应的命令说明及命令名。

**4. 单击"绘图"工具栏中对应的按钮**

单击"绘图"工具栏对应的按钮，命令行窗口中也可以看到对应的命令说明及命令名。

### 10.1.2.2 点的输入

**1. 点的坐标输入法**

在 AutoCAD 2009 中，点的坐标可以用直角坐标、极坐标、球面坐标和柱面坐标表示，每一种坐标又分别具有两种坐标输入方式：绝对坐标和相对坐标。其中直角坐标和极坐标最为常用。

**1) 直角坐标法**

直角坐标法是用点的 X、Y 坐标值表示该点位置的方法。

在命令行中输入点的坐标"15,18"，则表示输入了一个 X、Y 的坐标值分别为 15、18 的点，此为绝对坐标输入方式，表示该点的坐标是相对于当前坐标原点的坐标值，如图 10-8(a)所示。

输入"@10,20"，则为相对坐标输入方式，表示该点的坐标是相对于前一点的坐标值，如

图 10-8(b)所示。

**2) 极坐标法**

极坐标是用长度和角度表示的坐标,只能用来表示二维点的坐标。

在绝对坐标输入方式下,点的坐标表示为"长度＜角度",如"25＜50",其中长度表示该点到坐标原点的距离,角度表示该点到原点的连线与 X 轴正向的夹角,如图 10-8(c)所示。

在相对坐标输入方式下,点的坐标表示为"@长度＜角度",如"@25＜45",其中长度为该点到前一点的距离,角度为该点至前一点的连线与 X 轴正向的夹角,如图 10-8(d)所示。

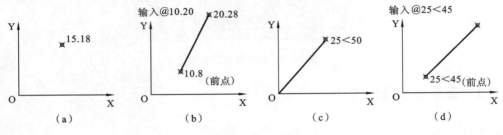

图 10-8 点的坐标输入法

**2. 鼠标输入**

用鼠标等定标设备移动光标,在绘图区单击直接选取。

**3. 目标捕捉**

用目标捕捉方式捕捉绘图区已有图形的特殊点(如端点、中点、中心点、插入点、交点、切点、垂足等)。

#### 10.1.2.3 位移的输入

在确定了一个点后,若需要沿某一方向产生位移,则可用十字光标确定方向,键盘键入位移的长度(正数)即可。配合系统的极轴功能可方便地画出任意角度的直线。

#### 10.1.2.4 动态数据输入

单击状态栏的"动态输入"按钮,系统打开动态输入功能,可以在绘图区动态地输入某些参数数据。例如,绘制直线时,在光标附近,会动态地显示"指定第一个角点或",以及后面的坐标框。当前坐标框中显示的是目前光标所在位置,可以输入数据,两个数据之间以逗号隔开,如图 10-9 所示。指定第一点后,系统动态显示直线的角度,同时要求输入线段长度值,如图 10-10 所示,其输入效果与"@长度＜角度"方式相同。

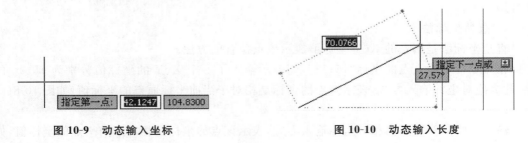

图 10-9 动态输入坐标　　　　　　　图 10-10 动态输入长度

## 10.1.3 图形显示与辅助绘图功能

### 10.1.3.1 图形显示控制与设置

为了便于绘图操作,AutoCAD 提供了控制图形显示的功能,这些功能只能改变图形在绘图区的显示方式,可以按用户期望的位置、比例和范围进行显示,以便观察。但不能使图形产生实质性的改变,既不改变图形的实际尺寸,也不影响图形对象间的相对关系。具体功能如表 10-1 所示。

表 10-1 显示命令功能简介

| 图标 | 命令行中的操作 | 鼠标操作 | 功　　能 |
| --- | --- | --- | --- |
|  | Pan | 按住鼠标滚轮并拖动 | 实时平移:使用当前比例漫游图形 |
|  | Z(Zoom)回车,回车 | 滚动鼠标滚轮 | 实时缩放:缩放当前图形 |
|  | Z 回车,W 回车(或直接指定两角点) |  | 窗口缩放:用两对角点确定的长方形区域作为新的显示范围 |
|  | Z 回车,P 回车 |  | 缩放上一个:恢复上一次显示 |
|  | Z 回车,A 回车 |  | 全部缩放:最大限度地显示图形和图限 |
|  | Z 回车,E 回车 |  | 范围缩放:用整个图形窗口显示图形的大小,不考虑图限 |

### 10.1.3.2 辅助绘图功能

为了快速准确地绘制图形,AutoCAD 提供了多种必要的和辅助的绘图工具,如工具条、对象选择工具、对象捕捉工具、栅格和正交工具等。利用这些工具,可以方便、准确地实现图形的绘制和编辑,不仅可以提高工作效率,而且能更好地保证图形的质量。

在状态栏上依次有"捕捉模式"、"栅格显示"、"正交模式"、"极轴追踪"、"对象捕捉"、"对象捕捉追踪"、"允许/禁止动态 UCS"、"动态输入"、"显示/隐藏线宽"和"快捷特征"10 个功能开关按钮,如图 10-11 所示。单击这些开关按钮,可以实现这些辅助绘图功能的开和关。"开"状态时按钮显示为彩色的,"关"状态时按钮显示为灰色的。

图 10-11 功能开关按钮

**1. 捕捉模式**

为了准确地在绘图区捕捉点,AutoCAD 提供了捕捉工具,可以在绘图区生成一个隐含的栅格(捕捉栅格),这个栅格能够捕捉光标,约束它只能落在栅格的某一个节点上,使用户能够高精确地捕捉和选择这个栅格上的点。

**2. 栅格显示**

使绘图区显示网格,就像传统的坐标纸一样。

**3. 正交模式**

画线或移动对象时只能沿水平方向或垂直方向移动光标,也只能绘制平行于坐标轴的正交线段。

**4. 对象捕捉**

对象捕捉是 AutoCAD 系统提供的准确定位功能,可以准确地拾取图形对象上的几何点,如线段的交点、中点和端点,圆和圆弧的圆心点,延长线上的点,平行关系等。

对象捕捉方式可分为运行目标捕捉和临时目标捕捉等两种方式。注意:对象捕捉只有在执行命令后才起作用。

**1) 运行目标捕捉**

运行目标捕捉方式是通过状态栏的 ▢ 按钮来控制的。画图过程中会自动捕捉图10-12所示对话框中事先已设置的目标。

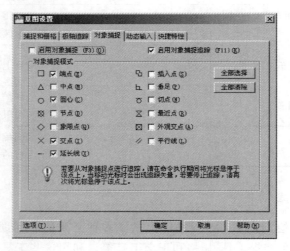

图 10-12　对象捕捉设置

该对话框的调用方法是,在状态栏中右击 ▢ 按钮,选择"设置"命令。

**2) 临时目标捕捉**

当需要捕捉的特征点未在图10-12所示的对象捕捉模式中事先设置时,可采用临时目标捕捉方式。运行绘图命令后,在"对象捕捉"工具栏(见图10-13)中单击相应捕捉命令,再将光标移至目标点处,出现靶框时单击,即可捕捉到目标点。

图 10-13　对象捕捉工具栏

光标接近目标时,依不同目标显示不同形状的靶框,如端点为□形,中点为△形,交点为✕形,圆心为○形。

**例 10-1** 绘制两圆的公切线,如图 10-14 所示。

(1) 单击"绘图"工具栏的"圆"按钮 ⊙,以适当半径绘制两个圆。

(2) 在操作界面的顶部某工具栏区右击,选择快捷菜单的"对象捕捉"命令,打开"对象捕捉"工具栏。

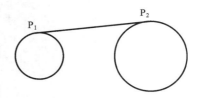

图 10-14　绘制两圆公切线

(3) 单击"绘图"工具栏的"直线"按钮 ╱,绘制公切线。命令行提示"指定第一点"时,单击"对象捕捉"工具栏的"捕捉到切点"按钮 ⊙,然后将光标移至 $P_1$ 点附近,系统自动显示"切点"靶框,此时单击,确定第一个切点。再次单击"对象捕捉"工具栏的"捕捉到切点"按钮 ⊙,将光标移至 $P_2$ 点附近,系统自动显示"切点"靶框,此时单击,确定第二个切点。

(4) 回车,结束命令。

**5. 对象捕捉追踪**

用状态栏的按钮 ∠ 控制对象捕捉追踪的开关。使用对象捕捉追踪功能,能够以某点(该点可能是线的端点、中点、圆心点等)为基点追踪至其上(或下、左、右)方一定距离的点。

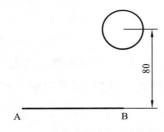

图 10-15　利用对象捕捉追踪确定圆心

**例 10-2** 如图 10-15 所示,已知直线 AB 长 100 mm,欲以点 B 正上方距离 80 mm 处为圆心画圆(半径为 20 mm)。操作如下。

(1) 确认状态栏的 按钮为"开"状态。

(2) 利用"极轴追踪"画直线 AB:单击"绘图"工具栏的 ╱ 按钮,确定点 A,将光标向正右方(X 轴正向)移动,此时会出现前段带"×"的亮显的导航线,在命令行输入"100",回车。

(3) 利用"对象捕捉追踪"确定圆心并画圆:单击"绘图"工具栏的 ⊙ 按钮,光标在点 B 处暂停,出现正方形靶框时,向其正上方拖动光标并出现导航线,在命令行输入"80",回车,得到圆心,输入"20",回车,结束命令。

**6. 极轴追踪**

单击状态栏的 按钮,可激活极轴功能,利用该功能可方便地画出各种角度的直线或对指定角度方向产生位移,仅需要用光标确定位移的方向,键盘输入长度或位移值即可。系统默认的极轴追踪角度为 90°,可方便地画出水平、竖直方向的直线。设置其他方向直线的方法是:在状态栏的 按钮上右击,然后在快捷菜单中选择"设置"命令,在出现的对话框中设置角度,如图 10-16 所示。例如,将增量角设置为 15,系统即可提供 15°、30°、45°等方向的导航线,当光标处于导航线上时,键入画线长度即可。

## 10.1.4　设置绘图环境

### 10.1.4.1　设置图层、颜色、线型和线宽

设置图层要用到图层工具栏(见图 10-17)。

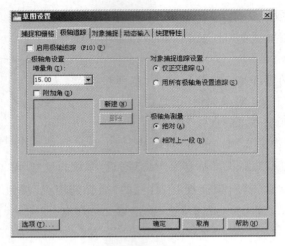

图 10-16　极轴设置

图 10-17　图层工具栏

**1．新建图层**

单击"图层"工具栏的"图层管理器"按钮，打开如图 10-18 所示的"图层特性管理器"对话框。单击对话框的按钮，即可建立新图层，按图中所示逐层进行设置，所有图层设置完毕后，单击对话框左上角的"×"按钮退出。

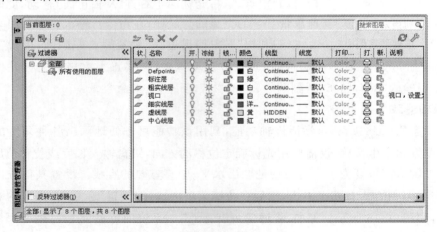

图 10-18　"图层特性管理器"对话框

每一图层中，图标控制图层的可见性；图标功能为冻结开关，冻结图层时不可修改，也不可见；图标功能为锁定开关，图层被锁定时可见但不可修改；图标用于控制图层的打印，关闭时不打印该层。

**2．设置图层颜色**

单击"图层特性管理器"的每一图层"颜色"列中的颜色块，出现"选择颜色"对话框（见图

10-19),为该图层选择一种颜色。推荐选用中间的"标准颜色"。

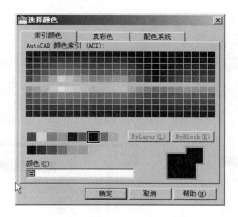

图 10-19 "选择颜色"对话框

**3. 设置线型**

单击"图层特性管理器"的每一图层"线型"列中的线型名称(默认为 Continuous),出现"选择线型"对话框(见图 10-20),若该对话框的列表中没有所需线型,可单击"加载"按钮,打开"加载或重载线型"对话框(见图 10-21),加载新的线型。建议虚线选 HIDDEN 线型,中心线选 CENTER 线型。

图 10-20 "选择线型"对话框

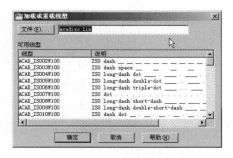

图 10-21 "加载或重载线型"对话框

**4. 设置线宽**

单击"图层特性管理器"的每一图层"线宽"列中的图标,出现"线宽"对话框(见图 10-22),可选择每一图层打印时的线宽。建议粗线线宽设置为 0.5 mm,细线线宽设置为 0.25 mm。

**5. 更换图层**

画图时应养成按层画图的好习惯,利于后期图形的编辑修改和图纸输出。

更换图层的操作方法如下。

(1) 单击"图层"工具栏的下拉列表(见图 10-23),单击所需图层,即可将该图层置为当前图层。

(2) 选中某图形对象,单击图 10-23 所示 按钮,则该图形对象所在图层被置为当前图层。

（3）若欲将某图形对象变换图层，首先选中该图形对象，然后在图 10-23 所示图层下拉列表中选择新图层即可。

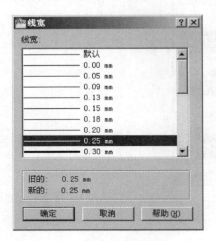

图 10-22　"线宽"对话框

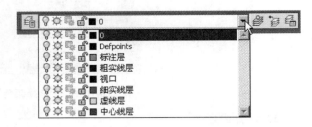

图 10-23　"图层"工具栏中的下拉列表

### 10.1.4.2　设置图限、线型比例

**1. 设置图限**

图限为一矩形区域，系统通过定义其左下角和右上角的坐标来确定图限。用户可根据所画图形的大小自行定义图限的大小。如绘制横放 A4 图幅（X 方向 297，Y 方向 210），可在命令行用以下操作实现：

输入"Limits"，回车，再回车（默认左下角坐标为 0,0），输入"297,210"，回车。

设置图限后，应全屏显示一下。在命令行输入"Z"，回车，输入"A"，回车，即可实现全屏显示。单击状态栏中 ▦ 按钮，可打开栅格显示，栅格仅显示在图限范围内。

**2. 设置线型比例**

设置线型比例可调整虚线、点画线等线型的疏密程度，线型比例太大或太小，都使虚线、点画线等看上去是实线。线型比例的默认值为 1。当图幅较小（如 A3、A4）时，可将线型比例设为 0.3。图幅较大（如 A0）时，线型比例可设为 10～25。

例如，设置线型比例为 0.3，可在命令行操作：输入 lts，回车，输入 0.3，回车。

### 10.1.4.3　其他准备工作

检查状态栏中按钮的开关状态。为保证方便、快捷地绘图，推荐单击 ▭▭▭ 按钮为开状态。

实际绘图中，还应根据需要事先设置文本样式、尺寸标准样式等，本书结合命令的使用在后面讲解。

以上准备绘图环境设置好后，应存盘。可将其作为原形图保存，以后的作图工作不必每次都重新设置初始绘图环境，直接在原形图的基础上绘图，然后另存即可。

## 10.2 绘图与编辑

### 10.2.1 常用绘图命令

常用绘图命令如图 10-24 所示,从左至右分别是:直线、构造线、多段线、正多边形、矩形、圆弧、圆、修订云线、样条曲线、椭圆、椭圆弧、插入块、创建块、点、图案填充、渐变色、面域、表格、多行文字。

**图 10-24　绘图工具栏**

#### 10.2.1.1 直线

系统通过确定线段的两个端点,或确定一个端点后在直线方向上产生一个位移来得到直线段。端点的确定除了可输入其坐标外,往往可依据一定的约束条件来实现,如圆的切线、与已知直线平行的线段等。

**例 10-3**　用直线命令绘制表面粗糙度符号,如图 10-25 所示。

(1) 打开极轴追踪功能,将极轴追踪增量角设置为 30°。

(2) 单击 ∕ 按钮,在适当位置单击,确定第一点 A。将光标移至点 A 正左方,出现 180°导航线时在命令行输入"6",回车确定点 B。将光标移至点 B 右下方适当位置处,出现 300°导航线时,在命令行输入"6",回车确定点 C。将光标移至点 C 右上方适当位置处,出现 60°导航线时,在命令行输入"12",回车确定点 D。将光标移至点 D 正右方,出现 0°导航线时,输入"12",回车确定点 E。再按回车结束命令。

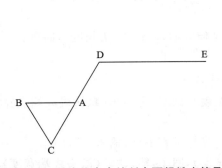

图 10-25　用直线命令绘制表面粗糙度符号

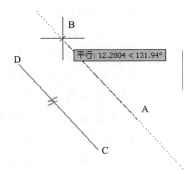

图 10-26　绘制直线的平行线

**例 10-4**　绘制直线 AB 平行于直线 CD,如图 10-26 所示。

(1) 打开"对象捕捉"工具栏。

(2) 单击 ∕ 按钮,在适当位置绘制直线 CD。

(3) 单击 ∕ 按钮,在适当位置单击,确定点 A。

(4) 单击"对象捕捉"工具栏的 ∥ 按钮,激活平行捕捉功能,将光标在直线 CD 上稍停留,待出现平行靶框时,将光标移至适当位置,待出现导航线时,在导航线上单击,确定第二点 B。回车,结束命令。

#### 10.2.1.2 多段线

多段线是由多个线段(直线或圆弧)组合而成的单一图形实体,允许各段图线具有不同的宽度,封闭的多段线可计算其面积、周长。

**例 10-5** 绘制如图 10-27 所示长圆形。

(1) 单击 按钮,在适当位置单击,确定起点 A。
(2) 光标水平右移,出现水平导航线时,输入"20",回车。
(3) 输入"A"(转换成画圆弧方式),回车,光标垂直下移,出现竖直导航线时,输入"10",回车。
(4) 输入"L"(转换成直线方式),回车,光标水平左移,出现水平导航线时,输入"20",回车。
(5) 输入"A",回车,输入"CL"(Close 使图形闭合),回车。

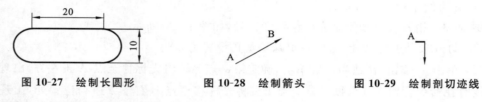

图 10-27　绘制长圆形　　　图 10-28　绘制箭头　　　图 10-29　绘制剖切迹线

**例 10-6** 绘制如图 10-28 所示的箭头。

(1) 单击 按钮,在适当位置单击,确定起点 A。
(2) 光标移向下一点 B 的方向,输入"12"(线段 AB 的长度),回车。
(3) 输入"W"(设置宽度选项),回车,输入"1"(箭头始端宽度),回车,输入"0"(箭头终端宽度),回车。
(4) 输入"L"(使箭头沿刚才所画直线方向延伸),输入"4"(箭头长度),回车。

**例 10-7** 绘制如图 10-29 剖切迹线。

(1) 单击 按钮,在适当位置单击,确定起点 A。
(2) 输入"W",回车,输入"0.5"(线段起点宽度),回车,再回车(默认线段端点宽度亦为 0.5),光标水平右移,输入"3"(迹线长度),回车。
(3) 输入"W",回车,输入"0",回车,再回车,光标垂直下移,输入"4",回车。
(4) 输入"W",回车,输入"0.7"(箭头起点宽度),回车,输入"0"(箭头终端宽度),回车,光标垂直下移,输入"4",回车,再回车结束命令。

#### 10.2.1.3 正多边形

正多边形命令的按钮为 按钮。操作中需要输入边数、确定中心点,指定内接圆还是外切圆方式,最后输入内接圆或外切圆半径即可。

### 10.2.1.4 矩形

矩形命令的按钮为 ▢ 按钮。操作中需要确定两个对角点。通过指定圆角选项并输入圆角半径,可绘制带圆角的矩形。

### 10.2.1.5 圆

绘制圆的默认方式是确定圆心和半径,通过命令选项,还可以两点、三点、与其他图形实体相切等方式画圆。

**例 10-8** 画已知两直线的公切圆(半径 10 mm),如图 10-30 所示。

(1) 用直线命令绘制如图 10-30 所示的两直线。

(2) 单击 ⊘ 按钮,输入"T"(切点、切点、半径选项),回车。

(3) 光标拾取第一条边 A,光标拾取第二条边 B,输入"10"(圆半径),回车。

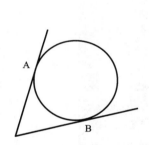
图 10-30 切点、切点、半径方式画圆

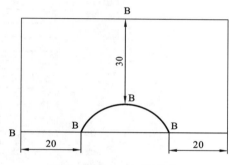
图 10-31 三点画圆弧

### 10.2.1.6 圆弧

绘制圆弧的默认方式是三点确定圆弧。

**例 10-9** 绘制图 10-31 所示圆弧。

图 10-31 所示的圆弧是依次确定点 A、B、C 画出的。

(1) 打开对象捕捉设置对话框(见图 10-12),设置端点、中点的运行捕捉方式。

(2) 画矩形:单击 ▢ 按钮,在适当位置单击,确定点 D,在命令行输入"@70,40",回车完成矩形绘制。

(3) 画圆弧:单击 ⌒ 按钮,光标在点 D 处暂停,出现端点捕捉靶框后,水平右移,出现水平导航线时,在命令行输入"20",回车得到点 A;光标在中点 E 处暂停,出现中点捕捉靶框后,垂直下移,出现竖直导航线时,在命令行输入"30",回车得到点 B;光标在点 F 处暂停,出现端点捕捉靶框后水平左移,出现水平导航线时,在命令行输入"20",回车得到点 C,结束命令。

### 10.2.1.7 图案填充

向某选定的区域填充图案,可用于画剖面线、填充颜色或图案等,如图 10-32 所示。

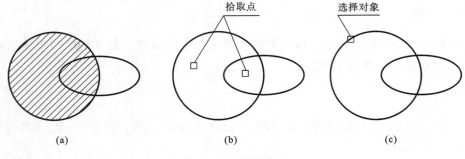

图 10-32 图案填充

例 10-10　绘制图 10-33(c)所示图案并填充。

图 10-33　图案填充对话框

(1) 单击 按钮，出现"图案填充和渐变色"对话框（见图 10-33），单击"样例"后面的图案，出现"填充图案选项板"对话框（见图 10-34），选择"ANSI"选项卡中的"ANSI31"图案，单击"确定"按钮，返回"图案填充和渐变色"对话框。

(2) 在"图案填充和渐变色"对话框中设置适当的图案比例和图案转角。对于图案 ANSI31，图案比例决定了疏密程度，图案角度为 0 时，表示与水平方向成 45°。

(3) 在"图案填充和渐变色"对话框中，单击"添加:拾取点"按钮，返回绘图工作区，选择填充区域（见图 10-32(b)），在要填充的区域内（可能不止一个），单击，然后右击，在弹出的浮动菜单中（见图 10-35），单击"预览"命令，若需修改，按"Esc"键，返回对话框修改，修改完后，单击"预览"按钮预览，合乎要求后，右击结束命令。

选择填充区域时也可单击"选择对象"按钮，选择围成填充区域的边界（见图 10-32(c)）。

第 10 章　计算机二维绘图基础

图 10-34　填充图案选择

图 10-35　浮动菜单

## 10.2.2　常用编辑命令

常用编辑命令如图 10-36 所示，从左至右分别是：删除、复制、镜像、偏移、阵列、移动、旋转、缩放、拉伸、修建、延伸、打断于点、打断、合并、倒角、圆角、分解等。

图 10-36　修改工具栏

### 10.2.2.1　构造选择集

要对图形对象进行编辑修改时，首先要选中图形对象。所有选中对象的集合称为选择集。选中对象的主要方法如下。

（1）单击图形对象构造选择集：对多个对象逐一单击，构成选择集。

（2）用矩形框构造选择集：AutoCAD 能用矩形框来同时选择多个编辑对象。这只要用光标确定矩形框的两个角点即可。注意，此方法有如下两种不同的选择方式：

方式一：指定矩形框左边的角点，称为窗口方式。只有当图形对象全部处于矩形框内时才能被选中。

方式二：指定矩形框右边的角点，称为交叉方式。只要图形对象有一部分在矩形框内即被选中。

按"Esc"键，可取消构造的选择集。

### 10.2.2.2　关键点编辑

AutoCAD 可以在不使用任何命令的情况下对关键点（又称为夹点）进行编辑。

**1. 显示关键点**

单击某图形对象，则意味着选中该图形并显示其关键点（显示为蓝色实心小方框），如图 10-37 所示。要使关键点消失，可一次至多次按"Esc"键。

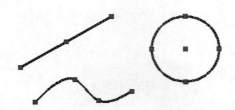

图 10-37　各种图形对象的关键点

**2. 激活关键点**

首先单击图形对象,使显示关键点,再单击想编辑的关键点,此时该关键点由蓝色实心小方框变为红色实心小方框。这种关键点称为热关键点。此后所进行的编辑是针对热关键点的。

**3. 关键点编辑**

拉伸:根据热关键点在图形中的位置不同,进行编辑的动作也不一样;如果关键点是图形对象上的边界点,如线段的端点、圆周或弧上的点,则执行拉伸操作;如果关键点是图形对象上的内部点,如圆心、中点、文本或图块对象的插入点,则移动该对象。

移动:移动选中的图形对象,在热关键点上右击,在打开的快捷菜单上,选择"移动"命令,热关键点作为移动的基点,另一点可从键盘键入或光标拾取。

旋转:旋转选中的图形对象,在热关键点上右击,在打开的快捷菜单上,选择"旋转"命令,热关键点作为旋转的基点,旋转角度可用键盘键入或拖动光标确定。

缩放:按比例缩放选中的图形对象,在热关键点上右击,在打开的快捷菜单上,选择"缩放"命令,热关键点作为缩放的基点,缩放比例可用键盘键入或拖动光标确定。

镜像:生成与所选图形的对称图形对象,即关于某直线的对称图形。在热关键点上右击,在打开的快捷菜单上,选择"镜像"命令,热关键点作为对称线的一个端点,另一个端点一般由光标确定。

### 10.2.2.3　移动和复制

移动命令 ![icon] 和复制命令 ![icon] 的用法类似。图 10-38(b)、(c)所示的分别是将图 10-38(a)所示的小圆移动和复制的结果,图 10-38(d)所示的是多重复制的结果。

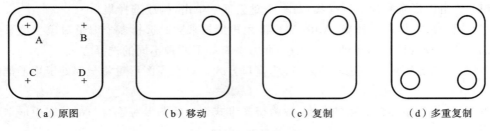

图 10-38　移动和复制

(1) 移动:单击 ![icon] 按钮,选中小圆,右击,捕捉圆心 A,捕捉圆心 B,结果如图 10-38(b)所示。

(2) 复制:单击 ![icon] 按钮,选中小圆,右击,捕捉圆心 A,捕捉圆心 B,回车结束命令,结果如图 10-38(c)所示。

(3) 多重复制:单击 ![icon] 按钮,选中小圆,右击,捕捉圆心 A,捕捉圆心 B,捕捉圆心 C,捕捉圆心 D,回车结束命令,结果如图 10-38(d)所示。

### 10.2.2.4 偏移

偏移是指不改变原图形形状,在指定间距处生成一个新的图形对象的操作。通常可以用来生成平行线和等距曲线等,如图 10-39 所示。

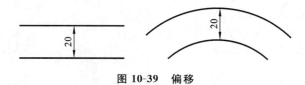

图 10-39　偏移

操作如下:单击 按钮,输入要偏移的距离,回车,选择欲偏移的对象,在欲偏移的一侧某处单击,回车结束命令。

### 10.2.2.5 镜像

镜像用于生成已知图形的对称图形。

单击 按钮,选择图 10-40(a)所示图形,右击,结束对象选择,指定镜像线的两个端点 M 和 N,回车(默认不删除原图形)。此图中系统变量 Mirrtext=0,文字镜像效果如图 10-40(b)所示。

若修改系统变量 Mirrtext 为 1,则可得图 10-40(c)所示结果。

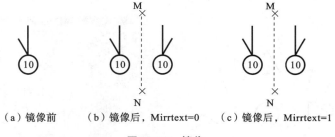

(a) 镜像前　　(b) 镜像后,Mirrtext=0　　(c) 镜像后,Mirrtext=1

图 10-40　镜像

### 10.2.2.6 阵列

阵列分为矩形阵列和圆周阵列等两种。

**例 10-11**　矩形阵列练习,画出图 10-41(b)所示图形。

(1) 画正三边形:单击 按钮,输入边数"3",回车,光标指定中心点,回车(默认内接于圆方式),输入"20",回车结束命令,得到如图 10-41(a)所示图形。

(2) 作矩形阵列:单击 按钮,出现图 10-42 所示对话框,选择"矩形阵列",设置行数"3",列数"4",行偏移"-45",列偏移"40",单击"选择对象"按钮 ,返回绘图工作区,选择三角形,右击,返回对话框,单击"确定"按钮。结果如图 10-41(b)所示。

**例 10-12**　圆周阵列练习,画出图 10-43(b)所示图形。

(1) 画圆:单击 按钮,确定圆心,输入"15"(半径),回车。

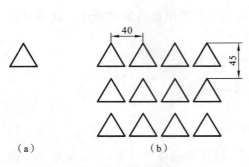

图 10-41　矩形阵列　　　　　　　图 10-42　矩形整列设置

（2）画正三边形：单击 ⬠ 按钮，输入边数"3"，回车，光标在圆心处暂停，捕捉到圆心，然后移向正上方，出现导航线时输入"62"，回车，再回车（默认内接于圆方式），输入"20"，回车结束命令。结果如图 10-43（a）所示。

（3）作圆周阵列：单击 ▦ 按钮，出现图 10-44 对话框，选择"环形阵列"复选框，设置项目数为"8"，填充角度为"360"，单击"中心点"拾取按钮 ▣，返回绘图工作区，单击，拾取圆心作为中心点后，自动返回对话框，单击"选择对象"按钮 ▣，返回绘图工作区，选择三角形，右击返回对话框，单击"确定"按钮，结果如图 10-43（b）所示。

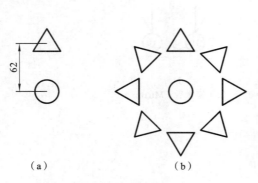
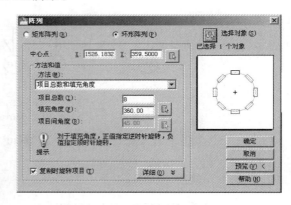

图 10-43　圆周整列　　　　　　　图 10-44　圆周阵列设置

### 10.2.2.7　旋转

图 10-45 所示的为旋转命令的用法。其操作步骤为：单击 ↻ 按钮，选择欲旋转的图形，回车，捕捉旋转基点 O，输入"－45"，回车。

### 10.2.2.8　缩放

缩放的操作方法为：单击 ▭ 按钮，选择欲缩放的图形，回车，指定缩放基点，输入缩放比例，回车。

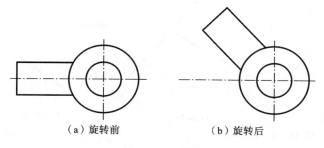

（a）旋转前　　　　　　（b）旋转后

图 10-45　旋转

#### 10.2.2.9　修剪

图 10-46、图 10-47 所示的都是采用修建命令完成的。一般操作方法是：单击 按钮，拾取欲作为剪切边的图线，回车（结束剪切边选择），单击要剪切的部分，回车。

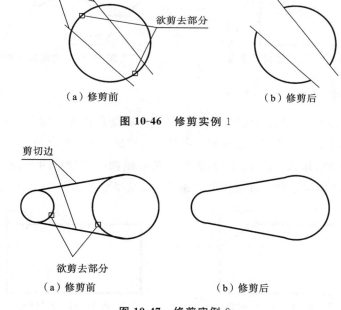

（a）修剪前　　　　　　（b）修剪后

图 10-46　修剪实例 1

（a）修剪前　　　　　　（b）修剪后

图 10-47　修剪实例 2

#### 10.2.2.10　延伸

如图 10-48(a)所示，单击 按钮，单击延伸目标，回车，单击欲延伸的线段，回车，即可得到图 10-48(b)所示图形。

#### 10.2.2.11　打断

如图 10-49 所示，单击 按钮，单击点 A，单击点 B，结果如图 10-49(b)所示。

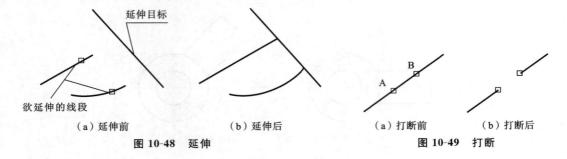

(a)延伸前　　　　　　(b)延伸后　　　　　　(a)打断前　　　　　(b)打断后

图 10-48　延伸　　　　　　　　　　　　　图 10-49　打断

#### 10.2.2.12　倒圆角

如图 10-50、图 10-51 所示，倒圆角命令的操作为：单击 按钮，输入"R"，回车，输入半径值，回车，选择第一条边，选择第二条边。

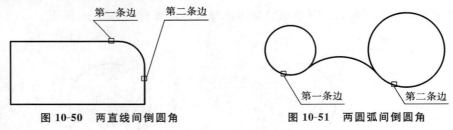

图 10-50　两直线间倒圆角　　　　　图 10-51　两圆弧间倒圆角

#### 10.2.2.13　倒角

(1) 单击 按钮，输入"D"，回车，输入"8"（第一侧倒角长度），回车，输入"5"（第二侧倒角长度），回车，选择第一条边 $P_1$，选择第二条边 $P_2$，结果如图 10-52 所示。

(2) 单击 按钮，输入"D"，回车，输入"5"（第一侧倒角长度），回车，输入"5"（第二侧倒角长度），回车，选择第一条边 $P_1$，选择第二条边 $P_2$，结果如图 10-53 所示。

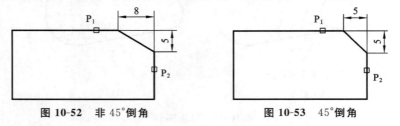

图 10-52　非 45°倒角　　　　　图 10-53　45°倒角

## 10.3　标注

### 10.3.1　文本标注

#### 10.3.1.1　设置文字样式

在标注文本之前，应预先设置好所需字体、字高、宽高比、倾斜角度等。这个工作在文字样式设置中完成。

单击"格式"菜单→"文字样式"命令,出现如图 10-54 所示"文字样式"对话框,单击"新建"按钮,在弹出的"新建文字样式"窗口(见图 10-55)中输入样式名后单击"确定"按钮,返回"文字样式"对话框,选择字体名,确定文字高度、宽高因子、倾斜角度等,单击"应用"按钮。重复以上步骤,按表 10-2 设置汉字、数字字母两种文字样式,最后单击"关闭"按钮退出。

图 10-54 "文字样式"对话框

图 10-55 "新建文字样式"对话框

表 10-2 设置两种文字样式

| 样式名 | 字体 | 宽度因子 | 倾斜角度 | 注 意 事 项 |
|---|---|---|---|---|
| 汉字 | 仿宋体 | 0.7 | 0 | 字高默认值为 0。推荐不改变默认字高。待书写时再确定字高。否则只能采用事先设置好的一种字高 |
| 数字字母 | Isocp | 1 | 0 | |

#### 10.3.1.2 文本的对齐方式

书写文字时根据对齐方式确定基点的位置,默认的对齐方式在左下角对齐。系统提供多种不同的对齐方式(见图 10-56)。

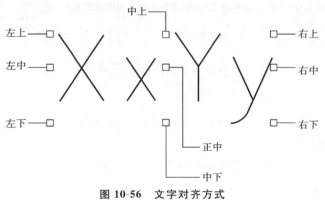

图 10-56 文字对齐方式

#### 10.3.1.3 文本标注

**1. 书写单行文本**

"DT"命令用于书写单行文本,该命令只能在命令行输入。激活该命令后,选择选项,确定书写文本的样式(S 选项)、对齐方式(J 选项)等。

**例 10-13** 在图 10-57(a)、(b)、(c)所示框格中书写单行文本。

(1) 输入命令"DT",回车,输入"S",回车,输入"汉字",回车,输入"J",回车,输入"BL"(左下角对齐),回车,确定基点 A,输入字高"3",回车,再回车(默认角度 0),键入文本"机械制图",回车,再回车,结果如图 10-57(a)所示。

(2) 输入命令"DT",回车,输入"S",回车,输入"汉字",回车,输入"J",回车,输入"MC"(正中对齐),回车,确定基点 A,输入字高"3",回车,再回车(默认角度 0),键入文本"机械制图",回车,再回车,结果如图 10-57(b)所示。

(3) 输入命令"DT",回车,输入"S",回车,输入"汉字",回车,输入"J",回车,输入"ML"(左中对齐),回车,确定基点 A,输入字高"3",回车,再回车(默认角度 0),键入文本"机械制图",回车,再回车,结果如图 10-57(c)所示。

图 10-57 用 DT 命令书写文本

**2. 书写多行文本**

书写文字的另一种方式是采用多行文本。方法是激活"绘图"工具栏的 **A** 按钮,指定书写区域(用一个矩形框确定,拾取两个角点即可),在出现的多行文本编辑器中录入文本。多行文本编辑器类似于字处理软件,在其中可改变文字样式、字体、字高、插入符号等,如图 10-58 所示。

图 10-58 多行文本编辑器

**3. 文本的编辑修改**

双击已书写好的文本,自动进入编辑状态,可进行相应修改。

## 10.3.2 尺寸标注

尺寸标注工具栏如图 10-59 所示。从左至右依次对应的标注命令是:直线型标注、斜线型标注、弧长标注、坐标标注、半径标注、折弯半径标注、直径标注、角度标注、快速标注、基线标注、连续标注、等距标注、折断标注、几何公差标注、圆心标记、检验、折弯线性标注、编辑标注、编辑标注文字、标注更新、尺寸样式控制、设置尺寸样式。

## 第 10 章  计算机二维绘图基础

图 10-59  尺寸标注工具栏

### 10.3.2.1  设置尺寸样式

以新建一个符合中国国家标准的新标注样式"GB"为例，说明尺寸样式的设置步骤。

(1) 单击"标注"工具栏的 按钮，打开如图 10-60 所示"标注样式管理器"对话框，单击"新建"按钮，弹出"创建新标注样式"对话框，如图 10-61 所示，在"创建新标注样式"对话框中键入新样式名"GB"，选择"制造业(公制)"为基础样式。单击"继续"按钮，弹出"新建标注样式：GB"对话框，如图 10-62 所示。

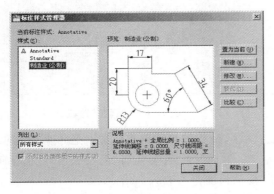

图 10-60  "标注样式管理器"对话框

图 10-61  "创建新标注样式"对话框

(2) 在"线"选项卡(见图 10-62)中可设置尺寸线和尺寸界线的相关参数。"基线间距"即尺寸线间距，一般设置为 5～10 mm。延伸线即尺寸界线，其"超出尺寸线"设置为 2～5 mm，起点偏移量设置为 0。

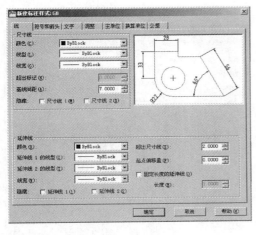

图 10-62  "线"选项卡

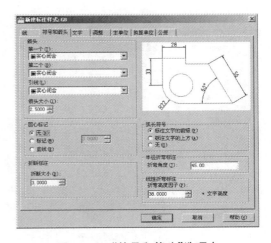

图 10-63  "符号和箭头"选项卡

(3) 在"符号和箭头"选项卡(见图 10-63)中可设置箭头大小及格式。一般选实心箭头，箭头大小设置为 2～3 mm。

(4) 在"文字"选项卡(见图 10-64)中可设置尺寸数字格式。文字样式可选择先前在文字样式中设置的"数字字母",文字高度设为"2.5",从"尺寸线偏移"设为"0.5","文字对齐"选择"ISO 标准"。

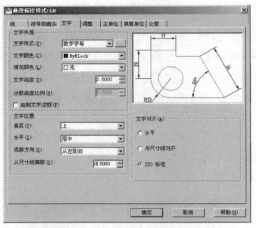

图 10-64　"文字"选项卡

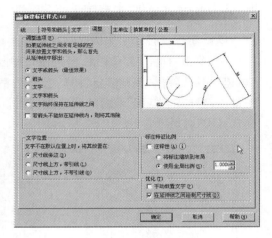

图 10-65　"调整"选项卡

(5) 在"调整"选项卡(见图 10-65)中可设置文字、箭头的自动调整位置。通常调整选项选择最佳效果即可。"使用全局比例"默认值为"1",这时尺寸数字字高、箭头长度均为先前设置的大小,若该项设置为 2,则尺寸数字字高、箭头长度等均放大 2 倍。

(6) 在"主单位"选项卡(见图 10-66)中可设置基本尺寸的精度及小数点的形式等。"单位格式"选为小数,"精度"选为 0.0,"消零"选"后续"。"比例因子"用来设置除角度外所有尺寸的比例因子,例如,当比例因子设置为 1 时,图中 10 mm 便自动标注为 10;当比例因子设置为 2 时,图中 10 mm 会自动标注为 20;当比例因子设置为 0.5 时,则图中 10 mm 会自动标注为 5。

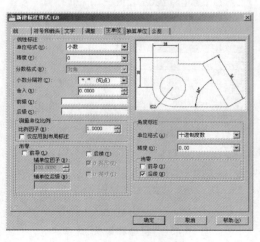

图 10-66　"主单位"选项卡

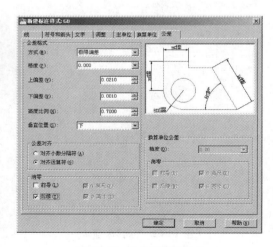

图 10-67　"公差"选项卡

(7) 在"公差"选项卡(见图 10-67)中可设置极限偏差。由于并不是每个尺寸都需要标注极限偏差,而且不同尺寸的极限偏差不一定完全一致,因此"公差"选项卡中的内容不能在此时设定,而是在标注时使用该尺寸标注样式的"替代"方式来完成。

所谓"替代"方式是指在需要标注带有极限偏差的尺寸时,可先打开"标注样式管理器"对话框(见图 10-60),单击"替代"按钮,进入新建标注样式对话框,在"公差"选项卡中临时设好上、下偏差值及相关格式,确定后,即可用该"替代"样式标注尺寸,标注完毕后在"标注"工具栏(见图 10-59)中的"尺寸样式控制"下拉列表中另外选择一种样式,则该替代样式自动消失。

**例 10-14** 标注如图 10-68 所示的尺寸。

(1) 按前述方法设置好标注样式"GB"后,单击 按钮,标注尺寸 10。

(2) 单击 按钮,打开的"标注样式管理器"对话框(见图 10-60),在保证"GB"为当前样式的前提下,单击"替代"按钮,进入"新建标注样式"对话框,切换到"公差"选项卡(见图 10-68)。在

图 10-68 尺寸公差标注

"公差"选项卡中,"方式"选"极限偏差","精度"选"0.000",上偏差填写"0.021",下偏差填写"0.001",字高比例填写"0.7",垂直位置选"下","消零"选"后续"。单击"确定"按钮,退出"新建标注样式"对话框,单击"关闭"按钮,退出"标注样式管理器"对话框。

(3) 单击 按钮,标注尺寸 22,此时该公称尺寸后面就添加了如图 10-68 所示的极限偏差。

(4) 在"标注"工具栏的"尺寸样式控制"下拉列表中另外选择一种样式,然后再切换回"GB"样式,则刚才设置的替代样式自动消失,接下来标注的尺寸将只有公称尺寸。

### 10.3.2.2 尺寸标注

标注样式设置好后,就可以运用各种尺寸标注命令对相应的图形元素进行尺寸标注。

**例 10-15** 标注图 10-69 所示的尺寸。

单击"标注"工具栏的 按钮,选中圆弧,在命令提示行输入"T",回车,输入"2X%%c20",回车,用光标确定书写位置(单击)。

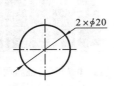

图 10-69 手动标注尺寸文本

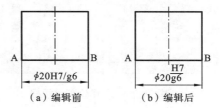

图 10-70 "堆叠"的作用

**例 10-16** 标注图 10-70(b)所示尺寸。

(1) 单击"标注"工具栏的 按钮,捕捉点 A,捕捉点 B,在命令提示行,输入"T",回车,输入"%%c20H7/g6",回车,在合适的位置单击,确定书写位置。

(2) 单击下拉菜单"修改"→"对象"→"文字"→"编辑"命令,选中已注好的尺寸,在出现

的对话框(见图10-71)中,选中 H7/g6,单击"堆叠"按钮 ,单击"确定"按钮,结果如图10-70(b)。

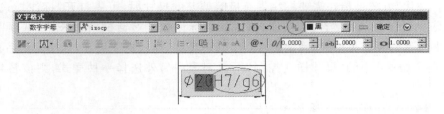

图 10-71 尺寸数字编辑

另外,堆叠按钮 可将"+0.021^-0.018"变成 $^{+0.021}_{-0.018}$ 的形式。

### 10.3.2.3 几何公差标注

几何公差标注需要用到不同的命令。指引线的标注采用"多重引线"命令,几何公差框格和基准符号采用"公差"命令。

图 10-72 几何公差标注

例 10-17 标注图 10-72 所示几何公差符号。

(1) 单击下拉菜单"标注"→"多重引线"命令,在命令提示行,输入"O",回车,输入"A",回车,输入"N",回车,输入"C",回车,输入"N",回车,输入"M",回车,输入"3",回车,输入"X",回车。确定点 A,确定点 B,确定点 C。

(2) 单击"标注"工具栏的 按钮,打开如图 10-73 所示的"几何公差"对话框。单击"符号"域第一行,出现"特征符号"列表(见图 10-74),单击其中"同轴度"符号。单击"公差 1"域中左侧的方格,出现直径符号,在编辑框键入"0.05"。在"基准 1"编辑框中键入"A",单击"确定"按钮。

(3) 在绘图区捕捉图 10-72 所示的点 C,结果如图 10-72 所示。

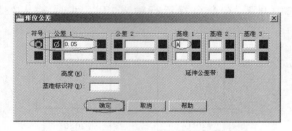

图 10-73 几何公差对话框

图 10-74 特征符号列表

例 10-18 标注图 10-75 所示几何公差基准符号。

(1) 单击"标注"工具栏的 按钮,打开如图 10-76 所示的"几何公差"对话框。在"基准 1"编辑框中键入"A",单击"确定"按钮。

(2) 光标在绘图区单击,得到基准符号的方框部分。

(3) 单击"绘图"工具栏的 按钮,在点 C3 位置单击(见图 10-75)。光标垂直下移,输入"3",回车,确定点 C2,输入"W",回车,输入"0"(箭头起点宽度),回车,输入"1.5"(终端宽度),回车,光标垂直下移,输入"2.6",回车,再回车结束命令。结果如图 10-75 所示。

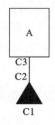

图 10-75 几何公差基准符号

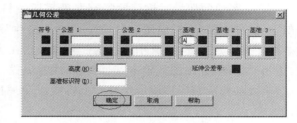

图 10-76 标注基准符号

几何公差基准符号也可预先做成图块以备用。

### 10.3.3 图块

图块是由一组图形对象组合的集合,一组对象一旦被定义为图块,它们将成为一个整体。用户可根据绘图需要把图块插入到图中指定的位置,在插入时还可以指定不同的缩放比例和旋转角度。

#### 10.3.3.1 制作图块

制作图块的步骤为:① 画出图形;② 定义属性;③ 创建图块。

**例 10-19** 绘制标题栏图块。

(1) 按图 10-77(a)所示尺寸画出标题栏。

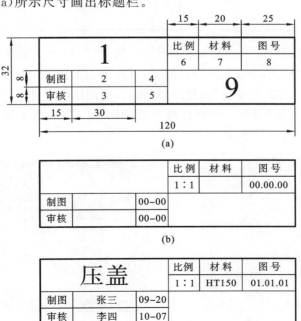

图 10-77 绘制标题栏图块

(2) 填写图 10-77(a) 所示的文字（图中的数字是定义图块属性时属性文字的插入基点位置，此时不必填写）。

(3) 定义图块的属性。该标题栏有 9 处需要填写，因此应定义 9 个属性。定义属性的操作如下：选择下拉菜单"绘图"→"块"→"定义属性"命令，打开图 10-78 所示对话框，按图中给定顺序操作定义属性，其中属性的插入点采用在屏幕中指定，设置完成后，单击"确定"按钮，退出对话框，在绘图区单击，确定该属性的位置。

(4) 重复操作步骤(3)，逐个定义 9 个属性，9 个属性的内容详见表 10-3，结果如图 10-77(a) 所示。

表 10-3　标题栏图块属性

| 属 性 域 | | | 文字选项域 | | | |
|---|---|---|---|---|---|---|
| 标记 | 提示 | 默认值 | 对正 | 文字样式 | 高度 | 旋转 |
| 1 | 图名 | 无 | 居中 | 汉字 | 10 | 0 |
| 2 | 制图人姓名 | 无 | 居中 | 汉字 | 5 | 0 |
| 3 | 审核人姓名 | 无 | 居中 | 汉字 | 5 | 0 |
| 4 | 制图日期 | 00-00 | 居中 | 数字字母 | 5 | 0 |
| 5 | 审核日期 | 00-00 | 居中 | 数字字母 | 5 | 0 |
| 6 | 绘图比例 | 1:1 | 居中 | 数字字母 | 5 | 0 |
| 7 | 材料 | 无 | 居中 | 数字字母 | 5 | 0 |
| 8 | 图号 | 00.00.00 | 居中 | 数字字母 | 5 | 0 |
| 9 | 单位 | 无 | 居中 | 汉字 | 10 | 0 |

(5) 创建块：单击"绘图"工具栏的 按钮，在出现的对话框（见图 10-79）中定义块。首先键入图块名称"标题栏"，单击"拾取点"按钮，返回绘图工作区，捕捉并单击标题栏的右下角作为将来插入图块的基点；单击"选择对象"按钮，返回绘图工作区，将图 10-77(a) 所示内容全选，回车，单击"确定"按钮。此时标题栏变为图 10-77(b) 所示形式，表示已被定义为图块。

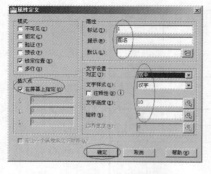

图 10-78　属性定义对话框

图 10-79　创建块对话框

### 10.3.3.2 插入图块

单击"绘图"工具栏的 ![按钮] 按钮，在出现的对话框（见图 10-80）中操作。

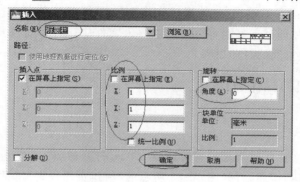

图 10-80　插入块对话框

首先在下拉列表中选择要插入的块"标题栏"，确定 X、Y、Z 方向的缩放比例，指定图块旋转角度，单击"确定"按钮。命令行中依次显示 9 个属性中的提示。根据提示填写标题栏中的内容，最终结果如图 10-77(c)。

### 10.3.3.3 图块的存盘

用创建图块命令定义的图块只能保存于当前图形中，虽能与图形一起存盘，但不能用于其他图形中，用 WBLOCK 命令存盘的块是公共块，可供其他图形插入和引用。

键入 WBLOCK 命令，打开如图 10-81 所示的对话框，选择块源（当块源为"块"或"整个图形"时，"拾取点"、"选择对象"按钮变灰不可用），取保存图块的文件名，选择存盘路径，单击"确定"按钮。

公共块的插入与普通块的插入使用同一对话框，如图 10-80 所示。选择"块名称"时需单击"浏览"按钮，指定磁盘上"块"文件所在的路径。

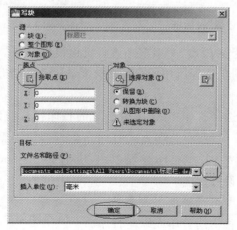

图 10-81　"写块"对话框

## 10.4 图形输出

对于 AutoCAD 图形的输出,系统提供在模型空间和布局空间中打印两种方式。打印前需进行页面设置,并且存盘时能将页面信息存入文件中。打印时选择合适的页面设置即可。本章只介绍模型空间的打印设置。

### 10.4.1 图形输出的操作方法

#### 10.4.1.1 页面设置

单击下拉菜单"文件"→"页面设置管理器"命令,打开如图 10-82 所示的"页面设置管理器"对话框,单击"新建"按钮,打开图 10-83 所示的"新建页面设置"对话框,默认新页面设置名为"设置1",基础样式选择"模型",单击"确定"按钮,进入图 10-84 所示的"页面设置-模型"对话框(打印对话框与此类似)。

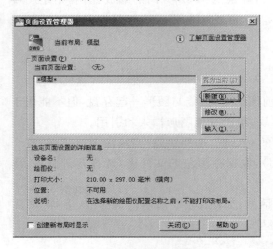 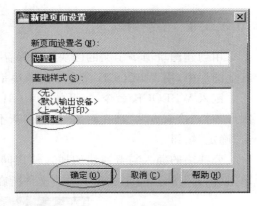

图 10-82 "页面设置管理器"对话框　　　　图 10-83 "新建页面设置"对话框

在图 10-84 的"页面设置-模型"对话框中进行页面设置。

"打印机/绘图仪"域用于选择所用的打印机。单击"特性"按钮,可改变打印机属性(如进纸方式、打印质量等)。

"打印样式表"域中可选择打印样式、编辑已有的打印样式或定义新的打印样式。系统默认样式为"无",此方式下,按彩色打印方式打印。此时若使用黑白打印机,打印出的线条为灰度效果而并非黑白效果;若想打印成黑白图,应选择"monochrome.ctb(单色)"选项。系统默认打印线宽随图层设置而定。

"图纸尺寸"下拉列表中可选择纸张大小。

"图形方向"域中可设置横向打印或纵向打印。

"打印区域"域用于确定打印范围。"窗口"选项可用光标在绘图区确定一个矩形区域作

第 10 章 计算机二维绘图基础

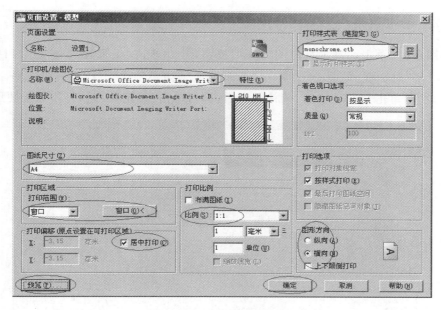

图 10-84　页面设置对话框

为打印范围。

"打印比例"域中"比例"下拉列表中可选择打印比例,默认为自适应方式,即将打印范围内的图形在所选择的图幅上满幅打印。

"打印偏移"域用于设置图形左右(X方向)或上下(Y方向)的移动距离。选择"居中打印"复选框,则将图形打印在纸张中央。

设置完成后,单击"预览"按钮,可以预览打印效果(见图 10-85)。确认无误后,按"Esc"键退回对话框,单击"确定"按钮,结束页面设置。

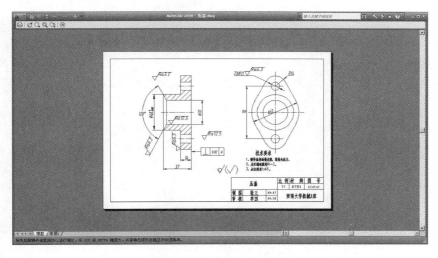

图 10-85　页面设置预览

### 10.4.1.2 输出图形

输出图形时,单击标准工具栏的"打印"按钮,出现与"页面设置-模型"对话框类似的"打印-模型"对话框(见图 10-86),在"页面设置"域的"名称"下拉列表中选择刚才建立好的页面设置,单击"预览"按钮,确认无误后,即可单击"确定"按钮,打印输出图形。

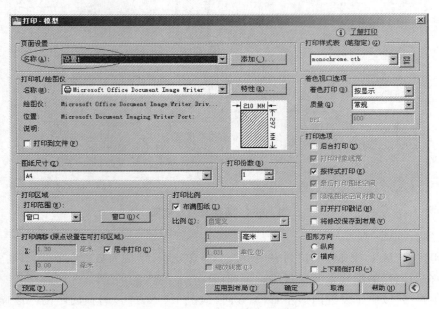

图 10-86 "打印-模型"对话框

# 第 11 章  CAD 三维造型

CAD 技术以其高质量、高效率、低成本等优点,在产品的设计制造领域应用广泛。目前,二维 CAD 技术已经得到了长足的发展,但二维 CAD 技术因为没有足够充分的原始数据,不能很好地解决设计中存在的机构几何关系分析、运动关系分析、设计的更新与修改等问题。而且二维图形并不是产品设计构思完整、真实的表达,只有专业人员才能看懂,这样给产品的设计、制造、交流带来很大的不便。

三维 CAD 技术直接以三维概念进行设计,表达设计构思的全部几何参数,让整个设计在三维模型中完成,并利用计算机帮助设计人员担负计算、信息存储和制图等工作,使设计人员专注于设计本身,缩短设计周期,从而实现快速设计变更和系列化产品设计。近几年,三维 CAD 技术在国内得到了越来越广泛的应用,并逐渐成为现代制图及设计的主流,企业中三维 CAD 替代二维 CAD 的趋势明显。本章将对三维造型技术进行简单介绍。

## 11.1  CAD 三维造型技术的发展

在 CAD 技术发展初期,仅限于计算机辅助绘图。随着三维造型技术的发展,CAD 技术才从二维平面绘图发展到三维产品造型技术。三维造型技术经历了从线框建模、曲面造型和实体造型技术、参数化及变量化造型技术等发展过程。随着技术的不断进步,又出现了直接建模、同步技术等多种新的先进造型技术,并逐步走向融合。

**1. 线框建模**

三维实体仅通过顶点和棱边来描述形体的几何形状。其特点是,数据结构简单,信息量少,占用的内存空间小,对操作的响应速度快,通过投影变换可以快速地生成三视图、任意视点和方向的视图和轴测图,并能保证各视图正确的投影关系。但线框建模所有的棱线全部显示且缺少曲线轮廓,物体的真实感会出现二义性,表现圆柱、球体等曲面比较困难。并且数据结构中缺少边与面、面与面之间关系的信息,不能构成实体,无法识别面与体。

**2. 曲面(表面)造型**

曲面造型是通过对物体各个表面或曲面进行描述的一种三维建模方法。其特点是表面模型增加了面、边的拓扑关系,因而可以进行消隐处理、剖面图的生成、渲染、面与面相交、表面积计算等操作。但表面模型仍缺少实体的信息以及体、面间的拓扑关系,难以准确表达零件的其他特性,如质量、重心、惯性矩等。

**3. 实体造型**

实体造型不仅描述了实体全部的几何信息,而且定义了所有的点、线、面、体的拓扑信息。其特点是,可对实体信息进行全面完整的描述,能够实现消隐、剖切、有限元分析、数控加工、对实体着色、光照及纹处理、外形计算等各种处理和操作。实体造型包括边界表示法和构造实体几何法。边界表示法按照体→面→环→边→点的层次,详细记录了构成形体的所有几何元素的几何信息及其相互连接的拓扑关系。构造实体几何法(CSG)是通过对体素定义运算而得到新的形体的一种表示方法,体素可以是立方体、圆柱、圆锥等,其运算为变换或正则集合运算并、交、差。

**4. 特征参数化造型技术**

参数化造型的主体思想是用几何约束、工程方程与关系来说明产品模型的形状特征,从而可设计一系列在形状或功能上具有相似性的设计方案。目前能处理的几何约束类型基本上是组成产品形体的几何实体公称尺寸关系和尺寸之间的关系,因此参数化造型技术又称为尺寸驱动几何技术。但参数化技术要求全尺寸约束,即设计者在设计初期及全过程中,必须将形状和尺寸联合起来考虑,并且通过尺寸约束来控制形状,干扰和制约着设计者创造力及想象力的发挥。

**5. 变量化造型技术**

变量化技术是一种比参数化技术更为先进的造型技术,该技术将参数化技术中所需定义的尺寸参数进一步区分为形状约束和尺寸约束,而不仅仅用尺寸来约束全部几何形状。在很多新产品开发的概念设计阶段,设计者首先考虑的是设计思想,并将其体现于某些几何形状之中,这些几何形状的准确尺寸和各形状之间严格的尺寸定位关系在初始阶段还很难完全确定。变量化造型技术允许设计者先形状后尺寸的设计方式,采用不完全尺寸约束,只给出必要的设计条件,尺寸细节到后期逐步完善,这样设计过程相对自由宽松,设计者更多去考虑设计方案。除考虑几何约束之外,变量化设计还可以将工程关系作为约束条件直接与几何方程联立求解,无需另建模型处理。

**6. 直接造型技术**

直接造型,就是对模型(包括非参数化模型)直接进行后续的创建和修改,无需关注模型的建立过程。该技术设计环境自由,可以直接在模型上工作,动态操作,实时预览,能极大地方便模型的修改,并提高不同CAD环境下的数据重用率。直接造型设计方法可与几何形状进行即时的实时交互,从而节省时间,加快设计周期。而且能够以经济的方式捕获信息,并将其嵌入模型定义中,从而加快开发速度。利用直接造型技术,可以在设计过程的后期更为快速和频繁地进行未预料的变更,满足进行一次性产品设计在整个设计周期中面临着不断变化的要求。甚至设计团队在项目过程中退出时,都能够轻松地重新分配设计责任。

**7. 同步造型技术**

同步造型技术是一种能够借助新的决策推理引擎,同时进行几何图形与规则同步设计建模的先进智能化CAD技术。同步造型技术实时检查产品模型当前的几何条件,并且将它们与设计人员添加的参数和几何约束合并在一起,以便评估、构建新的几何模型并且编辑模型,无需重复全部历史记录。该技术在参数化、基于历史记录建模的基础上前进了一大步,同时与先前技术共存。同步造型技术可以快速捕捉设计意图,快速进行设计变更,提高多CAD环境下的数据重用率。利用同步造型技术在基于历史记录和无历史记录模型上进行编辑,所实现的性能提高将给开发过程带来极大的收益。另外,利用其智能模型互操作,使同步造型技术用户变得轻松自如。

为了使设计更加方便、快捷和易于修改,目前市场上主流三维CAD软件基本融合以上建模技术中的两种或几种建模方式。如Siemens PLM Software率先发布同步技术,形成了特征建模、曲面建模、直接建模和同步技术等多种建模方式;PTC 将 Cocreate 的直接建模功能融入到 Creo 平台中,实现了参数化建模与直接建模的融合;SolidWorks 将基于历史的参数化建模和直接建模这两种技术有机融合,既沿用参数化技术的特点同时也与直接建模技术相结合。

## 11.2 常用三维软件概述

**1. CATIA**

CATIA 是 computer aided tri-dimensional interface application 的缩写,是当前主流的 CAD/CAE/CAM 一体化软件之一。CATIA 界面友好,功能强大,并且开创了 CAD/CAE/CAM 软件的一种全新风格,广泛应用于航空航天、汽车制造、造船、机械制造、电子电器制造、日常消费品制造等行业,它的集成解决方案覆盖所有的产品设计与制造领域,其特有的 DMU 电子样机模块功能及混合建模技术更推动了企业竞争力和生产力的提高。CATIA 采用了新一代的技术和标准,可快速地适应企业的业务发展需求,使客户具有更大的竞争优势。并支持不同应用层次的可扩充性,使其对于开发过程、功能和硬件平台,可以进行灵活的搭配组合,可为产品开发链中的每个专业成员配置最合理的解决方案。CATIA 是在 Windows NT 平台和 Unix 平台上开发完成的,并在所有支持的硬件平台上具有统一的数据、功能、版本发放日期、操作环境和应用支持。

**2. Unigraphics(UG)**

UG 是 Unigraphics Solutions 公司的主要核心产品。该公司首次突破传统 CAD/CAM 模式,为用户提供一个全面的产品建模系统。在 UG 中,优越的参数化和变量化技术与传统的实体、线框和表面功能结合在一起,这一结合被实践证明是强有力的,并被大多数 CAD/CAM 软件厂商所采用。UG 最早应用于美国麦道飞机公司。它是从二维绘图、数控加工编程、曲面造型等功能发展起来的软件。20 世纪 90 年代初,美国通用汽车公司选中 UG 作为全公司的 CAD/CAE/CAM 主导系统,这进一步推动了 UG 的发展。1997 年 10 月 Unigraphics Solutions 公司与 Intergraph 公司签约,合并了后者的机械 CAD 产品,将微机版的 solidedge 软件统一到 Parasolid 平台上。由此形成了一个从低端到高端,兼有 Unix 工作站版和 Windows NT 微机版的较完善的企业级 CAD/CAM/CAE/PDM 集成系统。

**3. Pro/Engineer**

Pro/Engineer 系统是美国参数技术公司(Parame Trictechnology Corporation,简称 PTC)的产品。PTC 公司提出的单一数据库、参数化、基于特征、全相关的概念改变了机械 CAD/CAM/CAE 的传统观念,这种全新的概念已成为当今世界机械 CAD/CAM/CAE 领域的新标准。利用该概念开发出来的第三代机械 CAD/CAM/CAE 产品 Pro/Engineer 软件能将设计至生产全过程集成到一起,让所有的用户能够同时进行同一产品的设计制造工作,即实现所谓的并行工程。Pro/Engineer 系统具有真正的全相关性,任何地方的修改都会自动反映到所有相关地方。其次具有真正管理并发进程、实现并行工程的能力。具有强大的装配功能,能够始终保持设计者的设计意图。Pro/Engineer 系统用户界面简洁,概念清晰,符合工程人员的设计思想与习惯。整个系统建立在统一的数据库上,具有完整而统一的模型。

**4. SolidEdge**

SolidEdge 是真正的 Windows 软件。它不是将工作站软件生硬地搬到 Windows 平台上,而是充分利用 Windows 基于组件对象模型(COM)的先进技术重写代码的。SolidEdge 与 Microsoft Office 兼容,使得设计师们在使用 CAD 系统时,能够进行 Windows 下字处理、电子报表、数据库操作等。SolidEdge 具有友好的用户界面,它采用一种称为 Smartribbon 的界面技术,用户只要单击命令按钮,即可以在 Smartribbon 上看到该命令的具体的内容和详细的步骤,同时在状态条上还提示用户下一步该做什么。SolidEdge 是基于参数和特征实体造型的新一代机械设计 CAD 系统,它是为设计人员专门开发的,易于理解和操作的实体造型系统。

**5. SolidWorks**

SolidWorks 是美国 SolidWorks 公司开发的三维 CAD 产品,是实行数字化设计的造型软件,在国际上得到广泛的应用。同时具有开放的系统,添加各种插件后,可实现产品的三维建模、装配校验、运动仿真、有限元分析、加工仿真、数控加工及加工工艺的制定,以保证产品从设计、工程分析、工艺分析、加工模拟、产品制造过程中的数据的一致性,从而真正实现产品的数字化设计和制造,并大幅度提高产品的设计效率和质量。SolidWorks 是基于 Windows 平台的全参数化特征造型软件,它可以十分方便地实现复杂的三维零件实体造型、复杂装配和生成工程图。图形界面友好,用户上手快。该软件可以应用于以规则几何形体为主的机械产品设计及生产准备工作中。

## 11.3 SolidWorks 三维建模基础

以上介绍的各种三维造型软件功能大同小异,风格各具千秋,我们只要掌握其中一种,就可以实现三维造型技术的基础设计。本书以 SolidWorks 为例,介绍三维造型技术基础。

### 11.3.1 工作环境和模块

**1. 启动 SolidWorks 和界面**

安装 SolidWorks 后,在 Windows 的操作环境下,选择"开始"→"程序"→"SolidWorks"命令,或者在桌面双击 SolidWorks 的快捷方式图标,就可以启动 SolidWorks,也可以直接双击打开已经做好的 SolidWorks 文件,启动 SolidWorks。图 11-1 所示的是 SolidWorks 启动后的界面。

这个界面只显示几个下拉菜单和标准工具栏,选择下拉菜单"文件"→"新建"命令,或单击标准工具栏的按钮,出现"新建 SolidWorks 文件"对话框,如图 11-2 所示。

这里提供了类文件模板,每类模板有零件、装配体和工程图三种文件类型,读者可以根据自己的需要选择一种类型进行操作。这里先选择"零件"选项,单击"确定"按钮,则出现如图 11-3 所示的新建 SolidWorks 零件界面。

新建 SolidWorks 零件界面包含下拉菜单栏和工具栏,整个界面分成两个区域,一个是控制区,另一个是图形区。下拉菜单栏几乎包括了 SolidWorks 所有的命令,如果在常用工

第 11 章　CAD 三维造型

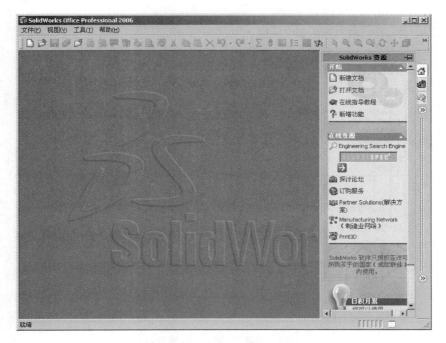

图 11-1　SolidWorks 界面

图 11-2　"新建 SolidWorks 文件"对话框

具栏没有不常用的命令,可以在下拉菜单栏里找到;常用工具栏的命令按钮,可以根据实际使用的情况自己确定,后面将介绍工具按钮的设置。在控制区有三个管理器,分别是特征设计树、属性管理器和组态管理器,可以进行编辑。在图形区可显示造型,进行选择对象和绘制图形。

其中图形区的视图选择按钮,是 SolidWorks 的新增功能,单击下拉列表按钮,可以选择不同的视图显示方式,如图 11-4 所示。

若在图 11-1 所示界面中单击下拉菜单"文件"→"打开"命令,或单击标准工具栏的按钮,出现"打开"文件对话框,如图 11-5 所示。

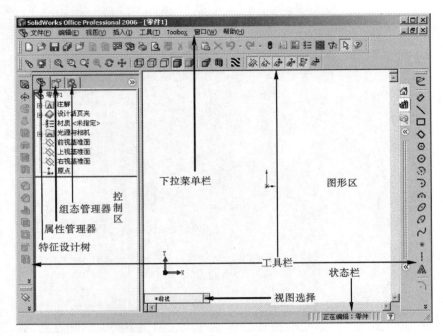

图 11-3 新建 SolidWorks 零件界面

图 11-4 视图选择按钮

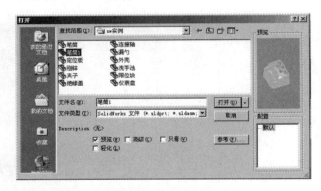

图 11-5 "打开"文件对话框

若要保存文件,则单击"文件"→"保存"命令,或单击标准工具栏的按钮,出现"另存为"对话框。这时,读者就可以选择自己保存文件的类型进行保存。如果想把文件换成其他类型,只需单击"文件"→"另存为"命令,在出现的"另存为"对话框中,选择新的文件类型进行保存。

**2. 快捷键和快捷菜单**

使用快捷键、快捷菜单和鼠标按键是提高作图速度及其准确性的重要方式,这里简单介绍 SolidWorks 快捷命令的使用和鼠标的特殊用法。

**1) 快捷键**

快捷键的使用与 Windows 的基本上一样,用"Ctrl"+字母键,就可以进行快捷操作,这里就不详细介绍了。

### 2）快捷菜单

在没有命令执行时，常用的快捷菜单有四种：一个是图形区的，一个是零件特征表面的，一个是特征设计树的，还一个是工具栏里面的。在绘图区右击，就出现如图11-6所示快捷菜单。在有命令执行时，单击不同的位置，也会出现不同的快捷菜单。

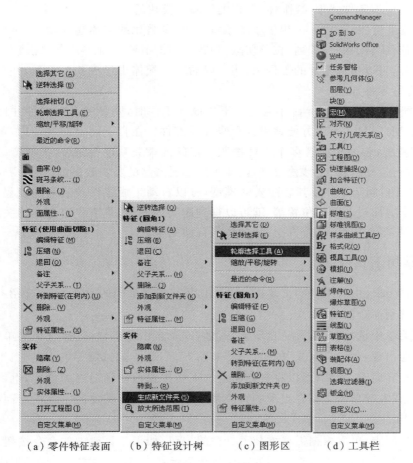

(a) 零件特征表面　　(b) 特征设计树　　(c) 图形区　　(d) 工具栏

图 11-6　快捷菜单

### 3）鼠标按键功能

左键：可以选择功能选项或者操作对象。

右键：显示快捷菜单。

中键：只能在图形区使用，一般用于旋转、平移和缩放。在零件图和装配体的环境下，按住鼠标中键不放，移动光标就可以实现旋转；在零件图和装配体的环境下，先按住"Ctrl"键，然后按住鼠标中键不放，移动光标就可以实现平移；在工程图的环境下，按住鼠标的中键，就可以实现平移；先按住"Shift"键，然后按住鼠标中键，移动光标就可以实现缩放，如果是带滚轮的鼠标，直接转动滚轮就可以实现缩放。

### 3. 模块简介

在SolidWorks软件里有零件建模、装配体、工程图等基本模块。SolidWorks软件是一套基于特征的、参数化的三维设计软件,符合工程设计思维,并可以与 CAMWorks 及 DesignWork 等模块构成一套设计与制造结合的 CAD/CAM/CAE 系统,使用它可以提高设计精度和设计效率。SolidWorks 还可以用插件的形式加进其他专业模块(如工业设计、模具设计、管路设计等)。

这里介绍一下零件建模、装配体、工程图等基本模块的特点。

(1) 零件建模:SolidWorks 提供了基于特征的、参数化的实体建模功能,可以通过特征工具进行拉伸、旋转、抽壳、阵列、拉伸切除、扫描、扫描切除、放样等操作,完成零件的建模。建模后的零件,可以生成零件的工程图,还可以插入装配体中形成装配关系,并且生成数控代码,直接进行零件加工。

(2) 装配体:在 SolidWorks 中自上而下生成新零件时,要参考其他零件并保持这种参数关系,在装配环境里,可以方便地设计和修改零部件。在自下而上的设计中,可利用已有的三维零件模型,将两个或者多个零件按照一定的约束关系进行组装,形成产品的虚拟装配,还可以进行运动分析、干涉检查等,因此可以形成产品的真实效果图。

(3) 工程图:利用零件及其装配实体模型,可以自动生成零件及装配的工程图,只要指定模型的投影方向或者剖切位置等,就可以得到需要的图形,且工程图是全相关的,当修改图纸的尺寸时,零件模型、各个视图、装配体都自动更新。

### 11.3.2　常用工具栏

在 SolidWorks 中有丰富的工具栏,在这里,只是根据不同的类别,简要介绍一下常用工具栏里面的常用命令的功能。

在下拉菜单中选择"工具"→"自定义"命令,或者右击工具栏,选择快捷菜单中的"自定义"命令,就会出现一个"自定义"的对话框,如图 11-7 所示,勾选需要的工具栏,则该工具栏就可以显示在界面上,同样,可以将在界面上的工具按钮拖动到适当的位置,也可以靠边放置。实际上,在右键单击工具栏出现的快捷菜单中,可以把所需要的工具栏前面打勾,使其显示在界面上。

在绘图过程中,可以根据需要增减工具栏的按钮,如果工具栏中的命令按钮不常用,可以通过设置将其关闭,并可以将常用的命令按钮显示在工具栏上,方便绘图的时候选用。下面介绍工具栏中命令按钮的增减设置方法。

利用自定义命令,增加、删除并且重排工具栏的命令按钮,就可以将最常用的工具栏命令按钮添加到特定的工具栏上,也可以合理地安排命令按钮的顺序。如图 11-8 所示,首先在类别中选择要添加命令的类别,在按钮栏选择需要添加的命令按钮,按住左键,拖动光标移动到要放置的工具按钮部位,即可把需要的命令按钮放到工具栏里面。如图 11-9 所示的是把平行四边形命令放置到草图工具栏里面的操作。

同样,如果要删除命令按钮,就要在工具栏里面用左键按住命令按钮,拖动光标到自定义对话框的命令标签里面的按钮栏,就可以移除命令按钮,它和添加命令按钮的操作是逆向的。

# 第11章 CAD三维造型

图 11-7 "自定义"对话框　　　　图 11-8 自定义命令标签对话框

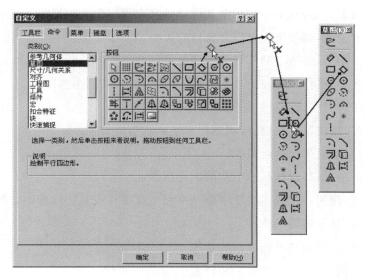

图 11-9 添加命令按钮操作

## 1. 标准工具栏

标准工具栏如图 11-10 所示。

图 11-10 标准工具栏

图 11-10 所示标准工具栏的按钮含义如下。

　从零件/装配体制作工程图,生成当前零件或装配体的新工程图。

　从零件/装配体制作装配体,生成当前零件或装配体的新装配体。

　重建模型,重建零件、装配体或工程图。

　打开系统选项对话框,更改 SolidWorks 选项的设定。

打开颜色的属性,将颜色应用到模型的实体中。

打开材质编辑器,将材料及其物理属性应用到零件中。

打开纹理的属性,将纹理应用到模型的实体中。

切换选择过滤器工具栏,切换到过滤器工具栏的显示。

选择按钮,用来选择草图实体、边线、顶点、零部件等。

**2. 视图工具栏**

如图 11-11 所示的是视图工具栏。

图 11-11　视图工具栏

图 11-11 所示视图工具栏的按钮含义如下。

确定视图的方向,显示一对话框来选择标准或用户定义的视图。

整屏显示全图,缩放模型以符合窗口的大小。

局部放大图形,将选定的部分放大到屏幕区域。

放大或缩小,按住鼠标左键,上下移动光标来放大或缩小视图。

旋转视图,按住鼠标左键,拖动光标来旋转视图。

平移视图,按住鼠标左键,拖动光标来平移图形的位置。

线架图,显示模型的所有边线。

带边线上色,以其边线显示模型的上色视图。

剖面视图,使用一个或多个横断面基准面生成零件或装配体的剖切图。

斑马条纹,显示斑马条纹。

观阅基准面,控制基准面显示的状态。

观阅基准轴,控制基准轴显示的状态。

观阅原点,控制原点显示的状态。

观阅坐标系,控制坐标系显示的状态。

观阅草图,控制草图显示的状态。

观阅草图几何关系,控制草图几何关系显示的状态。

**3. 草图绘制工具栏**

草图绘制工具栏几乎包含了与草图绘制有关的大部分功能,里面的工具按钮很多,在这里只是介绍一部分比较常用的功能。图 11-12 所示的是草图绘制工具栏。

图 11-12　草图绘制工具栏

图 11-12 所示的草图绘制工具栏的按钮含义如下。

草图绘制,绘制新草图,或者编辑现有草图。

智能尺寸,为一个或多个实体生成尺寸。

直线,绘制直线。

矩形,绘制一个矩形。

多边形,绘制多边形,在绘制多边形后可以更改边侧数。

圆,绘制圆,选择圆心然后拖动来设定其半径。

圆心/起点/终点画弧,绘制中心点圆弧,设定中心点,拖动光标来放置圆弧的起点,然后设定其程度和方向。

椭圆,绘制一完整椭圆,选择椭圆中心然后拖动来设定长轴和短轴。

样条曲线,绘制样条曲线,单击可添加样条曲线点。

点,绘制点。

中心线,绘制中心线。使用中心线生成对称草图实体、旋转特征或作为改造几何线。

文字,绘制文字。可在面、边线及草图实体上绘制文字。

绘制圆角,在交叉点切圆两个草图实体之角,从而生成切线弧。

绘制倒角,在两个草图实体交叉点添加一倒角。

等距实体,通过指定等距面、边线、曲线或草图实体来添加草图实体。

转换实体引用,将模型上所选的边线或草图实体转换为草图实体。

裁剪实体,裁剪或延伸一草图实体,以使之与另一实体重合或删除一草图实体。

移动实体,移动草图实体和注解。

旋转实体,旋转草图实体和注解。

复制实体,复制草图实体和注解。

镜像实体,沿中心线镜像所选的实体。

线性草图阵列,添加草图实体的线性阵列。

圆周草图阵列,添加草图实体的圆周阵列。

**4. 尺寸/几何关系工具栏简介**

尺寸/几何关系工具栏用于标注各种控制尺寸,以及添加的各个对象之间的相对几何关系。尺寸/几何关系工具栏如图 11-13 所示,其各按钮的含义如下。

图 11-13　尺寸/几何关系工具栏

智能尺寸,为一个或多个实体生成尺寸。

水平尺寸,在所选实体之间生成水平尺寸。

⊥ 垂直尺寸,在所选实体之间生成垂直尺寸。

尺寸链,从工程图或草图的横纵轴生成一组尺寸。

水平尺寸链,从第一个所选实体水平测量而在工程图或草图中生成的水平尺寸链。

垂直尺寸链,从第一个所选实体水平测量而在工程图或草图中生成的垂直尺寸链。

自动标注尺寸,在草图和模型的边线之间生成适合定义草图的自动尺寸。

添加几何关系,控制带约束(例如同轴心或竖直)的实体的大小或位置。

自动几何关系,打开或关闭自动添加几何关系。

显示/删除几何关系,显示和删除几何关系。

搜寻相等关系,在草图上搜寻具有等长或等半径的实体。在等长或等半径的草图实体之间设定相等的几何关系。

**5. 参考几何体工具栏简介**

参考几何体工具栏用于提供生成与使用参考几何体的工具,如图 11-14 所示,其按钮含义如下。

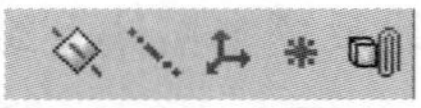

**图 11-14 参考几何体工具栏**

基准面,添加一参考基准面。

基准轴,添加一参考轴。

坐标系,为零件或装配体定义一坐标系。

点,添加一参考点。

配合参考,为使用 SmartMate 的自动配合指定用为参考的实体。

**6. 特征工具栏简介**

特征工具栏提供生成模型特征的工具,其中命令功能很多,如图 11-15 所示。特征包括多实体零件功能,可在同一零件文件中包括单独的拉伸、旋转、放样或扫描特征。其按钮含义如下。

**图 11-15 特征工具栏**

拉伸凸台/基体,以一个或两个方向拉伸一草图或绘制的草图轮廓来生成一实体。

旋转凸台/基体,绕轴心旋转一草图或所选草图轮廓来生成一实体特征。

扫描,沿开环或闭合路径通过扫描闭合轮廓来生成实体特征。

放样凸台/基体,在两个或多个轮廓之间添加材质来生成实体特征。

拉伸切除,以一个或两个方向拉伸所绘制的轮廓来切除一实体模型。

旋转切除,通过绕轴心旋转绘制的轮廓来切除实体模型。

扫描切除，沿开环或闭合路径通过扫描闭合轮廓来切除实体模型。

放样切除，在两个或多个轮廓之间通过移除材质来切除实体模型。

圆角，沿实体或曲面特征中的一条或多条边线来生成圆形内部面或外部面。

倒角，沿边线、一串切边或顶点生成一倾斜的边线。

筋，给实体添加薄壁支撑。

抽壳，从实体移除材料来生成一个薄壁特征。

简单直孔，在平面上生成圆柱孔。

异型孔向导，用预先定义的剖面插入孔。

孔系列，在装配体系列零件中插入孔。

特型，通过扩展、约束及紧缩曲面将变形曲面添加到平面或非平面上。

弯曲，弯曲实体和曲面实体。

线性阵列，以一个或两个线性方向阵列特征、面及实体。

圆周阵列，绕轴心阵列特征、面及实体。

镜向，绕面或基准面镜向特征、面及实体。

移动/复制实体，移动、复制并旋转实体和曲面实体。

### 7. 工程图工具栏

工程图工具栏用于提供对齐尺寸及生成工程视图的工具，如图 11-16 所示。一般来说，工程图包含几个由模型建立的视图。也可以由现有的视图建立视图。例如，剖面视图是由现有的工程视图所生成的，这个过程是由这个工具栏实现的。其按钮的含义如下。

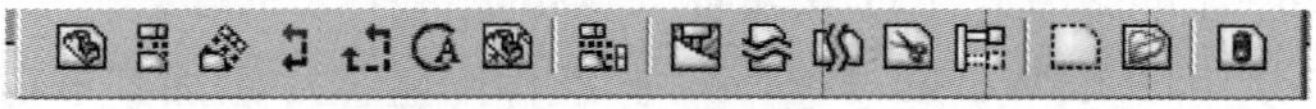

图 11-16  工程图工具栏

模型视图，根据现有零件或装配体添加正交或命名视图。

投影视图，从一个已经存在的视图展开新视图而添加一投影视图。

辅助视图，从一线性实体（边线、草图实体等）通过展开一新视图而添加一视图。

剖面视图，以剖面线切割父视图来添加一剖面视图。

旋转剖视图，使用在一角度连接的两条直线来添加对齐的剖面视图。

局部视图，添加一局部视图来显示一视图某部分，通常以放大比例的视图来展现。

相对视图，添加一个由两个正交面或基准面及其各自方向所定义的相对视图。

标准三视图，添加三个标准、正交视图。视图的方向可以为第一角或第三角。

断开的剖视图，将一断开的剖视图添加到一显露模型内部细节的视图。

水平折断线，给所选视图添加水平折断线。

竖直折断线，给所选视图添加竖直折断线。

剪裁视图，剪裁现有视图以只显示视图的一部分。

交替位置视图，添加一显示模型配置置于模型另一配置之上的视图。

空白视图，添加一常用来包含草图实体的空白视图。

预定义视图，添加以后以模型增值的预定义正交、投影或命名视图。

更新视图，更新所选视图到当前参考模型的状态。

**8．装配体工具栏**

装配体工具栏用于控制零部件的管理、移动及其配合，插入智能扣件，如图 11-17 所示。其按钮含义如下。

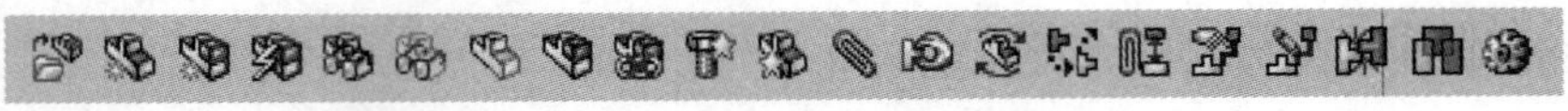

图 11-17　装配体工具栏

插入零部件，添加一现有零件或子装配体到装配体。

新零件，生成一个新零件并插入到装配体中。

新装配体，生成新装配体并插入到当前的装配体中。

大型装配体，为此文件切换大型装配体模式。

隐藏/显示零部件，隐藏或显示零部件。

更改透明度，在 0～75％之间切换零部件的透明度。

改变压缩状态，压缩或还原零部件。压缩的零部件不在内存中装入或不可见。

编辑零部件，在编辑零部件或子装配体和主装配体之间的状态。

无外部参考，外部参考在生成或编辑关联特征时不会生成。

智能扣件，使用 SolidWorks Toolbox 标准件库将扣件添加到装配体。

制作智能零部件，随相关联的零部件/特征定义智能零部件。

配合，定位两个零部件使之相互配合。

移动零部件，在由其配合所定义的自由度内移动零部件。

旋转零部件，在由其配合所定义的自由度内旋转零部件。

替换零部件，以零件或子装配体替换零部件。

替换配合实体，替换所选零部件或整个配合组的配合实体。

爆炸视图，将零部件分离成爆炸视图。

爆炸直线草图，添加或编辑显示爆炸的零部件之间几何关系的 3D 草图。

干涉检查，检查零部件之间的任何干涉。

装配体透明度，设定除在关联装配体中正被编辑的零部件以外的零部件透明度。

模拟工具栏，显示或隐藏模拟工具栏。

**9．退回控制棒**

在造型时，有时需要在中间增加新的特征或者需要编辑某一特征，这时就可以利用退回控制棒来操作,将退回控制棒移动到要增加特征或者编辑的特征下面,将模型暂时恢复到其以前的一个状态,并压缩控制棒下面的那些特征,压缩后的特征在特征设计树中变成灰色,而新增加的特征在特征设计树的设计树中位于被压缩的特征的上面。

操作方法:将光标放到特征设计树的设计树下方的一条黄线上,鼠标光标由 变成 后,单击,黄线就变成蓝色了,然后,移动 向上,拖动蓝线到要增加或者编辑的部位的下方,即可在图形区显示去掉特征后的图形,此时设计树控制棒下面的特征即可变成灰色,如图 11-18 所示。做完后,可以继续拖动 向下到最后,就可以显示所有的特征了。还可以在要增加或者编辑的位置下面的特征上,右击,出现快捷菜单,选择"退回"命令,即可回退到这个特征之前的造型。同样如果编辑结束后,也可右击,退回控制棒下面的特征,出现如图 11-19 的快捷菜单,选择其中一个命令。

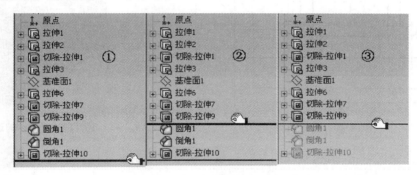

图 11-18 退回控制棒

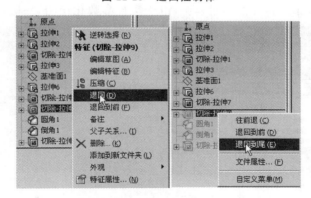

图 11-19 退回控制棒快捷菜单

## 11.3.3 三维造型实例操作

在简单介绍了界面和工具栏后,下面来画一个小零件,如图 11-20、图 11-21 所示,以便了解造型的过程。

(1) 打开 SolidWorks 界面后,单击"文件"→"新建"命令,或者单击按钮 ,出现"新建 SolidWorks 文件"对话框,选择"零件"命令,单击"确定"按钮,出现一个新建文件的界面,首先单击"保存"按钮,将这个文件保存为"底座"。

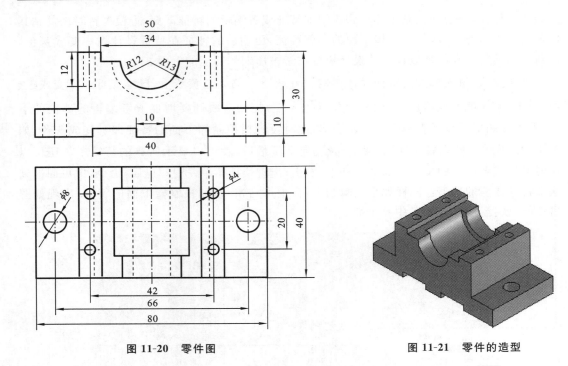

图 11-20 零件图　　　　图 11-21 零件的造型

（2）在控制区单击"前视基准面"按钮，然后在草图绘制工具栏，单击按钮 ，出现如图 11-22 所示的草图绘制界面；在图形区右击，取消选中快捷菜单的"显示网格线"复选框，在图形区就没有网格线了。在作图的过程中，由于实行参数化绘图，一般不需应用网格，所以

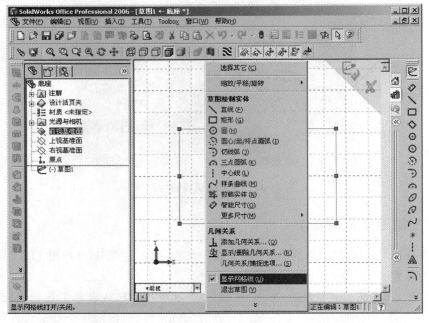

图 11-22 草图绘制界面

在以后的作图中,都去掉网格线。

(3) 单击绘制"中心线"按钮 ,在图形区过原点绘制一条中心线,然后单击"直线"按钮 ,在图形区绘制如图 11-23 所示的图形,需要注意各条图线之间的几何关系。不需要具体确定尺寸,只需确定其形状即可,尺寸的实际大小是在参数化的尺寸标注中确定的。

画图中右上角的圆弧是在画完一段直线后,将光标靠近刚才确定的直线的终点,这时光标的标记后面由原来的直线图案变成一对同心圆的图案,或者右击,在弹出的快捷菜单中,选择"转到圆弧"命令,这时就可以画圆弧了,如图 11-24 所示。

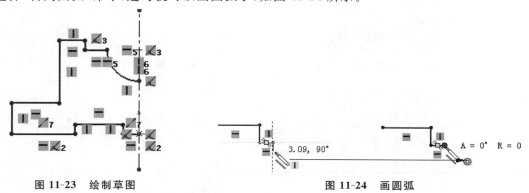

图 11-23　绘制草图　　　　　　　　图 11-24　画圆弧

(4) 单击工具栏"智能尺寸"按钮 ,标注尺寸,要标注一条直线的长度,单击该直线,就会自动标注尺寸了,若此时的尺寸不是所要求的尺寸,光标确定尺寸的位置,单击,就会出现"修改"对话框(见图 11-25(a)),在对话框中输入实际尺寸大小,单击按钮 或者按回车键即可;标注圆或者圆弧的尺寸也是一样的。如要标注图 11-25(b)所示的尺寸,只要单击一条直线和中心线,然后将光标拉到中心线的另一边,就可以出现对边距的标注,图 11-25(b)中的尺寸 10、40、80 就是这样标注的。标注结束后,图形如图 11-26 所示。

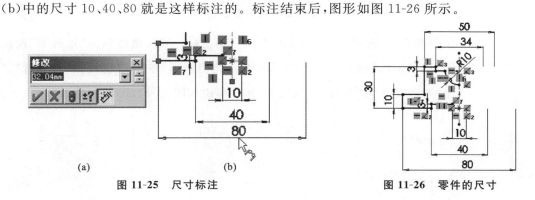

(a)　　　　　　(b)

图 11-25　尺寸标注　　　　　　　　图 11-26　零件的尺寸

(5) 单击工具栏的"镜向实体"按钮 ,则在控制区显示"属性管理器"对话框,如图 11-27所示,在"选项"中"要镜向的实体"中选择图形直线和圆弧共 12 个,在"镜向点"中选择中心线,然后单击按钮 ,图形变成图 11-28 所示的图形。

(6) 单击特征工具栏的"拉伸凸台、基体"按钮 ,图形区和控制区变成图 11-29 所示,在"属性管理器"对话框中的"从(F)"的"开始条件"下拉列表中选择"草图基准面"选项,"方向 1"中的"终止条件"下拉列表中选择"两侧对称"选项,"深度"栏输入 40 mm,单击按钮,即可出现图 11-30 所示图形。

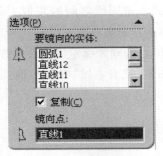

图 11-27 属性管理器的选项

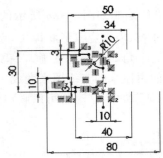

图 11-28 零件草图 1

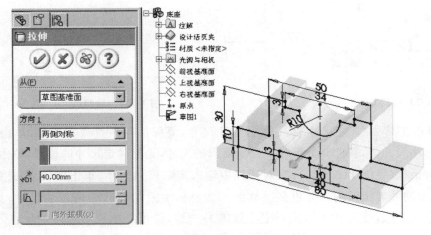

图 11-29 拉伸图形

(7) 单击"前视基准面"选项,在草图绘制工具栏单击按钮,然后单击"正视于"按钮,出现图 11-31(a)所示的图形,然后用"圆心/起点/终点画弧"按钮画圆弧,再执行"直线"命令,单击"智能尺寸"按钮,标注尺寸,即可画出如图 11-31(b)所示的图形。

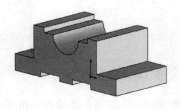

图 11-30 拉伸后实体

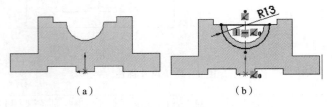

(a)　　　　　　　(b)

图 11-31 零件草图 2

(8) 单击特征工具栏的"拉伸切除"按钮,图形区和控制区变成图 11-32(a)所示,在"属性管理器"中的"从(F)"的"开始条件"下拉列表中选择"草图基准面"选项,在"方向 1"中的"终止条件"下拉列表中选择"两侧对称"选项,"深度"栏输入 24 mm,单击按钮,即可出现图 11-32(b)所示图形。

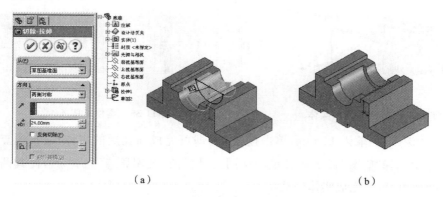

图 11-32　拉伸切除后实体

(9) 单击实体底板的下底面(选择上底面是一样的做法)，使其选定，单击草图绘制工具栏的按钮，单击控制区的"上视基准面"选项，单击"正视于"按钮，开始画草图。单击"中心线"按钮，先画出图形的两条对称中心线和一条圆弧的中心线，如图 11-33(a)所示；在左边中心线的交点处，单击"圆"绘制命令按钮，单击"智能尺寸"按钮，标注尺寸，如图 11-33(b)所示；单击"镜像实体"按钮，选择圆和短的中心线为"要镜像的实体"，"镜像点"选择中间垂直的中心线，勾选"复制"，单击按钮，则可以作出草图 3，如图 11-33(c)所示。

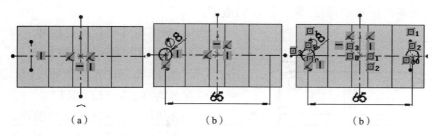

图 11-33　零件草图 3

(10) 单击特征工具栏的"拉伸切除"按钮，在"属性管理器"中的"从(F)"的"开始条件"下拉列表中选择"草图基准面"选项，在"方向 1"中的"终止条件"下拉列表中选择"完全贯穿"选项，单击按钮，即可出现图 11-34 所示图形。

(11) 选择实体的最上面，使其选定，单击"草图绘制"工具栏的按钮，单击控制区的"上视基准面"选项，单击"正视于"按钮，开始画草图。单击"中心线"按钮，先画出图形的两条对称中心线和一个圆的对称中心线；单击"智能尺寸"按钮，标注尺寸，如图 11-35(a)所示；单击"镜向实体"按钮，同上一样做两次镜向实体，则可以作出草图 4，如图 11-35(b)所示。

(12) 单击特征工具栏的"拉伸切除"按钮，在"属性管理器"中的"从(F)"的"开始条件"下拉列表中选择"草图基准面"选项，在"方向 1"中的"终止条件"下拉列表中选择"给定

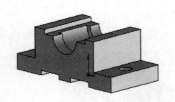
图 11-34　两边穿孔后的实体

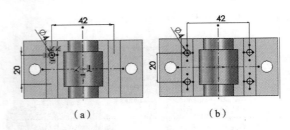
图 11-35　零件草图 4

深度"选项,"深度"栏输入 12 mm,单击按钮✓,即可完成穿孔后的实体;右击原点,在弹出的快捷菜单中选择"隐藏"命令或者单击视图工具栏的"观阅原点"按钮,使其凸起,出现图 11-21 所示图形,就完成实体的造型了。

### 11.3.4　零件的建模过程

SolidWorks 的零件建模过程,实际就是构建许多个简单的特征,它们之间相互叠加、切割或者相交的过程。根据特征的创建,一个零件的建模过程可以分成如下几个步骤来完成。

(1) 进入零件的创建界面。
(2) 分析零件,确定零件的创建顺序。
(3) 画出零件草图,创建和修改零件的基本特征。
(4) 创建和修改零件的其他辅助特征。
(5) 完成零件所有的特征,保存零件的造型。

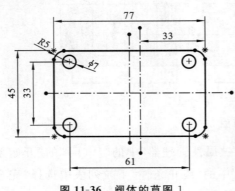
图 11-36　阀体的草图 1

例如,阀体零件的建模过程如下。
(1) 启动 SolidWorks,选择"文件"→"新建"→"零件"命令,确定进入绘图环境,单击按钮,将零件存盘为"阀体.SLDPRT"。
(2) 绘制如图 11-36 所示的图形。
(3) 在屏幕左边设计树中选择"上视基准面"选项,单击标准视图工具栏的按钮。单击"草图绘制"按钮,进入草图绘制方式,选择下拉菜单"工具"→"草图绘制实体"→"矩形"命令,或在草图工具条中单击图标,绘制草图;然后选择

下拉菜单"工具"→"草图绘制实体"→"中心线"命令,或在草图工具条中单击图标,画出中心对称线,注意确定原点的位置;选择下拉菜单"工具"→"草图绘制实体"→"圆"命令,或在草图工具条中单击图标,在矩形的一个角处绘制一个圆;选择下拉菜单"工具"→"草图绘制工具"→"镜向"命令,或在草图工具条中单击图标,出现如图 11-37(a)所示的图形,在"要镜像的实体"框里面选择圆弧 1,在"镜像点"框里面选择直线 6,单击按钮✓;继续做镜像,这次选择两个圆实体,"镜像点"选择垂直的中心线,单击按钮✓;按住"Ctrl"键,分别单击矩形的上下两条边线和水平中心线,出现"属性管理器"对话框,在添加几何关系里面单

击"对称"按钮,如图11-37(b)所示,单击按钮✓后,继续按住"Ctrl"键,选择矩形两条竖线和左边中心线,作对称线;选择下拉菜单"工具"→"草图绘制工具"→"圆角"命令,或在草图工具条中单击 图标,在属性管理器对话框中,输入半径5,如图11-37(c)所示,然后分别单击矩形的角的两条边线,作出圆角;选择下拉菜单"工具"→"标注尺寸"→"智能尺寸"命令,或在草图工具条中单击 图标,标注尺寸,如图11-36所示。

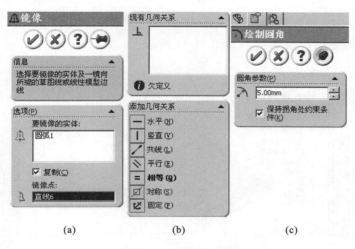

图 11-37　属性管理器

（4）选择"插入"→"凸台/基体"→"拉伸"命令,或单击特征工具栏的"拉伸"按钮 ,参数设置,如图11-38所示,单击按钮✓,这样就可以得到底板。

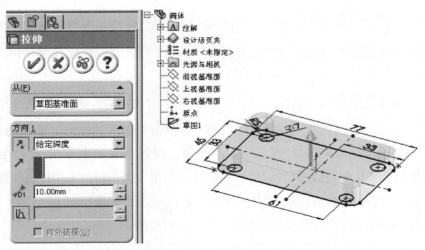

图 11-38　阀体的拉伸特征 1

（5）选择零件的上表面,单击"草图绘制"按钮 ,在控制区单击"上视"按钮,然后单击"正视于"按钮 ,选择下拉菜单"工具"→"草图绘制实体"→"圆"命令,或在草图工具条中单击 图标,选择原点作为圆心,绘制圆,选择下拉菜单"工具"→"标注尺寸"→"智能尺寸"

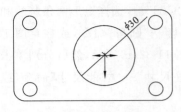

图 11-39 阀体草图 2

命令,或在草图工具条中单击 图标,标注尺寸,如图 11-39 所示。

(6) 选择"插入"→"凸台/基体"→"拉伸"命令,或单击特征工具栏的"拉伸"按钮 ,设置参数,如图 11-40 所示,单击按钮 。

(7) 选择"右视基准面"选项,单击"正视于"按钮 ,单击"草图绘制"按钮 ,绘制草图 3,如图 11-41 所示。

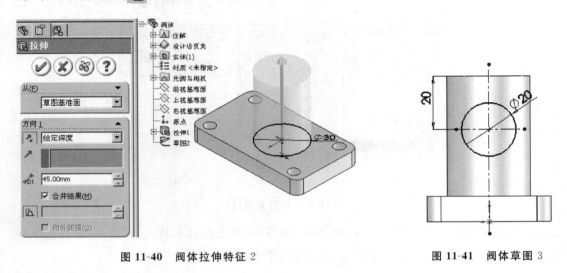

图 11-40 阀体拉伸特征 2    图 11-41 阀体草图 3

(8) 选择"插入"→"凸台/基体"→"拉伸"命令,或单击特征工具栏的"拉伸"按钮 ,设置参数,如图 11-42 所示,注意单击"给定深度"前面的按钮 ,确定拉伸的方向,单击按钮 。

(9) 选择刚才拉伸的圆柱左上表面,单击"草图绘制"按钮 ,选择"右视基准面"选项,单击"正视于"按钮 ,绘制草图,如图 11-43 所示,单击控制区的拉伸 3 前面的加号,出现草图 3,右击,在快捷菜单中选择"显示"命令,过圆心绘制垂直的中心线,然后绘制圆和圆弧,可以利用镜像来绘制,标注尺寸,绘制直线,然后利用添加几何关系按钮 ,将直线和圆弧相切;选择"工具"→"草图绘制工具"→"剪裁"命令,或单击草图绘制工具栏的"剪裁实体"按钮 ,将多余的线段删除,即可得到图 11-43 所示的草图 4。

(10) 选择"插入"→"凸台/基体"→"拉伸"命令,或单击特征工具栏的"拉伸"按钮 ,参数设置如图 11-44 所示,单击按钮 。

(11) 选择竖立圆柱上表面,单击"草图绘制"按钮 ,选择"上视基准面"选项,单击"正视于"按钮 ,绘制一个直径为 12 mm 的圆,圆心和原点重合,草图如图 11-45 所示。

第 11 章　CAD 三维造型

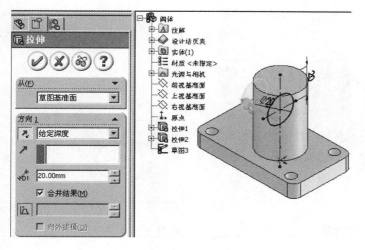

图 11-42　阀体拉伸特征 3

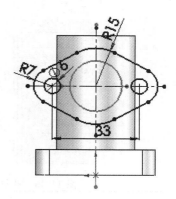

图 11-43　阀体草图 4

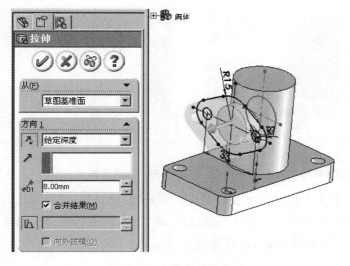

图 11-44　阀体拉伸特征 4

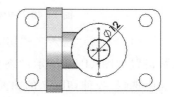

图 11-45　阀体草图 5

（12）选择"插入"→"切除"→"拉伸"命令，或单击特征工具栏的"拉伸切除"按钮，参数设置如图 11-46 所示，单击按钮。

（13）选择底板的下表面，单击"草图绘制"按钮，选择"上视基准面"选项，单击"正视于"按钮，绘制一个直径为 20 mm 的圆，圆心和原点重合，草图如图 11-47 所示。

（14）选择"插入"→"切除"→"拉伸"命令，或单击特征工具栏的"拉伸切除"按钮，参数设置如图 11-48 所示，单击按钮。

（15）选择阀体左边拉伸 4 的左表面，单击"草图绘制"按钮，选择"右视基准面"选项，单击"正视于"按钮，绘制一个直径为 10 mm 的圆，圆心和草图 3 圆心重合，草图如图 11-49 所示。

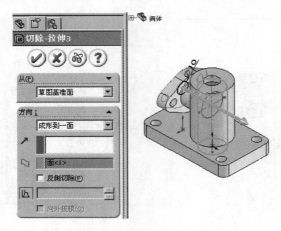

图 11-46　阀体拉伸切除特征 1

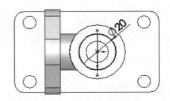

图 11-47　阀体草图 6

图 11-48　阀体拉伸切除特征 2

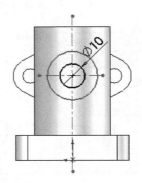

图 11-49　阀体草图 7

（16）选择"插入"→"切除"→"拉伸"命令，或单击特征工具栏的"拉伸切除"按钮，参数设置如图 11-50 所示，"终止条件"下拉列表中选择"成形到一面"选项，"面/平面"下拉列表中选择"拉伸切除 2 的曲面"，然后单击按钮，即可得到图 11-51 所示的图形。

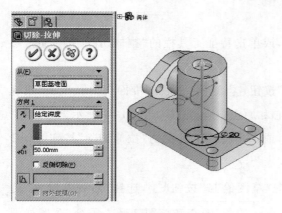

图 11-50　阀体拉伸切除特征 3

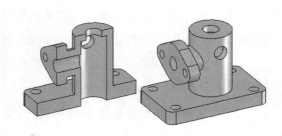

图 11-51　阀体

# 附　　录

## 附录 A　极限与配合

表 A-1　标准公差数值（摘自 GB/T 1800.3—1998）

| 公称尺寸 /mm | | 标准公差等级 | | | | | | | | | | | | | | | | | |
|---|---|---|---|---|---|---|---|---|---|---|---|---|---|---|---|---|---|---|---|
| | | IT01 | IT0 | IT1 | IT2 | IT3 | IT4 | IT5 | IT6 | IT7 | IT8 | IT9 | IT10 | IT11 | IT12 | IT13 | IT14 | IT15 | IT16 | IT17 | IT18 |
| 大于 | 至 | $\mu$m | | | | | | | | | | | | | mm | | | | | | |
| — | 3 | 0.3 | 0.5 | 0.8 | 1.2 | 2 | 3 | 4 | 6 | 10 | 14 | 25 | 40 | 60 | 0.1 | 0.14 | 0.25 | 0.4 | 0.6 | 1 | 1.4 |
| 3 | 6 | 0.4 | 0.6 | 1 | 1.5 | 2.5 | 4 | 5 | 8 | 12 | 18 | 30 | 48 | 75 | 0.12 | 0.18 | 0.3 | 0.48 | 0.75 | 1.2 | 1.8 |
| 6 | 10 | 0.4 | 0.6 | 1 | 1.5 | 2.5 | 4 | 6 | 9 | 15 | 22 | 36 | 58 | 90 | 0.15 | 0.22 | 0.36 | 0.58 | 0.9 | 1.5 | 2.2 |
| 10 | 18 | 0.5 | 0.8 | 1.2 | 2 | 3 | 5 | 8 | 11 | 18 | 27 | 43 | 70 | 110 | 0.18 | 0.27 | 0.43 | 0.7 | 1.1 | 1.8 | 2.7 |
| 18 | 30 | 0.6 | 1 | 1.5 | 2.5 | 4 | 6 | 9 | 13 | 21 | 33 | 52 | 84 | 130 | 0.21 | 0.33 | 0.52 | 0.84 | 1.3 | 2.1 | 3.3 |
| 30 | 50 | 0.6 | 1 | 1.5 | 2.5 | 4 | 7 | 11 | 16 | 25 | 39 | 62 | 100 | 160 | 0.25 | 0.39 | 0.62 | 1 | 1.6 | 2.5 | 3.9 |
| 50 | 80 | 0.8 | 1.2 | 2 | 3 | 5 | 8 | 13 | 19 | 30 | 46 | 74 | 120 | 190 | 0.3 | 0.46 | 0.74 | 1.2 | 1.9 | 3 | 4.6 |
| 80 | 120 | 1 | 1.5 | 2.5 | 4 | 6 | 10 | 15 | 22 | 35 | 54 | 87 | 140 | 220 | 0.35 | 0.54 | 0.87 | 1.4 | 2.2 | 3.5 | 5.4 |
| 120 | 180 | 1.2 | 2 | 3.5 | 5 | 8 | 12 | 18 | 25 | 40 | 63 | 100 | 160 | 250 | 0.4 | 0.63 | 1 | 1.6 | 2.5 | 4 | 6.3 |
| 180 | 250 | 2 | 3 | 4.5 | 7 | 10 | 14 | 20 | 29 | 46 | 72 | 115 | 185 | 290 | 0.46 | 0.72 | 1.15 | 1.85 | 2.9 | 4.6 | 7.2 |
| 250 | 315 | 2.5 | 4 | 6 | 8 | 12 | 16 | 23 | 32 | 52 | 81 | 130 | 210 | 320 | 0.52 | 0.81 | 1.3 | 2.1 | 3.2 | 5.2 | 8.1 |
| 315 | 400 | 3 | 5 | 7 | 9 | 13 | 18 | 25 | 36 | 57 | 89 | 140 | 230 | 360 | 0.57 | 0.89 | 1.4 | 2.3 | 3.6 | 5.7 | 8.9 |
| 400 | 500 | 4 | 6 | 8 | 10 | 15 | 20 | 27 | 40 | 63 | 97 | 155 | 250 | 400 | 0.63 | 0.97 | 1.55 | 2.5 | 4 | 6.3 | 9.7 |
| 500 | 630 | 4.5 | 6 | 9 | 11 | 16 | 22 | 32 | 44 | 70 | 110 | 175 | 280 | 440 | 0.7 | 1.1 | 1.75 | 2.8 | 4.4 | 7 | 11 |
| 630 | 800 | 5 | 7 | 10 | 13 | 18 | 25 | 36 | 50 | 80 | 125 | 200 | 320 | 500 | 0.8 | 1.25 | 2 | 3.2 | 5 | 8 | 12.5 |
| 800 | 1000 | 5.5 | 8 | 11 | 15 | 21 | 28 | 40 | 56 | 90 | 140 | 230 | 360 | 560 | 0.9 | 1.4 | 2.3 | 3.6 | 5.6 | 9 | 14 |
| 1000 | 1250 | 6.5 | 9 | 13 | 18 | 24 | 33 | 47 | 66 | 105 | 165 | 260 | 420 | 660 | 1.05 | 1.65 | 2.6 | 4.2 | 6.6 | 10.5 | 16.5 |
| 1250 | 1600 | 8 | 11 | 15 | 21 | 29 | 39 | 55 | 78 | 125 | 195 | 310 | 500 | 80 | 1.25 | 1.95 | 3.1 | 5 | 7.8 | 12.5 | 19.5 |
| 1600 | 2000 | 9 | 13 | 18 | 25 | 35 | 46 | 65 | 92 | 150 | 230 | 370 | 600 | 920 | 1.5 | 2.3 | 3.7 | 6 | 9.2 | 15 | 23 |

注：公称尺寸小于 1 mm 时，无 IT14 至 IT18。

表 A-2　优先配合中轴的极限偏差（摘自 GB/T 1800.4—1999）　　　（单位：μm）

| 公称尺寸/mm 大于 | 至 | c11 | d9 | f7 | f8 | g6 | g7 | h6 | h7 | h8 | h9 | h11 | k6 | k7 | n6 | p6 | s6 | u6 |
|---|---|---|---|---|---|---|---|---|---|---|---|---|---|---|---|---|---|---|
| — | 3 | −60 / −120 | −20 / −45 | −6 / −16 | −6 / −20 | −2 / −8 | −2 / −12 | 0 / −6 | 0 / −10 | 0 / −14 | 0 / −25 | 0 / −60 | +6 / 0 | +10 / 0 | +10 / +4 | +12 / +6 | +20 / +14 | +24 / +18 |
| 3 | 6 | −70 / −145 | −30 / −60 | −10 / −22 | −10 / −28 | −4 / −12 | −4 / −16 | 0 / −8 | 0 / −12 | 0 / −18 | 0 / −30 | 0 / −75 | +9 / +1 | +13 / +1 | +16 / +8 | +20 / +12 | +27 / +19 | +31 / +23 |
| 6 | 10 | −80 / −170 | −40 / −76 | −13 / −28 | −13 / −35 | −5 / −14 | −5 / −20 | 0 / −9 | 0 / −15 | 0 / −22 | 0 / −36 | 0 / −90 | +10 / +1 | +16 / +1 | +19 / +10 | +24 / +15 | +32 / +23 | +37 / +28 |
| 10 | 14 | −95 / −205 | −50 / −93 | −16 / −34 | −16 / −43 | −6 / −17 | −6 / −24 | 0 / −11 | 0 / −18 | 0 / −27 | 0 / −43 | 0 / −110 | +12 / +1 | +19 / +1 | +23 / +12 | +29 / +18 | +39 / +28 | +44 / +33 |
| 14 | 18 | −95 / −205 | −50 / −93 | −16 / −34 | −16 / −43 | −6 / −17 | −6 / −24 | 0 / −11 | 0 / −18 | 0 / −27 | 0 / −43 | 0 / −110 | +12 / +1 | +19 / +1 | +23 / +12 | +29 / +18 | +39 / +28 | +44 / +33 |
| 18 | 24 | −110 / −240 | −65 / −117 | −20 / −41 | −20 / −53 | −7 / −20 | −7 / −28 | 0 / −13 | 0 / −21 | 0 / −33 | 0 / −52 | 0 / −130 | +15 / +2 | +23 / +2 | +28 / +15 | +35 / +22 | +35 / +35 | +54 / +41 |
| 24 | 30 | −110 / −240 | −65 / −117 | −20 / −41 | −20 / −53 | −7 / −20 | −7 / −28 | 0 / −13 | 0 / −21 | 0 / −33 | 0 / −52 | 0 / −130 | +15 / +2 | +23 / +2 | +28 / +15 | +35 / +22 | +35 / +35 | +61 / +48 |
| 30 | 40 | −120 / −280 | −80 / −142 | −25 / −50 | −25 / −64 | −9 / −25 | −9 / −34 | 0 / −16 | 0 / −25 | 0 / −39 | 0 / −62 | 0 / −160 | +18 / +2 | +27 / +2 | +33 / +17 | +42 / +26 | +59 / +43 | +76 / +60 |
| 40 | 50 | −130 / −290 | −80 / −142 | −25 / −50 | −25 / −64 | −9 / −25 | −9 / −34 | 0 / −16 | 0 / −25 | 0 / −39 | 0 / −62 | 0 / −160 | +18 / +2 | +27 / +2 | +33 / +17 | +42 / +26 | +59 / +43 | +86 / +70 |
| 50 | 65 | −140 / −330 | −100 / −174 | −30 / −60 | −30 / −76 | −10 / −29 | −10 / −40 | 0 / −19 | 0 / −30 | 0 / −46 | 0 / −74 | 0 / −190 | +21 / +2 | +32 / +2 | +39 / +20 | +51 / +32 | +72 / +53 | +106 / +87 |
| 65 | 80 | −150 / −340 | −100 / −174 | −30 / −60 | −30 / −76 | −10 / −29 | −10 / −40 | 0 / −19 | 0 / −30 | 0 / −46 | 0 / −74 | 0 / −190 | +21 / +2 | +32 / +2 | +39 / +20 | +51 / +32 | +78 / +59 | +121 / +102 |
| 80 | 100 | −170 / −390 | −120 / −207 | −36 / −71 | −36 / −90 | −12 / −34 | −12 / −47 | 0 / −22 | 0 / −35 | 0 / −54 | 0 / −87 | 0 / −220 | +25 / +3 | +38 / +3 | +45 / +23 | +59 / +37 | +93 / +71 | +146 / +124 |
| 100 | 120 | −180 / −400 | −120 / −207 | −36 / −71 | −36 / −90 | −12 / −34 | −12 / −47 | 0 / −22 | 0 / −35 | 0 / −54 | 0 / −87 | 0 / −220 | +25 / +3 | +38 / +3 | +45 / +23 | +59 / +37 | +101 / +79 | +166 / +144 |
| 120 | 140 | −200 / −450 | −145 / −245 | −43 / −83 | −43 / −106 | −14 / −39 | −14 / −54 | 0 / −25 | 0 / −40 | 0 / −63 | 0 / −100 | 0 / −250 | +28 / +3 | +43 / +3 | +52 / +27 | +68 / +43 | +117 / +92 | +195 / +170 |
| 140 | 160 | −210 / −460 | −145 / −245 | −43 / −83 | −43 / −106 | −14 / −39 | −14 / −54 | 0 / −25 | 0 / −40 | 0 / −63 | 0 / −100 | 0 / −250 | +28 / +3 | +43 / +3 | +52 / +27 | +68 / +43 | +125 / +100 | +215 / +190 |
| 160 | 180 | −230 / −480 | −145 / −245 | −43 / −83 | −43 / −106 | −14 / −39 | −14 / −54 | 0 / −25 | 0 / −40 | 0 / −63 | 0 / −100 | 0 / −250 | +28 / +3 | +43 / +3 | +52 / +27 | +68 / +43 | +133 / +108 | +235 / +210 |
| 180 | 200 | −240 / −530 | −170 / −285 | −50 / −96 | −50 / −122 | −15 / −44 | −15 / −61 | 0 / −29 | 0 / −46 | 0 / −72 | 0 / −115 | 0 / −290 | +33 / +4 | +50 / +4 | +60 / +31 | +79 / +50 | +151 / +122 | +265 / +236 |
| 200 | 225 | −260 / −550 | −170 / −285 | −50 / −96 | −50 / −122 | −15 / −44 | −15 / −61 | 0 / −29 | 0 / −46 | 0 / −72 | 0 / −115 | 0 / −290 | +33 / +4 | +50 / +4 | +60 / +31 | +79 / +50 | +159 / +130 | +287 / +258 |
| 225 | 250 | −280 / −570 | −170 / −285 | −50 / −96 | −50 / −122 | −15 / −44 | −15 / −61 | 0 / −29 | 0 / −46 | 0 / −72 | 0 / −115 | 0 / −290 | +33 / +4 | +50 / +4 | +60 / +31 | +79 / +50 | +169 / +140 | +313 / +284 |
| 250 | 280 | −300 / −620 | −190 / −320 | −56 / −108 | −56 / −137 | −17 / −49 | −17 / −69 | 0 / −32 | 0 / −52 | 0 / −81 | 0 / −130 | 0 / −320 | +36 / +4 | +56 / +4 | +66 / +34 | +88 / +56 | +190 / +158 | +347 / +315 |
| 280 | 315 | −330 / −650 | −190 / −320 | −56 / −108 | −56 / −137 | −17 / −49 | −17 / −69 | 0 / −32 | 0 / −52 | 0 / −81 | 0 / −130 | 0 / −320 | +36 / +4 | +56 / +4 | +66 / +34 | +88 / +56 | +202 / +170 | +382 / +350 |
| 315 | 355 | −360 / −720 | −210 / −350 | −62 / −119 | −62 / −151 | −18 / −54 | −18 / −75 | 0 / −36 | 0 / −57 | 0 / −89 | 0 / −140 | 0 / −360 | +40 / +4 | +61 / +4 | +73 / +37 | +98 / +62 | +226 / +190 | +426 / +390 |
| 355 | 400 | −400 / −760 | −210 / −350 | −62 / −119 | −62 / −151 | −18 / −54 | −18 / −75 | 0 / −36 | 0 / −57 | 0 / −89 | 0 / −140 | 0 / −360 | +40 / +4 | +61 / +4 | +73 / +37 | +98 / +62 | +244 / +208 | +471 / +435 |
| 400 | 450 | −440 / −840 | −230 / −385 | −68 / −131 | −68 / −165 | −20 / −60 | −20 / −83 | 0 / −40 | 0 / −63 | 0 / −97 | 0 / −155 | 0 / −400 | +45 / +5 | +68 / +5 | +80 / +40 | +108 / +68 | +272 / +232 | +530 / +490 |
| 450 | 500 | −480 / −880 | −230 / −385 | −68 / −131 | −68 / −165 | −20 / −60 | −20 / −83 | 0 / −40 | 0 / −63 | 0 / −97 | 0 / −155 | 0 / −400 | +45 / +5 | +68 / +5 | +80 / +40 | +108 / +68 | +292 / +252 | +580 / +540 |

表 A-3 优先配合中孔的极限偏差(摘自 GB/T 1800.4—1999)　　　　(单位：μm)

| 公称尺寸/mm | | 公差带 | | | | | | | | | | | |
|---|---|---|---|---|---|---|---|---|---|---|---|---|---|
| | | C | D | F | G | H | | | | K | N | P | S | U |
| 大于 | 至 | 11 | 9 | 8 | 7 | 7 | 8 | 9 | 11 | 7 | 7 | 7 | 7 | 7 |
| — | 3 | +120<br>+60 | +45<br>+20 | +20<br>+6 | +12<br>+2 | +10<br>0 | +14<br>0 | +25<br>0 | +60<br>0 | 0<br>−10 | −4<br>−14 | −6<br>−16 | −14<br>−24 | −18<br>−28 |
| 3 | 6 | +145<br>+70 | +60<br>+30 | +28<br>+10 | +16<br>+4 | +12<br>0 | +18<br>0 | +30<br>0 | +75<br>0 | +3<br>−9 | −4<br>−16 | −8<br>−20 | −15<br>−27 | −19<br>−31 |
| 6 | 10 | +170<br>+80 | +76<br>+40 | +35<br>+13 | +20<br>+5 | +15<br>0 | +22<br>0 | +36<br>0 | +90<br>0 | +5<br>−10 | −4<br>−19 | −9<br>−24 | −17<br>−32 | −22<br>−37 |
| 10 | 14 | +205<br>+95 | +93<br>+50 | +43<br>+16 | +26<br>+4 | +18<br>0 | +27<br>0 | +43<br>0 | +110<br>0 | +6<br>−12 | −5<br>−23 | −11<br>−29 | −21<br>−39 | −26<br>−44 |
| 14 | 18 | | | | | | | | | | | | | |
| 18 | 24 | +240<br>+110 | +117<br>+65 | +53<br>+20 | +28<br>+7 | +21<br>0 | +33<br>0 | +52<br>0 | +130<br>0 | +6<br>−15 | −7<br>−28 | −14<br>−35 | −27<br>−48 | −33<br>−54 |
| 24 | 30 | | | | | | | | | | | | | −40<br>−61 |
| 30 | 40 | +280<br>+120 | +142<br>+80 | +64<br>+25 | +34<br>+9 | +25<br>0 | +39<br>0 | +62<br>0 | +160<br>0 | +7<br>−18 | −8<br>−33 | −17<br>−42 | −34<br>−59 | −51<br>−76 |
| 40 | 50 | +280<br>+120 | | | | | | | | | | | | −61<br>−86 |
| 50 | 65 | +330<br>+140 | +174<br>+100 | +76<br>+30 | +40<br>+10 | +30<br>0 | +46<br>0 | +74<br>0 | +190<br>0 | +<br>−21 | −9<br>−39 | −21<br>−51 | −42<br>−72 | −76<br>−106 |
| 65 | 80 | +340<br>+150 | | | | | | | | | | | −48<br>−78 | −91<br>−121 |
| 80 | 100 | +390<br>+170 | +207<br>+120 | +90<br>+36 | +47<br>+12 | +35<br>0 | +54<br>0 | +87<br>0 | +220<br>0 | +10<br>−25 | −10<br>−45 | −24<br>−59 | −58<br>−98 | −111<br>−146 |
| 100 | 120 | +400<br>+180 | | | | | | | | | | | −66<br>−101 | −131<br>−166 |
| 120 | 140 | +450<br>+200 | +245<br>+145 | +106<br>+43 | +54<br>+14 | +40<br>0 | +63<br>0 | +100<br>0 | +250<br>0 | +12<br>−28 | −12<br>−52 | −28<br>−68 | −77<br>−117 | −155<br>−195 |
| 140 | 160 | 460<br>+210 | | | | | | | | | | | −85<br>−125 | −175<br>−215 |
| 160 | 180 | +480<br>+230 | | | | | | | | | | | −93<br>−133 | −195<br>−235 |
| 180 | 200 | +530<br>+240 | +285<br>+170 | +122<br>+50 | +61<br>+15 | +46<br>0 | +72<br>0 | +115<br>0 | +290<br>0 | +13<br>−33 | −14<br>−60 | −33<br>−79 | −105<br>−151 | −219<br>−265 |
| 200 | 225 | +550<br>+260 | | | | | | | | | | | −113<br>−159 | −241<br>−287 |
| 225 | 250 | +570<br>+280 | | | | | | | | | | | −123<br>−169 | −267<br>−313 |
| 250 | 280 | +620<br>+300 | +320<br>+190 | +137<br>+56 | +69<br>+17 | +52<br>0 | +81<br>0 | +130<br>0 | +320<br>0 | +16<br>−36 | −14<br>−66 | −36<br>−88 | −138<br>−190 | −295<br>−347 |
| 280 | 315 | +650<br>+330 | | | | | | | | | | | 50<br>−202 | −330<br>−382 |
| 315 | 355 | +720<br>+360 | +350<br>+210 | +151<br>+62 | +75<br>+18 | +57<br>0 | +89<br>0 | +140<br>0 | +360<br>0 | +17<br>−40 | −16<br>−73 | −41<br>−98 | −169<br>−226 | −369<br>−426 |
| 355 | 400 | +760<br>+400 | | | | | | | | | | | −187<br>−244 | −414<br>−471 |
| 400 | 450 | +840<br>+440 | +385<br>+230 | +165<br>+68 | +83<br>+20 | +63<br>0 | +97<br>0 | +155<br>0 | +400<br>0 | +18<br>−45 | −17<br>−80 | −45<br>−108 | −209<br>−272 | −467<br>−530 |
| 450 | 500 | +880<br>+480 | | | | | | | | | | | −229<br>−292 | −517<br>−580 |

附录 299

## 附录 B  常用材料的牌号及性能

表 B-1  金属材料

| 标准 | 名称 | 牌号 | | 应用举例 | 说明 |
|---|---|---|---|---|---|
| GB/T 700—2006 | 普通碳素结构钢 | Q215 | A 级 | 用于制作金属结构件、拉杆、套圈、铆钉、螺栓、短轴、心轴、凸轮（载荷不大的）、垫圈、渗碳零件及焊接件 | "Q"为碳素结构钢屈服强度"屈"字的汉语拼音首位字母，后面的数字表示屈服强度的数值。如 Q235 表示碳素结构钢的屈服强度为 235 N/mm$^2$。<br>新旧牌号对照：<br>Q215——A2<br>Q235——A3<br>Q275——A5 |
| | | | B 级 | | |
| | | Q235 | A 级 | 用于制作金属结构件，心部强度要求不高的渗碳或氰化零件，吊钩、拉杆、套圈、气缸、齿轮、螺栓、螺母、连杆、轮轴、楔、盖及焊接件 | |
| | | | B 级 | | |
| | | | C 级 | | |
| | | | D 级 | | |
| | | Q275 | | 用于制作轴、轴销、刹车杆、螺母、螺栓、垫圈、连杆、齿轮以及其他强度较高的零件 | |
| GB/T 699—1999 | 优质碳素结构钢 | 10 | | 用于制作拉杆、卡头、垫圈、铆钉及焊接零件 | 牌号的两位数字表示平均碳的质量分数，45 钢即表示碳的质量分数为 0.45%；<br>碳的质量分数≤0.25% 的碳钢属低碳钢（渗碳钢）；<br>碳的质量分数在 (0.25～0.6)% 之间的碳钢属中碳钢（调质钢）；<br>碳的质量分数≥0.6% 的碳钢属高碳钢。<br>锰的质量分数较高的钢，须加注化学元素符号"Mn" |
| | | 15 | | 用于制作受力不大和韧度较高的零件、渗碳零件及紧固件（如螺栓、螺钉）、法兰盘和化工容器 | |
| | | 35 | | 用于制作曲轴、转轴、轴销、杠杆、连杆、螺栓、螺母、垫圈、飞轮（多大正火、调质下使用） | |
| | | 45 | | 用于制作要求综合的力学性能高的各种零件，通常经正火或调质处理后使用，如轴、齿轮、齿条、链轮、螺栓、螺母、销钉、键、拉杆等 | |
| | | 60 | | 用于制作弹簧、弹簧垫圈、凸轮、轧辊等 | |
| | | 15Mn | | 用于制作心部机械性能要求较高且须渗碳的零件 | |
| | | 65Mn | | 用于制作要求磨性高的圆盘、衬板、齿轮、花键轴、弹簧等 | |
| GB/T 3077—1999 | 合金结构钢 | 20Mn2 | | 用于制作渗碳小齿轮，小轴、活塞销、柴油机套筒、气门推杆、缸大套等 | 钢中加入一定量的合金元素，提高了钢的力学性能和耐磨性，出提高了钢的淬透性，保证金属在较大截面上获得高的力学性能 |
| | | 15Cr | | 用于制作要求心部韧度较高的渗碳零件，如船舶主机用螺栓、活塞销、凸轮、凸轮轴、汽轮机套环、机车小零件等 | |
| | | 40Cr | | 用于制作受变载、中速、中载、强烈磨损而无很大冲击的重要调质件，如重要的齿轮、轴、曲轴、连杆、螺栓、螺母等 | |
| | | 35SiMn | | 用于制作耐磨、耐疲劳性均佳，适用于小型轴类、齿轮及工作在 430℃ 以下的重要耐磨件等 | |
| | | 20CrMnTi | | 工艺性特优，强度、韧度均高，可用于制作承受高速、中等或重负荷以及冲击、磨损等的重要零件，如渗碳齿轮、凸轮等 | |

续表

| 标准 | 名称 | 牌号 | 应用举例 | 说明 |
|---|---|---|---|---|
| GB/T 11352—2009 | 铸钢 | ZG230—450 | 用于制作轧机机架、铁道车辆摇枕、侧梁、铁砧台、机座、箱体、锤轮、工作在450℃以下的管路附件等 | "ZG"为"铸钢"汉语拼音的首位字母，后面的数字表示屈服强度和抗拉强度。如ZG230—450表示屈服强度为230 N/mm²，抗拉强度为450 N/mm² |
| | | ZG310—570 | 用于制作各种形状的零件，如联轴器、齿轮、气缸、轴、机架、齿圈等 | |
| GB/T 9439—2010 | 灰铸铁 | HT150 | 用于制作小负荷和对耐磨性无特殊要求的零件，如端盖、外罩、手轮、一般机床的底座、床身及其复杂零件，滑台，工作台和低压管件等 | "HT"为"灰铁"的汉语拼音的首位字母，后面的数字表示抗拉强度。如HT200表示抗拉强度为200 N/mm²的灰铸铁 |
| | | HT200 | 用于制作中等负荷对耐磨性有一定要求的零件，如机床床身、立柱、飞轮、气缸、泵体、轴承座、活塞、齿轮箱、阀体等 | |
| | | HT250 | 用于制作中等负荷和对耐磨性有一定要求的零件，如阀体、油缸、气缸、联轴器、机体、齿轮、齿轮箱外壳、飞轮、液压泵和滑阀的壳体等 | |
| GB/T 1176—2013 | 5—5—5 锡青铜 | ZCuSn5Pb5Zn5 | 耐磨性和耐蚀性均好，易加工，铸造性和气密性较好。用于制作较高负荷，中等滑动速度下工作的耐磨、耐腐蚀零件，如轴瓦、衬套、缸塞、活塞、离合器、蜗轮等 | "Z"为"铸造"汉语拼音的首位字母，各化学元素后面的数字表示该元素的质量分数，如ZCuAl10Fe3表示含：Al(8.1~11)%　Fe(2~4)%　其余为Cu的铸造铝青铜 |
| | 10—3 铝青铜 | ZcuAl10Fe3 | 力学性能高，耐磨性、耐蚀性、抗氧化性好；可以焊接，不易钎焊，大型铸件在700℃下空冷可防止变脆。可用于制作强度高、耐磨、耐蚀的零件，如蜗轮、轴承、衬套、管嘴、耐热管配件等 | |
| | 25—6—3—3 铝黄铜 | ZCuZn25Al6Fe3Mn3 | 有很高的力学性能，铸造性良好，耐蚀性较好，有应力腐蚀开裂倾向，可以焊接。适用于高强耐磨零件，如桥梁支承板、螺母、螺杆、耐磨板、滑块和蜗轮等 | |
| | 58—2—2 锰黄铜 | ZcuZn38Mn2Pb2 | 有较高的力学性能和耐蚀性，耐磨性较好，切削性良好。可用于一般用途的构件，船舶仪表等使用的外形简单的铸件，如套筒、衬套、轴瓦、滑块等 | |
| GB/T 1173—1995 | 铸造铝合金 | ZAlSi12 代号ZL102 | 用于制作形状复杂，负荷小，耐腐蚀的薄壁零件和工作温度≤200℃的高气密性零件 | 含硅(10~13)%的铝硅合金 |
| GB/T 3190—2008 | 硬铝 | ZA12（原LY12） | 焊接性能好，适用制作高载荷的零件及构件(不包括冲压件和锻件) | ZA12表示铜的质量分数为(3.8~4.9)%、镁的质量分数为(1.2~1.8)%、锰的质量分数为(0.3~0.9)%的硬铝 |
| | 工业纯铝 | 1060（代L2） | 塑性、耐腐蚀性高，焊接性好，强度低，适于制作贮槽、热交换器、防污染及深冷设备等 | 1060表示含杂质的质量分数≤0.4%的工业纯铝 |

表 B-2  非金属材料

| 标 准 | 名 称 | 牌 号 | 说 明 | 应 用 举 例 |
|---|---|---|---|---|
| GB/T 539—2008 | 耐油石棉橡胶板 | NY250 HNY300 | 有(0.4～3.0) mm 的十种厚度规格 | 供航空发动机用的煤油、润滑油及冷气系统结合处的密封衬垫材料 |
| GB/T 5574—2008 | 耐酸碱橡胶板 | 2707 2807 2709 | 较高硬度 中等硬度 | 具有耐酸性能,在温度－30～+60 ℃的20%浓度的酸碱液体中工作,用于冲制密封性能较好的垫圈 |
| | 耐油橡胶板 | 3707 3807 3709 3809 | 较高硬度 | 可在一定温度的机油、变压器油、汽油等介质中工作,适用于冲制各种形状的垫圈 |
| | 耐热橡胶板 | 4708 4808 4710 | 较高硬度 中等硬度 | 可在－30～+100 ℃,且压力不大的条件下,于热空气、蒸汽介质中工作,用于冲制各种垫圈及隔热垫板 |

# 附录 C  常用热处理和表面处理

表 C-1  常用热处理和表面处理术语

| 名称 | 有效硬化层深度和硬度标注举例 | 说 明 | 目 的 |
|---|---|---|---|
| 退火 | 退火,163～197HBS 或退火 | 加热→保温→缓慢冷却 | 用来消除铸、锻、焊零件的内应力,降低硬度,以利切削加工,细化晶粒,改善组织,增加韧度 |
| 正火 | 正火,170～217HBS 或正火 | 加热→保温→空气冷却 | 用于处理低碳钢、中碳结构钢及渗碳零件细化晶粒,增加强度与韧度,减少内应力,改善切削性能 |
| 淬火 | 淬火,42～47HRC | 加热→保温→急冷 工件加热奥氏体化后以适当方式冷却获得马氏体或(和)贝氏体的热处理工艺 | 提高机件强度及耐磨性。但淬火后引起内应力,使钢变脆,所以淬火后必须回火 |
| 回火 | 回火 | 回火是将淬硬的钢件加热到临界点以下的温度,保温一段时间,然后在空气中或油中冷却下来 | 用来消除淬火后的脆性和内应力,提高钢的塑性和冲击韧度 |
| 调质 | 调质,200～230HBS | 淬火→高温回火 | 提高韧度及强度,重要的齿轮、轴及丝杠等零件需调质 |

续表

| 名称 | 有效硬化层深度和硬度标注举例 | 说　明 | 目　的 |
|---|---|---|---|
| 感应淬火 | 感应淬火 DS$=0.8\sim1.6$，$48\sim52$HRC | 用感应电流零件表面加热→急速冷却 | 提高机件表面的硬度及耐磨性，而心部保持一定的韧度，使零件即耐磨又能承受冲击，常用来处理齿轮 |
| 渗碳淬火 | 渗碳淬火 DC$=0.8\sim1.2$，$58\sim63$HRC | 将零件在渗碳介质中加热、保温，使碳原子渗入钢的表名后，再淬火回火渗碳深度为 $0.8\sim1.2$ mm | 提高机件表面的硬度、耐磨性、抗拉强度等适用于低碳、中碳（$w_C<0.40\%$）结构钢的中小型零件 |
| 渗氮 | 渗氮 DN$=0.25\sim0.4$，$\geqslant850$HV | 将零件放入氨气内加热，使氮原子渗入钢表面。氮化层为 $0.25\sim0.4$ mm，氮化时间为 $40\sim50$ h | 提高机件的表面硬度、耐磨性、疲劳强度和抗蚀能力。适用于合金钢、碳钢、铸铁件，如机床主轴、丝杠、重要液压元件中的零件 |
| 碳氮共渗淬火 | 碳氮共渗淬火 DC$=0.5\sim0.8$，$58\sim63$HRC | 钢件在含碳氮的介质中加热，使碳、氮原子同时渗入钢表面。可得到 $0.5\sim0.8$ mm 硬化层 | 提高表面硬度、耐磨性、疲劳强度和耐蚀性，用于要求硬度高、耐磨的中小型、薄片零件及刀具等 |
| 时效 | 自然时效<br>人工时效 | 机件深加工前，加热到 $100\sim150$ ℃后，保温 $5\sim20$ h，空气冷却，铸件也可自然时效（露天放一年以上） | 消除内应力，稳定机件形状和尺寸，常用于处理精密零件，如精密轴承，精密丝杠等 |
| 发蓝、发黑 |  | 将零件置于氧化剂内加热氧化，使表面形成一层氧化铁保护膜 | 防腐蚀、美化，如用于螺纹紧固件 |
| 镀镍 |  | 用电解方法，在钢件表面镀一层镍 | 防腐蚀、美化 |
| 镀铬 |  | 用电解方法，在钢件表面镀一层铬 | 提高表面硬度、耐磨性和腐蚀能力，也用于修复零件上磨损的表面 |
| 硬度 | HBW（布氏硬度，见 GB/T231.1—2009）<br>HRC（洛氏硬度，见 GB/T 230.1—2009）<br>HV（维氏硬度，见 GB/T 4340.1—2009） | 材料抵抗硬物压入其表面的能力，依测定方法不同而有布氏硬度、洛氏硬度、维氏硬度等几种 | 检验材料经热处理后的力学性能<br>——硬度 HBW 用于退火、正火、调制的零件及铸件<br>——HBC 用于经淬火、回火及表面渗碳、渗氮等处理的零件<br>——HV 用于薄层硬化零件 |

# 附录 D 螺 纹

1. 普通螺纹(摘自 GB/T 139—2003、GB/T 196—2003)

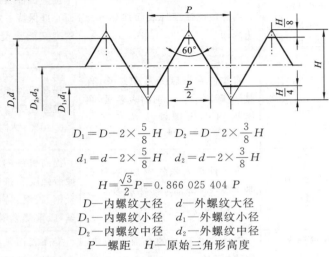

$$D_1 = D - 2 \times \frac{5}{8}H \quad D_2 = D - 2 \times \frac{3}{8}H$$

$$d_1 = d - 2 \times \frac{5}{8}H \quad d_2 = d - 2 \times \frac{3}{8}H$$

$$H = \frac{\sqrt{3}}{2}P = 0.866\ 025\ 404\ P$$

$D$—内螺纹大径　$d$—外螺纹大径
$D_1$—内螺纹小径　$d_1$—外螺纹小径
$D_2$—内螺纹中径　$d_2$—外螺纹中径
$P$—螺距　$H$—原始三角形高度

标记示例：

粗牙普通螺纹，大径为 16 mm，螺距为 2 mm，右旋，内螺纹公差带中径和顶径均为 6H，该螺纹标记为：M16—6H

细牙普通螺纹，大径为 16 mm，螺距为 1.5 mm，左旋，外螺纹公差带中径为 5g、大径为 6g，该螺纹标记为：M16×1.5H—5g6g

表 D-1　基本尺寸　　　　　　　　　　　　　(单位：mm)

| 公称直径 $D$、$d$ | | 螺距 $P$ | | 粗牙小径 $D_1$、$d_1$ | 公称直径 $D$、$d$ | | 螺距 $P$ | | 粗牙小径 $D_1$、$d_1$ |
|---|---|---|---|---|---|---|---|---|---|
| 第一系列 | 第二系列 | 粗牙 | 细牙 | | 第一系列 | 第二系列 | 粗牙 | 细牙 | |
| 3 | | 0.5 | 0.35 | 2.459 | 20 | | 2.5 | 2;1.5;1;(0.75);(0.5) | 17.294 |
| | 3.5 | (0.6) | | 2.850 | | 22 | 2.5 | 2;1.5;1;(0.75);(0.5) | 19.294 |
| 4 | | 0.7 | 0.5 | 3.0242 | 24 | | 3 | 2;15;(0.75) | 20.752 |
| 5 | | 0.8 | | 4.134 | | 27 | 3 | 2;1.5;1;(0.75) | 23.752 |
| 6 | | 1 | 0.75;(0.5) | 4.917 | 30 | | 3.5 | (3);2;1.5;1;(0.75) | 26.211 |
| 8 | | 1.25 | 1;0.75;(0.5) | 6.647 | | 33 | 3.5 | (3);2;1.5;(1);(0.75) | 29.211 |
| 10 | | 1.5 | 1.25;1;0.75;(0.5) | 8.376 | 36 | | 4 | 3;2;1.5;(1) | 31.670 |
| 12 | | 1.75 | 1.5;(1.25);1;(0.75);(0.5) | 10.106 | | 39 | 4 | | 34.670 |
| | 14 | 2 | 1.5;(1.25);1;(0.75);(0.5) | 11.835 | 42 | | 4.5 | (4);3;2;1.5;1 | 37.129 |
| 16 | | 2 | 1.5;1;(0.75);(0.5) | 13.835 | | 45 | 4.5 | | 40.129 |
| | 18 | 2.5 | 2;1.5;1;(0.75);(0.5) | 15.294 | 48 | | 5 | | 42.587 |

注：1. 优先选用第一系列，括号内的数尽量不用。

2. 第三系列未列入，中径 $D_2$、$d_2$ 未列入。

3. M14×1.25 仅用于火花塞。

## 2. 非密封的管螺纹(摘自 GB/T 7307—2001)

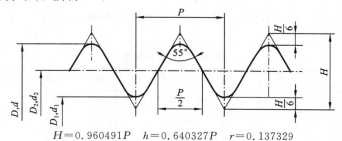

$H = 0.960491P \quad h = 0.640327P \quad r = 0.137329$

标记示例：

管子尺寸代号为 3/4、右旋、非螺纹密封的管螺纹,标记为:G3/4

管子尺寸代号为 3/4、左旋、非螺纹密封的管螺纹,标记为:G3/4-LH

表 D-2　螺纹的基本尺寸　　　　　　　　　　(单位:mm)

| 尺寸代号 | 每25.4 mm内的牙数 $n$ | 螺距 $P$ | 基本直径 大径 $D$、$d$ | 基本直径 中径 $D_2$、$d_2$ | 基本直径 小径 $D_2$、$d_2$ | 尺寸代号 | 每25.4 mm内的牙数 $n$ | 螺距 $P$ | 基本直径 大径 $D$、$d$ | 基本直径 中径 $D_2$、$d_2$ | 基本直径 小径 $D_2$、$d_2$ |
|---|---|---|---|---|---|---|---|---|---|---|---|
| 1/8 | 28 | 0.907 | 9.728 | 9.147 | 8.566 | $1\frac{1}{4}$ | | 2.309 | 41.910 | 40.431 | 38.952 |
| 1/4 | 19 | 1.337 | 13.157 | 12.301 | 11.445 | $1\frac{1}{2}$ | | 2.309 | 47.303 | 46.324 | 44.845 |
| 3/8 | 19 | 1.337 | 16.662 | 16.806 | 14.950 | $1\frac{3}{4}$ | | 2.309 | 53.746 | 52.267 | 50.788 |
| 1/2 | | 1.814 | 20.955 | 19.793 | 18.631 | 2 | | 2.309 | 59.614 | 58.135 | 56.656 |
| 5/8 | 14 | 1.814 | 22.911 | 21.749 | 20.587 | $2\frac{1}{4}$ | 11 | 2.309 | 65.710 | 64.231 | 62.752 |
| 3/4 | 14 | 1.814 | 26.441 | 25.279 | 24.119 | $2\frac{1}{2}$ | | 2.309 | 75.148 | 73.705 | 72.226 |
| 7/8 | | 1.814 | 30.201 | 29.039 | 27.877 | $2\frac{3}{4}$ | | 2.309 | 81.534 | 80.055 | 78.576 |
| 1 | 11 | 2.309 | 33.249 | 31.770 | 30.291 | 3 | | 2.309 | 87.884 | 86.405 | 84.926 |
| $1\frac{1}{8}$ | 11 | 2.309 | 37.897 | 36.418 | 34.939 | $3\frac{1}{2}$ | | 2.309 | 100.330 | 98.851 | 97.372 |

# 附录 E　常用螺纹紧固件

## 1. 螺栓

六角头螺栓—C 级(GB/T 5780—2000)、六角头螺栓—A 和 B 级(GB/T 5782—2000、GB/T 5783—2000)

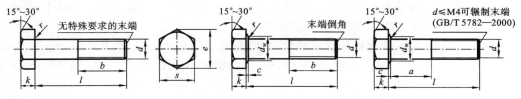

**标记示例**

螺纹规格 $d=$ M12、公称长度 $l=80$ mm、A级六角头螺栓，标记为：螺栓 GB/T 5782—2000 M12×80

表 E-1 六角头螺栓　　　　　　　　　（单位：mm）

| 螺纹规格 $d$ | | | M3 | M4 | M5 | M6 | M8 | M10 | M12 | M16 | M20 | M24 |
|---|---|---|---|---|---|---|---|---|---|---|---|---|
| $b$(参考) | $l\leqslant125$ | | 12 | 14 | 16 | 18 | 22 | 26 | 30 | 38 | 46 | 54 |
| | $125<l\leqslant200$ | | 18 | 20 | 22 | 24 | 28 | 32 | 36 | 44 | 52 | 60 |
| | $l>200$ | | 31 | 33 | 35 | 37 | 41 | 45 | 49 | 57 | 65 | 73 |
| $e$(min) | GB/T 5782 | | 0.4 | 0.4 | 0.5 | 0.5 | 0.6 | 0.6 | 0.6 | 0.8 | 0.8 | 0.8 |
| | GB/T 5783 | | | | | | | | | | | |
| $d_w$ | GB/T 5782 | A级 | 4.57 | 5.88 | 6.88 | 8.88 | 11.63 | 14.63 | 16.63 | 22.49 | 28.19 | 33.61 |
| | GB/T 5783 | B级 | 4.45 | 5.74 | 6.74 | 8.74 | 11.47 | 14.47 | 16.47 | 22 | 27.7 | 33.25 |
| $e$ | GB/T 5782 | A级 | 6.01 | 7.66 | 8.79 | 11.05 | 14.38 | 17.77 | 20.03 | 26.75 | 33.53 | 39.98 |
| | GB/T 5783 | B级 | 5.88 | 7.50 | 8.63 | 10.89 | 14.20 | 17.59 | 19.85 | 26.17 | 32.95 | 39.55 |
| $k$ 公称 | GB/T 5782 | | 2 | 2.8 | 3.5 | 4 | 5.3 | 6.4 | 7.5 | 10 | 12.5 | 15 |
| | GB/T 5783 | | | | | | | | | | | |
| $r$(min) | GB/T 5782 | | 0.1 | 0.2 | 0.2 | 0.25 | 0.4 | 0.4 | 0.6 | 0.6 | 0.8 | 0.8 |
| | GB/T 5783 | | | | | | | | | | | |
| $s$ 公称 | GB/T 5782 | | 5.5 | 7 | 8 | 10 | 13 | 16 | 18 | 24 | 30 | 36 |
| | GB/T 5783 | | | | | | | | | | | |
| $a$(max) | GB/T 5783 | | 1.5 | 2.1 | 2.4 | 3 | 4 | 4.5 | 5.3 | 6 | 7.5 | 9 |
| $l$ 公称 | 商品规格范围 | GB/T 5782 | 20~30 | 24~40 | 25~50 | 30~60 | 40~80 | 46~100 | 50~120 | 65~160 | 80~200 | 90~240 |
| | | GB/T 5783 | 6~30 | 8~40 | 10~50 | 12~60 | 16~80 | 20~100 | 25~120 | 30~200 | 40~200 | 50~200 |
| | 系列值 | | 6,8,10,12,16,20,25,30,35,40,45,50,(55),60,(65),70,80,90,100,110,120,130,140,150, 160,180,200,220,240,260,280,300,320,340,360 | | | | | | | | | | |

**2. 双头螺柱**

$b_m=1d$(GB/T 897—1988)、$b_m=1.25d$(GB/T 898—1988)、$b_m=1.5d$(GB/T 899—1988)、$b_m=2d$(GB/T 900—1988)

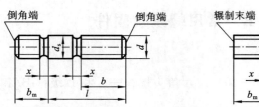

标记示例：① 两端均为粗牙普通螺纹，$d=10$ mm、$l=50$ mm、B型、$b_m=1d$，标记为：螺柱 GB/T 897—1988 M10×50

② 旋入端为粗牙普通螺纹，旋螺母端为细牙普通螺纹($P=1$)，$d=10$ mm、$l=50$ mm、A型、$b_m=1d$，标记为：螺柱 GB/T 897—1988 AM10—M10×1×50

表 E-2 双头螺柱　　　　　　　　　　　　　　　（单位：mm）

| 螺纹规格 $d$ | | M5 | M6 | M8 | M10 | M12 | M16 | M20 | M24 | M30 | M36 | M32 | M48 |
|---|---|---|---|---|---|---|---|---|---|---|---|---|---|
| $b_m$ | GB/T897—1988 | 5 | 6 | 8 | 10 | 12 | 16 | 20 | 24 | 30 | 36 | 42 | 48 |
| | GB/T898—1988 | 6 | 8 | 10 | 12 | 15 | 20 | 25 | 30 | 38 | 45 | 52 | 60 |
| | GB/T899—1988 | 8 | 10 | 12 | 15 | 18 | 24 | 30 | 36 | 45 | 54 | 65 | 75 |
| | GB/T900—1988 | 10 | 12 | 16 | 20 | 24 | 32 | 40 | 48 | 60 | 72 | 84 | 96 |
| $x$(max) | | \multicolumn{12}{c|}{1.5P} |
| l | | \multicolumn{12}{c|}{b} |
| 16 | | 10 | | | | | | | | | | | |
| (18) | | 10 | | | | | | | | | | | |
| 20 | | 10 | | | | | | | | | | | |
| (22) | | | 10 | 12 | | | | | | | | | |
| (25) | | | 10 | 12 | | | | | | | | | |
| (28) | | | 14 | 16 | 14 | 16 | | | | | | | |
| 30 | | | 14 | 16 | 14 | 16 | | | | | | | |
| (32) | | 16 | | | 16 | 20 | | | | | | | |
| 35 | | 16 | | | 16 | 20 | | | | | | | |
| (38) | | 16 | | | 16 | 20 | 25 | | | | | | |
| 40 | | 16 | | | 26 | 30 | 25 | | | | | | |
| 45 | | | | | 26 | 30 | 25 | | | | | | |
| 50 | | | 18 | | | 30 | 30 | | | | | | |
| (55) | | | 18 | | | 30 | 35 | | | | | | |
| 60 | | | 18 | 22 | | 38 | 35 | | | | | | |
| (65) | | | | 22 | | 38 | 45 | 40 | | | | | |
| (70) | | | | 22 | | | 46 | 45 | 45 | | | | |
| (75) | | | | 22 | | | | 45 | 45 | 50 | | | |
| 80 | | | | | | | | 54 | 50 | 60 | | | |
| (85) | | | | | | | | 54 | 50 | 60 | 70 | 60 | |
| 90 | | | | | | | | | 50 | | 70 | 60 | |
| (95) | | | | | | | | | | | | 80 | |
| 100 | | | | | | | | | | 60 | | 80 | |
| 110 | | | | | | | | | | 60 | | | |
| 120 | | | | | | | | | | | 78 | 90 | 102 |
| 130 | | | | | 32 | | | | | | | | |
| 180 | | | | | 32 | 36 | 41 | 52 | 60 | 72 | 84 | 96 | 108 |

### 3. 螺钉

开槽圆柱头螺钉(GB/T 65—2000) 开槽沉头螺钉(GB/T 68—2000)

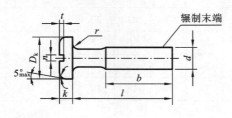 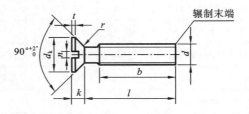

**标记示例**

螺纹规格 $d$＝M5、公称长度 $l$＝20 mm 的开槽圆柱头螺钉，标记为：螺钉 GB/T 65—2000 M5×20

表 E-3 螺钉 (单位：mm)

| 螺纹规格 $d$ | | M1.6 | M2 | M2.5 | M3 | M4 | M5 | M6 | M8 | M10 |
|---|---|---|---|---|---|---|---|---|---|---|
| $P$ | GB/T 65—2000 | 0.35 | 0.4 | 0.45 | 0.5 | 0.7 | 0.8 | 1 | 1.25 | 1.5 |
| | GB/T 68—2000 | | | | | | | | | |
| $b$(min) | GB/T 65—2000 | 25 | | | | 38 | | | | |
| | GB/T 68—2000 | | | | | | | | | |
| $d_k$(max) | GB/T 65—2000 | 3 | 3.8 | 4.5 | 5.5 | 7 | 8.5 | 10 | 13 | 16 |
| | GB/T 68—2000 | 3.6 | 4.4 | 5.5 | 6.3 | 9.4 | 10.4 | 12.6 | 17.3 | 20 |
| $k$(max) | GB/T 65—2000 | 1.1 | 1.4 | 1.8 | 2 | 2.6 | 3.3 | 3.9 | 5 | 6 |
| | GB/T 68—2000 | 1 | 1.2 | 1.5 | 1.65 | 2.7 | 2.7 | 3.3 | 4.65 | 5 |
| $n$ 公称 | GB/T 65—2000 | 0.4 | 0.5 | 0.6 | 0.8 | 1.2 | 1.2 | 1.6 | 2 | 2.5 |
| | GB/T 68—2000 | | | | | | | | | |
| $r$ min | GB/T 65—2000 | 0.1 | 0.1 | 0.1 | 0.1 | 0.2 | 0.2 | 0.25 | 0.4 | 0.4 |
| $r$ max | GB/T 68—2000 | 0.4 | 0.5 | 0.6 | 0.8 | 1 | 1.3 | 1.5 | 2 | 2.5 |
| $t$ min | GB/T 65—2000 | 0.45 | 0.6 | 0.7 | 0.85 | 1.1 | 1.3 | 1.6 | 2 | 2.4 |
| | GB/T 68—2000 | 0.32 | 0.4 | 0.5 | 0.6 | 1 | 1.1 | 1.2 | 1.8 | 2 |
| $l$ 公称 商品规格范围 | GB/T 65—2000 | 2~16 | 3~20 | 3~25 | 4~30 | 5~40 | 6~50 | 8~60 | 10~80 | 12~80 |
| | GB/T 68—2000 | 2.5~16 | 3~20 | 3~25 | 5~30 | 6~40 | 8~50 | | | |
| $l$ 公称 全螺纹范围 | GB/T 65—2000 | $l$≤30 | | | | $l$≤40 | | | | |
| | GB/T 68—2000 | $l$≤30 | | | | $l$≤45 | | | | |
| $l$ 公称 系列值 | | 2,2.5,3,4,5,6,8,10,12,(14),16,20,25,30,35,40,45,50,(55),60,(65),70,(75),80 | | | | | | | | |

## 4. 紧定螺钉

开槽锥端紧定螺钉　　　　开槽平端紧定螺钉　　　　开槽长圆柱端紧定螺钉
（GB/T 71—1985）　　　　（GB/T 73—1985）　　　　（GB/T 75—1985）

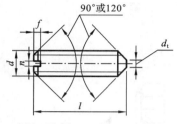 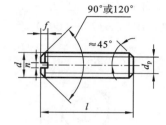 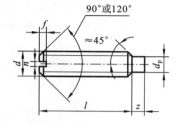

标记示例

螺纹规格 $d$＝M5、公称长度 $l$＝12 mm 的开槽锥端紧定螺钉；螺钉 GB/T 71—1985 M5×12

表 E-4　紧定螺钉　　　　　　　　　　　　　　　　　　　　（单位：mm）

| 螺纹规格 $d$ | | | M1.2 | M1.6 | M2 | M2.5 | M3 | M4 | M5 | M6 | M8 | M10 | M12 |
|---|---|---|---|---|---|---|---|---|---|---|---|---|---|
| $P$ | GB/T 71,GB/T 73 | | 0.25 | 0.35 | 0.4 | 0.5 | 0.5 | 0.7 | 0.8 | 1 | 1.25 | 1.5 | 1.75 |
| | GB/T 75 | | — | | | | | | | | | | |
| $d_t$ | GB/T 71 | | 0.12 | 0.16 | 0.2 | 0.25 | 0.3 | 0.4 | 0.5 | 1.5 | 2 | 2.2 | 2.5 |
| $d_p$(max) | GB/T 71,GB/T 73 | | 0.6 | 0.8 | 1 | 1.5 | 2 | 2.5 | 3.5 | 4 | 5.5 | 7 | 8.5 |
| | GB/T 75 | | — | | | | | | | | | | |
| $n$ 公称 | GB/T 71,GB/T 73 | | 0.2 | 0.25 | 0.25 | 0.4 | 0.4 | 0.6 | 0.8 | 1 | 1.2 | 1.6 | 2 |
| | GB/T 75 | | — | | | | | | | | | | |
| $t$(min) | GB/T 71,GB/T 73 | | 0.4 | 0.56 | 0.64 | 0.72 | 0.8 | 1.12 | 1.28 | 1.6 | 2 | 2.4 | 2.8 |
| | GB/T 75 | | — | | | | | | | | | | |
| $z$(min) | GB/T 75 | | — | 0.8 | 1 | 1.2 | 1.5 | 2 | 25 | 3 | 4 | 5 | 6 |
| 倒角和锥顶角 | GB/T 71 | 120° | $l$＝20 | $l$≤2.5 | $l$≤3 | | $l$≤4 | $l$≤5 | $l$≤6 | $l$≤8 | $l$≤10 | $l$≤12 | |
| | | 90° | $l$≥2.5 | $l$≥3 | $l$≥4 | | $l$≥5 | $l$≥6 | $l$≥8 | $l$≥10 | $l$≥12 | $l$≥14 | |
| | GB/T 73 | 120° | — | $l$≤2 | $l$≤2.5 | $l$≤3 | | $l$≤4 | $l$≤5 | $l$≤6 | $l$≤8 | $l$≤10 | |
| | | 90° | $l$≥2 | $l$≥2.5 | $l$≥3 | $l$≥4 | | $l$≥5 | $l$≥6 | $l$≥8 | $l$≥10 | $l$≥12 | |
| | GB/T 75 | 120° | — | $l$≤2.5 | $l$≤3 | $l$≤4 | $l$≤5 | $l$≤6 | $l$≤8 | $l$≤10 | $l$≤14 | $l$≤16 | $l$≤20 |
| | | 90° | | $l$≥3 | $l$≥4 | $l$≥5 | $l$≥6 | $l$≥8 | $l$≥10 | $l$≥12 | $l$≥16 | $l$≥20 | $l$≥25 |
| $l$ 公称 | 商品规格范围 | GB/T 71 | | 2～6 | 2～8 | 3 10 | 3 12 | 4 16 | 6 20 | 8 25 | 8 30 | 10 40 | 12 50 | 14 60 |
| | | GB/T 73 | | | 2 10 | 2.5 12 | 3 16 | 4 20 | 5 25 | 6 30 | 8 40 | 10 50 | 12 60 |
| | | GB/T 75 | — | 2.5 8 | 3 10 | 4 12 | 5 16 | 6 20 | 8 25 | 8 30 | 10 40 | 12 50 | 14 60 |
| | 系列值 | | 2,2.5,3,4,5,6,8,10,12,(14),16,20,25,30,35,40,45,50,(55),60 | | | | | | | | | | |

## 5. 螺母

1 型六角螺母—C 级(GB/T 41—2000)

1 型六角螺母—A 级和 B 级(GB/T 6170—2000)

六角薄螺母—A 级和 B 级—倒角(GB/T 6172.1—2000)

2 型六角螺母—A 级和 B 级(GB/T 6175—2000)

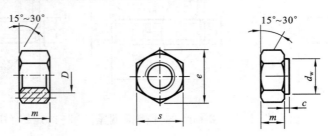

**标记示例**

螺纹规格 D=12 mm 的 1 型、C 级六角螺母,标记为:螺母 GB/T 41—2000 M12

表 E-5 螺母 （单位:mm）

| 螺纹规格 $D$ | | M1.6 | M2 | M2.5 | M3 | M4 | M5 | M6 | M8 | M10 | M12 | M16 | M20 | M24 | M30 | M36 |
|---|---|---|---|---|---|---|---|---|---|---|---|---|---|---|---|---|
| $c$ (max) | GB/T 6170 | 0.2 | 0.2 | 0.3 | 0.4 | 0.4 | 0.5 | 0.5 | 0.6 | 0.6 | 0.6 | 0.8 | 0.8 | 0.8 | 0.8 | 0.8 |
| | GB/T 6175 | — | — | — | — | — | | | | | | | | | | |
| $d_w$ (min) | GB/T 41 | — | — | — | — | — | 6.7 | 8.7 | 11.5 | 14.5 | 16.5 | 22 | 27.7 | 33.2 | 42.7 | 51.1 |
| | GB/T 6170 | 2.4 | 3.1 | 4.1 | 4.6 | 5.9 | 6.9 | 8.9 | 11.6 | 14.6 | 16.6 | 22.5 | 27.7 | 33.2 | 42.7 | 51.1 |
| | GB/T 6172.1 | | | | | | | | | | | | | | | |
| | GB/T 6175 | — | — | — | — | — | | | | | | | | | | |
| $e$ (min) | GB/T 41 | — | — | — | — | — | 8.63 | 10.98 | 14.20 | 17.59 | 19.85 | 26.17 | | | | |
| | GB/T 6170 | 3.41 | 4.32 | 5.45 | 6.01 | 7.66 | | | | | | | 32.95 | 39.55 | 50.85 | 60.79 |
| | GB/T 6172.1 | | | | | | 8.79 | 11.05 | 14.38 | 17.77 | 20.03 | 26.75 | | | | |
| | GB/T 6175 | — | — | — | — | — | | | | | | | | | | |
| $m$ (max) | GB/T 41 | — | — | — | — | — | 5.6 | 6.4 | 7.9 | 9.5 | 12.2 | 15.9 | 19 | 22.3 | 26.4 | 31.9 |
| | GB/T 6170 | 1.3 | 1.6 | 2 | 2.4 | 3.2 | 4.7 | 5.2 | 6.8 | 8.4 | 10.8 | 14.8 | 18 | 21.5 | 25.6 | 31 |
| | GB/T 6172.1 | 1 | 1.2 | 1.6 | 1.8 | 2.2 | 2.7 | 3.1 | 4 | 5 | 6 | 8 | 10 | 12 | 15 | 18 |
| | GB/T 6175 | — | — | — | — | — | 5.1 | 5.7 | 7.5 | 9.3 | 12 | 16.4 | 20.3 | 23.9 | 28.6 | 34.7 |
| $s$ (max) | GB/T 41 | — | — | — | — | — | 8 | 10 | 13 | 16 | 18 | 24 | 30 | 36 | 46 | 55 |
| | GB/T 6170 | 3.2 | 4 | 5 | 5.5 | 7 | | | | | | | | | | |
| | GB/T 6172.1 | | | | | | | | | | | | | | | |
| | GB/T 6175 | — | — | — | — | — | | | | | | | | | | |

## 6. 垫圈

小垫圈 A 级(GB/T 848—2002),平垫圈—A 级(GB/T 97.1—2002)

平垫圈倒角型 A 级(GB/T 97.2—2002),平垫圈 C 级(GB/T 95—2002)

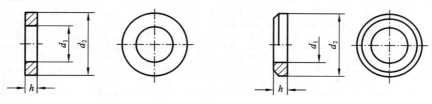

标记示例

垫圈 GB/T 97.1—2002 8—140HV

表 E-6　垫圈　　　　　　　　　　　　(单位:mm)

| 公称尺寸(螺纹规格 $d$) | | 4 | 5 | 6 | 8 | 10 | 12 | 14 | 16 | 20 | 24 | 30 | 36 |
|---|---|---|---|---|---|---|---|---|---|---|---|---|---|
| $d_1$ 公称 (max) | GB/T 848 | | 4.3 | 5.3 | 6.4 | 8.4 | 10.5 | 13 | 15 | 17 | 21 | 25 | 31 | 37 |
| | GB/T 97.1 | | | | | | | | | | | | | |
| | GB/T 97.2 | | — | | | | | | | | | | | |
| | GB/T 95 | | | | | | | | | | | | | |
| $d_2$ 公称 | GB/T 848 | | 8 | 9 | 11 | 15 | 18 | 20 | 24 | 28 | 34 | 39 | 50 | 60 |
| | GB/T 97.1 | | 9 | | | | | | | | | | | |
| | GB/T 97.2 | | — | 10 | 12 | 16 | 20 | 24 | 28 | 30 | 37 | 44 | 56 | 66 |
| | GB/T 95 | | | | | | | | | | | | | |
| $h$ 公称 (max) | GB/T 848 | | 0.5 | 1 | 1.6 | 1.6 | 2 | 2 | 2.5 | 2.5 | 3 | 4 | 4 | 5 |
| | GB/T 97.1 | | 0.8 | | | | | | | | | | | |
| | GB/T 97.2 | | — | | | | | | | | | | | |
| | GB/T 95 | | | | | | | | | | | | | |

弹簧垫圈(GB/T 93—1987)

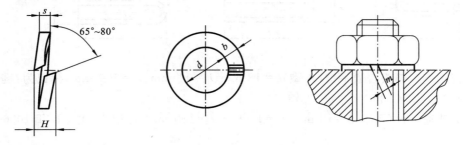

标记示例　标准系列公称尺寸 $d=16$ mm 的弹簧垫圈,标记为:

垫圈 GB/T 93—1987 16

## 表 E-7 弹簧垫圈 （单位：mm）

| 公称尺寸（螺纹规格 $d$） | 2 | 2.5 | 3 | 4 | 5 | 6 | 8 | 10 | 12 | 16 | 20 | 24 | 30 | 36 | 42 | 48 |
|---|---|---|---|---|---|---|---|---|---|---|---|---|---|---|---|---|
| $d_1$(min) | 2.1 | 2.6 | 3.1 | 4.1 | 5.1 | 6.1 | 8.1 | 10.2 | 12.2 | 16.2 | 20.2 | 24.5 | 30.5 | 36.5 | 42.5 | 48.5 |
| $s(b)$公称 | 0.5 | 0.65 | 0.8 | 1.1 | 1.3 | 1.6 | 2.1 | 2.6 | 3.1 | 4.1 | 5 | 6 | 7.5 | 9 | 10.5 | 12 |
| $H$(max) | 1 | 1.3 | 1.6 | 2.2 | 2.6 | 3.2 | 4.2 | 5.2 | 6.2 | 8.2 | 10 | 12 | 15 | 18 | 21 | 24 |
| $M\leqslant$ | 0.25 | 0.33 | 0.4 | 0.55 | 0.65 | 0.8 | 1.05 | 1.3 | 1.55 | 2.05 | 2.5 | 3 | 3.75 | 4.5 | 5.25 | 6 |

# 附录 F 键

**1. 平键和键槽的剖面尺寸**（摘自 GB/T 1095—2003）

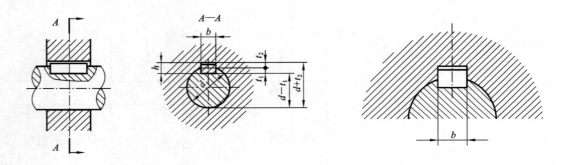

**2. 普通平键形式尺寸**（摘自 GB/T 1096—2003）

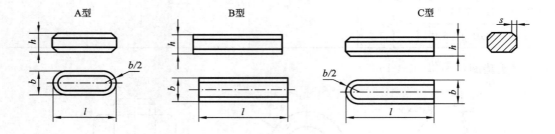

标记示例 圆头普通平键（A 型）$b=18$ mm、$h=11$ mm、$L=100$ mm，标记为：键 GB/T 1096—2003 18×100

方头普通平键（B 型）$b=18$ mm、$h=11$ mm、$l=100$ mm，标记为：键 GB/T 1096—2003 B18×100

表 F-1　　　　　　　　　　　　　　　　　　　　　　（单位：mm）

| 轴 | 键 | 键槽 | | | | | | | | | | |
|---|---|---|---|---|---|---|---|---|---|---|---|---|
| 公称直径 $d$ | 公称尺寸 $b \times h$ | 宽度 $b$ | | | | | | 深度 | | | | 半径 $r$ |
| | | 公称尺寸 | 极限偏差 | | | | | 轴 $t_1$ | | 毂 $t_2$ | | |
| | | | 正常连接 | | 紧密连接 | 松连接 | | 公称尺寸 | 极限偏差 | 公称尺寸 | 极限偏差 | |
| | | | 轴 N9 | 毂 JS9 | 轴和毂 P9 | 轴 H9 | 毂 D10 | | | | | min　max |
| 自6～8 | 2×2 | 2 | −0.004 −0.029 | ±0.0125 | −0.006 −0.031 | +0.025 0 | +0.060 +0.020 | 1.2 | +0.1 0 | 1.0 | +0.1 0 | 0.08　0.16 |
| >8～10 | 3×3 | 3 | | | | | | 1.8 | | 1.4 | | |
| >10～12 | 4×4 | 4 | 0 −0.030 | ±0.0125 | −0.012 −0.042 | +0.030 0 | +0.078 +0.030 | 2.5 | | 1.8 | | |
| >12～17 | 5×5 | 5 | | | | | | 3.0 | | 2.3 | | |
| >17～22 | 6×6 | 6 | | | | | | 3.5 | | 2.8 | | |
| >22～30 | 8×7 | 8 | 0 −0.036 | ±0.018 | −0.015 −0.051 | +0.036 0 | +0.098 +0.040 | 4.0 | | 3.3 | | 0.16　0.25 |
| >30～38 | 10×8 | 10 | | | | | | 5.0 | | 3.3 | | |
| >38～44 | 12×8 | 12 | | | | | | 5.0 | +0.2 0 | 3.3 | +0.2 0 | |
| >44～50 | 14×9 | 14 | 0 +0.043 | ±0.0215 | −0.018 −0.061 | +0.043 0 | +0.120 +0.050 | 5.5 | | 3.8 | | 2.5　0.40 |
| >50～58 | 16×10 | 16 | | | | | | 6.0 | | 4.3 | | |
| >58～65 | 18×11 | 18 | | | | | | 7.0 | | 4.4 | | |
| >65～75 | 20×12 | 20 | | | | | | 7.5 | | 4.9 | | |
| >75～85 | 22×14 | 22 | 0 −0.052 | ±0.026 | −0.022 −0.074 | +0.052 0 | +0.149 +0.065 | 9.0 | +0.2 0 | 5.4 | +0.2 0 | 0.40　0.60 |
| >85～95 | 25×14 | 25 | | | | | | 9.0 | | 5.4 | | |
| >95～110 | 28×16 | 28 | | | | | | 10.0 | | 6.4 | | |
| L系列 | 6,8,10,12,14,16,18,20,22,25,28,32,36,40,45,50,56,63,70,80,90,100,110,125,140,160,180,200,220,250,280 | | | | | | | | | | | |

## 附录 G　销

**1. 圆锥销**（摘自 GB/T 117—2000）

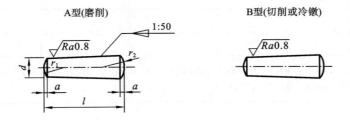

标记示例

公称直径 $d=10$ mm、公称长度 $l=60$ mm、材料为 35 钢、热处理硬度(28~38)HRC、表面氧化的 A 型锥销,标记为:销 GB/T 117—2000 10×60;如为 B 型,则标记为:

销 GB/T 117—2000 B10×60

表 G-1  圆锥销　　　　　　　　　　　　　　　　　(单位:mm)

| $d$(公差) | 0.6 | 0.8 | 1 | 1.2 | 1.5 | 2 | 2.5 | 3 | 4 | 5 |
|---|---|---|---|---|---|---|---|---|---|---|
| $a\approx$ | 0.08 | 0.1 | 0.12 | 0.16 | 0.2 | 0.25 | 0.3 | 0.4 | 0.5 | 0.63 |
| $l$(商品规格范围公称长度) | 4~8 | 5~12 | 6~16 | 6~20 | 8~24 | 10~35 | 10~35 | 12~45 | 14~55 | 18~60 |
| $d$(公差) | 6 | 8 | 10 | 12 | 16 | 20 | 25 | 30 | 40 | 50 |
| $a\approx$ | 0.8 | 1 | 1.2 | 1.6 | 2 | 2.5 | 3 | 4 | 5 | 6.3 |
| $l$(商品规格范围公称长度) | 22~90 | 22~120 | 26~160 | 32~180 | 40~200 | 45~200 | 50~200 | 55~200 | 60~200 | 65~200 |
| $l$ 系列 | 2,3,4,5,6,8,10,12,14,16,18,20,22,24,26,28,30,32,35,40,45,50,55,60,65,70,80,85,90,95,100,120,140,160,180,200 |||||||||||

**2. 圆柱销　不淬硬钢和奥氏体不锈钢**(GB/T 119.1—2000)

标记示例

公称直径 $d=10$ mm、公差为 m6、公称长度 $l=60$ mm、材料为钢、不经淬硬、不经表面处理的圆柱销,标记为:

销 GB/T 119.1—2000 10m×60

表 G-2  圆柱销　　　　　　　　　　　　　　　　　(单位:mm)

| $d$(公差) | 0.6 | 0.8 | 1 | 1.2 | 1.5 | 2 | 2.5 | 3 | 4 | 5 |
|---|---|---|---|---|---|---|---|---|---|---|
| $c\approx$ | 0.12 | 0.16 | 0.20 | 0.25 | 0.30 | 0.35 | 0.40 | 0.50 | 0.63 | 0.80 |
| $l$(商品规格范围公称长度) | 2~6 | 2~8 | 4~10 | 4~12 | 4~16 | 6~20 | 6~24 | 8~30 | 8~40 | 10~50 |
| $d$(公差) | 6 | 8 | 10 | 12 | 16 | 20 | 25 | 30 | 40 | 50 |
| $c\approx$ | 1.2 | 1.6 | 2 | 2.5 | 3 | 3.5 | 4 | 5 | 6.3 | 8 |
| $l$(商品规格范围公称长度) | 12~60 | 14~80 | 18~95 | 22~140 | 26~180 | 35~200 | 50~200 | 60~200 | 80~200 | 95~200 |
| $l$ 系列 | 2,3,4,5,6,8,10,12,14,16,18,20,22,24,26,28,30,32,35,40,45,50,55,60,65,70,80,85,90,95,100,120,140,160,180,200 |||||||||||

# 附录 H 轴 承

**1. 深沟球轴承**（摘自 GB/T 276—1994）

表 H-1 深沟球轴承

60000 型

| 轴承代号 | 外形尺寸/mm | | |
|---|---|---|---|
| | d | D | B |
| **10 系列** | | | |
| 608 | 8 | 22 | 7 |
| 609 | 9 | 24 | 7 |
| 6000 | 10 | 26 | 8 |
| 6001 | 12 | 28 | 8 |
| 6002 | 15 | 32 | 9 |
| 6003 | 17 | 35 | 10 |
| 6004 | 20 | 42 | 12 |
| 60/22 | 22 | 44 | 12 |
| 6005 | 25 | 47 | 12 |
| 60/28 | 28 | 52 | 12 |
| 6006 | 30 | 55 | 13 |
| 60/32 | 32 | 58 | 13 |
| 6007 | 35 | 62 | 14 |
| 6008 | 40 | 68 | 15 |
| 6009 | 45 | 75 | 16 |
| 6010 | 50 | 80 | 16 |
| 6011 | 55 | 90 | 18 |
| 6012 | 60 | 95 | 18 |
| **02 系列** | | | |
| 625 | 5 | 16 | 5 |
| 626 | 6 | 19 | 6 |
| 627 | 7 | 22 | 7 |
| 628 | 8 | 24 | 8 |
| 629 | 9 | 26 | 8 |
| 6200 | 10 | 30 | 9 |
| 6201 | 12 | 32 | 10 |
| 6302 | 15 | 35 | 11 |
| 6203 | 17 | 40 | 12 |
| 6204 | 20 | 47 | 14 |
| 62/22 | 22 | 50 | 14 |
| 6205 | 25 | 52 | 15 |
| 62/28 | 28 | 58 | 16 |
| 6206 | 30 | 62 | 16 |
| 62/32 | 32 | 65 | 17 |
| 6207 | 35 | 72 | 17 |
| 6208 | 40 | 80 | 18 |
| 6209 | 45 | 85 | 19 |
| 6210 | 50 | 90 | 20 |
| 6211 | 55 | 100 | 21 |
| 6212 | 60 | 110 | 22 |

| 轴承代号 | 外形尺寸/mm | | |
|---|---|---|---|
| | d | D | B |
| **03 系列** | | | |
| 633 | 3 | 13 | 5 |
| 634 | 4 | 16 | 5 |
| 635 | 5 | 19 | 5 |
| 6300 | 10 | 35 | 11 |
| 6301 | 12 | 37 | 12 |
| 6302 | 15 | 42 | 13 |
| 6303 | 17 | 47 | 14 |
| 6304 | 20 | 52 | 15 |
| 63/22 | 22 | 56 | 16 |
| 6305 | 25 | 62 | 17 |
| 63/28 | 28 | 68 | 18 |
| 6306 | 30 | 72 | 19 |
| 63/32 | 32 | 75 | 20 |
| 6307 | 35 | 80 | 21 |
| 6308 | 40 | 90 | 20 |
| 6309 | 45 | 100 | 25 |
| 6310 | 50 | 110 | 27 |
| 6311 | 55 | 120 | 29 |
| 6312 | 60 | 130 | 31 |
| 6313 | 65 | 140 | 33 |
| 6314 | 70 | 150 | 35 |
| 6315 | 75 | 160 | 37 |
| 6316 | 80 | 170 | 39 |
| 6317 | 85 | 180 | 41 |
| 6318 | 90 | 190 | 43 |
| **04 系列** | | | |
| 6404 | 20 | 72 | 19 |
| 6405 | 25 | 80 | 21 |
| 6406 | 30 | 90 | 23 |
| 6407 | 35 | 100 | 25 |
| 6408 | 40 | 110 | 24 |
| 6409 | 45 | 120 | 29 |
| 6410 | 50 | 130 | 31 |
| 6411 | 55 | 140 | 33 |
| 6412 | 60 | 150 | 35 |
| 6413 | 65 | 160 | 37 |
| 6414 | 70 | 180 | 42 |
| 6415 | 75 | 190 | 45 |
| 6416 | 80 | 200 | 48 |
| 6417 | 85 | 210 | 52 |
| 6418 | 90 | 225 | 54 |
| 6419 | 95 | 240 | 55 |
| 6420 | 100 | 250 | 58 |

## 2. 圆锥滚子轴承(摘自 GB/T 297—1994)

表 H-2　圆锥滚子轴承

30000 型

| 轴承代号 | 尺寸/mm | | | | |
|---|---|---|---|---|---|
| | d | D | T | B | C |
| 13 系列 | | | | | |
| 31305 | 25 | 62 | 18.25 | 17 | 13 |
| 31306 | 30 | 72 | 20.75 | 19 | 14 |
| 31307 | 35 | 80 | 22.75 | 21 | 15 |
| 31308 | 40 | 90 | 25.25 | 21 | 17 |
| 31309 | 45 | 100 | 27.25 | 25 | 18 |
| 31310 | 50 | 110 | 29.25 | 27 | 19 |
| 31311 | 55 | 120 | 31.5 | 29 | 21 |
| 31312 | 60 | 130 | 33.5 | 31 | 22 |
| 31313 | 65 | 140 | 36 | 33 | 23 |
| 31314 | 70 | 150 | 38 | 35 | 25 |
| 31315 | 75 | 160 | 40 | 37 | 26 |

| 轴承代号 | 尺寸/mm | | | | |
|---|---|---|---|---|---|
| | d | D | T | B | C |
| 02 系列 | | | | | |
| 30202 | 15 | 35 | 11.75 | 11 | 10 |
| 30203 | 17 | 40 | 13.25 | 12 | 11 |
| 30204 | 20 | 47 | 15.25 | 14 | 12 |
| 30205 | 25 | 52 | 16.25 | 15 | 13 |
| 30206 | 30 | 62 | 17.25 | 16 | 14 |
| 302/32 | 32 | 65 | 18.25 | 17 | 15 |
| 30207 | 35 | 72 | 18.25 | 17 | 15 |
| 30208 | 40 | 80 | 19.75 | 18 | 16 |
| 30209 | 45 | 85 | 20.75 | 19 | 16 |
| 30210 | 50 | 90 | 21.75 | 20 | 17 |
| 30211 | 55 | 100 | 22.75 | 21 | 18 |
| 30212 | 60 | 110 | 23.75 | 22 | 19 |
| 30213 | 65 | 120 | 24.75 | 23 | 20 |
| 30214 | 70 | 125 | 26.25 | 24 | 21 |
| 30215 | 75 | 130 | 27.25 | 25 | 22 |
| 20 系列 | | | | | |
| 32004 | 20 | 42 | 15 | 15 | 12 |
| 320/22 | 22 | 44 | 15 | 15 | 11.5 |
| 32005 | 25 | 47 | 15 | 15 | 11.5 |
| 320/28 | 28 | 52 | 16 | 16 | 12 |
| 32006 | 30 | 55 | 17 | 17 | 13 |
| 320/32 | 32 | 58 | 17 | 17 | 13 |
| 32007 | 35 | 62 | 18 | 18 | 14 |
| 32008 | 40 | 68 | 19 | 19 | 14.5 |
| 32009 | 45 | 75 | 20 | 20 | 15.5 |
| 32010 | 50 | 80 | 20 | 20 | 15.5 |
| 32011 | 55 | 90 | 23 | 23 | 17.5 |
| 32012 | 60 | 95 | 23 | 23 | 17.5 |
| 32013 | 65 | 100 | 23 | 23 | 17.5 |
| 32014 | 70 | 110 | 25 | 25 | 19 |
| 32015 | 75 | 115 | 25 | 25 | 19 |
| 03 系列 | | | | | |
| 30302 | 15 | 42 | 14.25 | 13 | 11 |
| 30303 | 17 | 47 | 15.25 | 14 | 12 |
| 30304 | 20 | 52 | 16.25 | 15 | 13 |
| 30305 | 25 | 62 | 18.25 | 17 | 15 |
| 30306 | 30 | 72 | 20.75 | 19 | 16 |
| 30307 | 35 | 80 | 22.75 | 21 | 18 |
| 30308 | 40 | 90 | 25.75 | 23 | 20 |
| 30309 | 45 | 100 | 27.25 | 25 | 22 |
| 30310 | 50 | 110 | 29.25 | 27 | 23 |
| 30311 | 55 | 120 | 31.5 | 29 | 25 |
| 30312 | 60 | 130 | 33.5 | 31 | 26 |
| 30313 | 65 | 140 | 36 | 33 | 28 |
| 30314 | 70 | 150 | 38 | 35 | 30 |
| 30315 | 75 | 160 | 40 | 37 | 31 |
| 22 系列 | | | | | |
| 32203 | 17 | 40 | 17.25 | 16 | 14 |
| 32204 | 20 | 47 | 19.25 | 16 | 15 |
| 32205 | 25 | 52 | 21.35 | 18 | 16 |
| 32206 | 30 | 62 | 24.25 | 20 | 17 |
| 32207 | 35 | 72 | 24.25 | 23 | 19 |
| 32208 | 40 | 80 | 24.75 | 23 | 19 |
| 32209 | 45 | 85 | 24.75 | 23 | 19 |
| 32210 | 50 | 90 | 26.75 | 23 | 19 |
| 32211 | 55 | 100 | 26.75 | 25 | 21 |
| 32212 | 60 | 110 | 29.75 | 28 | 24 |
| 32213 | 65 | 120 | 33.25 | 31 | 27 |
| 32214 | 70 | 125 | 33.25 | 31 | 27 |
| 32215 | 75 | 130 | 33.25 | 31 | 27 |

## 3. 推力球轴承(摘自 GB/T 301—1994)

表 H-3　推力球轴承　　　　　　　　　　　　　　　　(单位:mm)

| 轴承代号 | 尺寸/mm | | | |
|---|---|---|---|---|
| | $d$ | $d_1$ | $D$ | $T$ |
| 11 系列 | | | | |
| 51100 | 10 | 11 | 24 | 9 |
| 51101 | 12 | 13 | 26 | 9 |
| 51102 | 15 | 16 | 28 | 9 |
| 51103 | 17 | 18 | 30 | 9 |
| 51104 | 20 | 21 | 35 | 10 |
| 51105 | 25 | 26 | 42 | 11 |
| 51106 | 30 | 32 | 47 | 11 |
| 51107 | 35 | 37 | 52 | 12 |
| 51108 | 40 | 42 | 60 | 13 |
| 51109 | 45 | 47 | 65 | 14 |
| 51110 | 50 | 52 | 70 | 14 |
| 51111 | 55 | 57 | 78 | 16 |
| 51112 | 60 | 62 | 85 | 17 |
| 51113 | 65 | 67 | 90 | 18 |
| 51114 | 70 | 72 | 95 | 18 |
| 51115 | 75 | 77 | 100 | 19 |
| 51116 | 80 | 82 | 105 | 19 |
| 51117 | 85 | 87 | 110 | 19 |
| 51118 | 90 | 92 | 120 | 22 |
| 51120 | 100 | 102 | 135 | 25 |
| 12 系列 | | | | |
| 51200 | 10 | 12 | 26 | 11 |
| 51201 | 12 | 14 | 28 | 11 |
| 51202 | 15 | 17 | 32 | 12 |
| 51203 | 17 | 19 | 35 | 12 |
| 51204 | 20 | 22 | 40 | 14 |
| 51205 | 25 | 27 | 47 | 15 |
| 51206 | 30 | 32 | 52 | 16 |
| 51207 | 35 | 37 | 62 | 18 |
| 51208 | 40 | 42 | 68 | 19 |
| 51209 | 45 | 47 | 73 | 20 |
| 51210 | 50 | 52 | 78 | 22 |

| 轴承代号 | 尺寸 | | | |
|---|---|---|---|---|
| | $d$ | $d_1$ | $D$ | $T$ |
| 12 系列 | | | | |
| 51211 | 55 | 57 | 90 | 25 |
| 51212 | 60 | 62 | 95 | 26 |
| 51213 | 65 | 67 | 100 | 27 |
| 51214 | 70 | 72 | 105 | 27 |
| 51215 | 75 | 77 | 110 | 27 |
| 51215 | 80 | 82 | 115 | 28 |
| 51217 | 85 | 88 | 125 | 31 |
| 51218 | 90 | 93 | 135 | 35 |
| 51220 | 100 | 103 | 150 | 38 |
| 13 系列 | | | | |
| 51304 | 20 | 22 | 47 | 18 |
| 51305 | 25 | 27 | 52 | 18 |
| 51306 | 30 | 32 | 60 | 21 |
| 51307 | 35 | 37 | 38 | 24 |
| 51308 | 40 | 42 | 78 | 26 |
| 51309 | 45 | 47 | 85 | 28 |
| 51310 | 50 | 52 | 95 | 31 |
| 51311 | 55 | 57 | 105 | 35 |
| 51312 | 60 | 62 | 110 | 35 |
| 51313 | 65 | 67 | 115 | 36 |
| 51314 | 70 | 72 | 125 | 40 |
| 51315 | 75 | 77 | 135 | 44 |
| 51316 | 80 | 82 | 140 | 44 |
| 51317 | 85 | 88 | 150 | 49 |
| 51318 | 90 | 93 | 155 | 50 |
| 51320 | 100 | 103 | 170 | 55 |
| 14 系列 | | | | |
| 51405 | 25 | 27 | 60 | 24 |
| 51406 | 30 | 32 | 70 | 28 |
| 51407 | 35 | 37 | 80 | 32 |
| 51408 | 40 | 42 | 90 | 36 |
| 51409 | 45 | 47 | 100 | 39 |
| 51410 | 50 | 52 | 110 | 43 |
| 51411 | 55 | 57 | 120 | 48 |
| 51412 | 60 | 62 | 130 | 51 |
| 51413 | 65 | 67 | 140 | 56 |
| 51414 | 70 | 72 | 150 | 60 |
| 51415 | 75 | 77 | 160 | 65 |
| 51416 | 80 | 82 | 170 | 68 |
| 51417 | 85 | 88 | 180 | 72 |
| 51418 | 90 | 93 | 190 | 77 |
| 51420 | 100 | 103 | 210 | 85 |

# 附录 I　零件倒圆、倒角与砂轮越程槽

**1. 零件倒圆与倒角**(GB/T 6403.4—2008)

表 I-1　零件倒圆与倒角

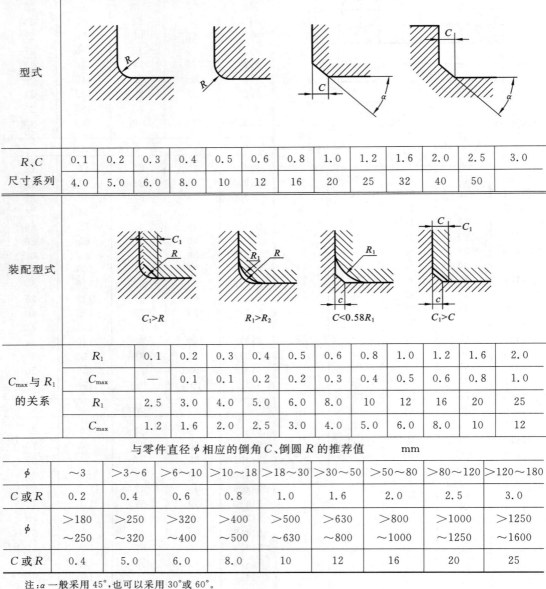

| 型式 | 〔见图〕 | | | |
|---|---|---|---|---|
| $R$、$C$ 尺寸系列 | 0.1　0.2　0.3　0.4　0.5　0.6　0.8　1.0　1.2　1.6　2.0　2.5　3.0 <br> 4.0　5.0　6.0　8.0　10　12　16　20　25　32　40　50 | | | |
| 装配型式 | $C_1>R$　　$R_1>R_2$　　$C<0.58R_1$　　$C_1>C$ | | | |

| $C_{max}$ 与 $R_1$ 的关系 | $R_1$ | 0.1 | 0.2 | 0.3 | 0.4 | 0.5 | 0.6 | 0.8 | 1.0 | 1.2 | 1.6 | 2.0 |
|---|---|---|---|---|---|---|---|---|---|---|---|---|
| | $C_{max}$ | — | 0.1 | 0.1 | 0.2 | 0.2 | 0.3 | 0.4 | 0.5 | 0.6 | 0.8 | 1.0 |
| | $R_1$ | 2.5 | 3.0 | 4.0 | 5.0 | 6.0 | 8.0 | 10 | 12 | 16 | 20 | 25 |
| | $C_{max}$ | 1.2 | 1.6 | 2.0 | 2.5 | 3.0 | 4.0 | 5.0 | 6.0 | 8.0 | 10 | 12 |

与零件直径 $\phi$ 相应的倒角 $C$、倒圆 $R$ 的推荐值　　　mm

| $\phi$ | ~3 | >3~6 | >6~10 | >10~18 | >18~30 | >30~50 | >50~80 | >80~120 | >120~180 |
|---|---|---|---|---|---|---|---|---|---|
| $C$ 或 $R$ | 0.2 | 0.4 | 0.6 | 0.8 | 1.0 | 1.6 | 2.0 | 2.5 | 3.0 |
| $\phi$ | >180~250 | >250~320 | >320~400 | >400~500 | >500~630 | >630~800 | >800~1000 | >1000~1250 | >1250~1600 |
| $C$ 或 $R$ | 0.4 | 5.0 | 6.0 | 8.0 | 10 | 12 | 16 | 20 | 25 |

注：$\alpha$ 一般采用 45°，也可以采用 30°或 60°。

## 2. 砂轮越程槽(GB/T 6403.5—2008)

表 I-2 砂轮越程槽 (单位:mm)

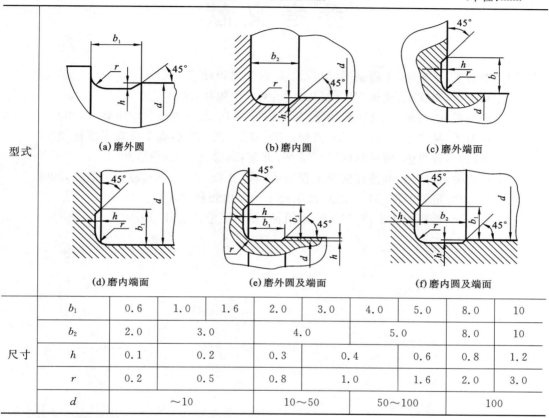

| 型式 | | (a)磨外圆 | | (b)磨内圆 | | (c)磨外端面 | | | | |
| --- | --- | --- | --- | --- | --- | --- | --- | --- | --- | --- |
| | | (d)磨内端面 | | (e)磨外圆及端面 | | (f)磨内圆及端面 | | | | |
| 尺寸 | $b_1$ | 0.6 | 1.0 | 1.6 | 2.0 | 3.0 | 4.0 | 5.0 | 8.0 | 10 |
| | $b_2$ | 2.0 | | 3.0 | | 4.0 | | 5.0 | 8.0 | 10 |
| | $h$ | 0.1 | | 0.2 | | 0.3 | 0.4 | 0.6 | 0.8 | 1.2 |
| | $r$ | 0.2 | | 0.5 | | 0.8 | 1.0 | 1.6 | 2.0 | 3.0 |
| | $d$ | ~10 | | | | 10~50 | | 50~100 | 100 | |

注:(1) 越程槽内直线相交处不允许产生尖角。
(2) 越程槽深度 $h$ 与圆弧半径 $r$ 要满足 $r \leqslant 3h$。

# 参 考 文 献

[1] 李玉菊,张东海.工程制图[M].北京:科学出版社,2009.
[2] 刘荣珍,程耀东.机械制图[M].北京:科学出版社,2008.
[3] 杨裕根,诸裕根.现代工程图学[M].3版.北京:北京邮电大学出版社,2008.
[4] 刘朝儒,吴志军,高政一,等.机械制图[M].5版.北京:高等教育出版社,2006.
[5] 何铭新,钱可强.机械制图[M].5版.北京:高等教育出版社,2004.
[6] 唐克中,朱同钧.画法几何及工程制图[M].3版.北京:高等教育出版社,2002.
[7] 焦永和.机械制图[M].北京:北京理工大学出版社,2001.
[8] 吕金铎.看机械图十讲[M].2版.北京:机械工业出版社,1999.